基 本 単 位

長　　さ	メートル	m	熱力学温度	ケルビン	K
質　　量	キログラム	kg	物 質 量	モ　ル	mol
時　　間	秒	s	光　　度	カンデラ	cd
電　　流	アンペア	A			

SI 接 頭 語

10^{24}	ヨ　タ	Y	10^{3}	キ　ロ	k	10^{-9}	ナ　ノ	n
10^{21}	ゼ　タ	Z	10^{2}	ヘクト	h	10^{-12}	ピ　コ	p
10^{18}	エクサ	E	10^{1}	デカ	da	10^{-15}	フェムト	f
10^{15}	ペ　タ	P	10^{-1}	デ　シ	d	10^{-18}	ア　ト	a
10^{12}	テ　ラ	T	10^{-2}	センチ	c	10^{-21}	ゼプト	z
10^{9}	ギ　ガ	G	10^{-3}	ミ　リ	m	10^{-24}	ヨクト	y
10^{6}	メ　ガ	M	10^{-6}	マイクロ	μ			

〔換算例： 1 N ＝1/9.806 65 kgf 〕

量	SI 単位の名称	記号	SI 以外 単位の名称	記号	SI単位からの換算率
エネルギー，熱量，仕事およびエンタルピー	ジュール（ニュートンメートル）	J（N・m）	エ ル グ	erg	10^{7}
			カロリ（国際）	cal$_{\mathrm{IT}}$	1/4.186 8
			重量キログラムメートル	kgf・m	1/9.806 65
			キロワット時	kW・h	$1/(3.6\times10^{6})$
			仏馬力時	PS・h	$\approx 3.776\,72\times10^{-7}$
			電子ボルト	eV	$\approx 6.241\,46\times10^{18}$
動力，仕事率，電力および放射束	ワット（ジュール毎秒）	W（J/s）	重量キログラムメートル毎秒	kgf・m/s	1/9.806 65
			キロカロリ毎時	kcal/h	1/1.163
			仏 馬 力	PS	$\approx 1/735.498\,8$
粘度，粘性係数	パスカル秒	Pa・s	ポ ア ズ	P	10
			重量キログラム秒毎平方メートル	kgf・s/m^2	1/9.806 65
動粘度，動粘性係数	平方メートル毎秒	m^2/s	ストークス	St	10^{4}
温度，温度差	ケルビン	K	セルシウス度，度	℃	〔注(1)参照〕
電流，起磁力	アンペア	A			
電荷，電気量	クーロン	C	（アンペア秒）	（A・s）	1
電圧，起電力	ボルト	V	（ワット毎アンペア）	（W/A）	1
電界の強さ	ボルト毎メートル	V/m			
静電容量	ファラド	F	（クーロン毎ボルト）	（C/V）	1
磁界の強さ	アンペア毎メートル	A/m	エルステッド	Oe	$4\pi/10^{3}$
磁束密度	テスラ	T	ガ ウ ス	Gs	10^{4}
			ガ ン マ	γ	10^{9}
磁 束	ウェーバ	Wb	マクスウェル	Mx	10^{8}
電気抵抗	オ ー ム	Ω	（ボルト毎アンペア）	（V/A）	1
コンダクタンス	ジーメンス	S	（アンペア毎ボルト）	（A/V）	1
インダクタンス	ヘンリー	H	ウェーバ毎アンペア	（Wb/A）	1
光 束	ルーメン	lm	（カンデラステラジアン）	（cd・sr）	1
輝 度	カンデラ毎平方メートル	cd/m^2	スチルブ	sb	10^{-4}
照 度	ル ク ス	lx	フ ォ ト	ph	10^{-4}
放射能	ベクレル	Bq	キュリー	Ci	$1/(3.7\times10^{10})$
照射線量	クーロン毎キログラム	C/kg	レントゲン	R	$1/(2.58\times10^{-4})$
吸収線量	グ レ イ	Gy	ラ ド	rd	10^{2}

〔注〕　(1)　T K から θ ℃への温度の換算は，$\theta = T - 273.15$ とするが，温度差の場合には $\varDelta T = \varDelta \theta$ である．ただし，$\varDelta T$ および $\varDelta \theta$ はそれぞれケルビンおよびセルシウス度で測った温度差を表す．

　　　　(2)　丸括弧内に記した単位の名称および記号は，その上あるいは左に記した単位の定義を表す．

■ JSMEテキストシリーズ

加工学I
除去加工

Manufacturing Processes I   Material Removal Processes

日本機械学会

序

　「JSME テキストシリーズ」は，大学学部学生のための機械工学への入門から必須科目の修得までに焦点を当て，機械工学の標準的内容をもち，かつ技術者認定制度に対応する教科書の発行を目的に企画されました．

　日本機械学会が直接編集する直営出版の形での教科書の発行は，1988 年の出版事業部会の規程改正により出版が可能になってからも，機械工学の各分野を横断した体系的なものとしての出版には至りませんでした．これは多数の類書が存在することや，本会発行のものとしては機械工学便覧，機械実用便覧などが機械系学科において教科書・副読本として代用されていることが原因であったと思われます．しかし，社会のグローバル化にともなう技術者認証システムの重要性が指摘され，そのための国際標準への対応，あるいは大学学部生への専門教育への動機付けの必要性など，学部教育を取り巻く環境の急速な変化に対応して各大学における教育内容の改革が実施され，そのための教科書が求められるようになってきました．

　そのような背景の下に，本シリーズは以下の事項を考慮して企画されました．
　①　日本機械学会として大学における機械工学教育の標準を示すための教科書とする．
　②　機械工学教育のための導入部から機械工学における必須科目まで連続的に学べるように配慮し，大学学部学生の基礎学力の向上に資する．
　③　国際標準の技術者教育認定制度〔日本技術者教育認定機構(JABEE)〕，技術者認証制度〔米国の工学基礎能力検定試験(FE)，技術士一次試験など〕への対応を考慮するとともに，技術英語を各テキストに導入する．

　さらに，編集・執筆にあたっては，
　①　比較的多くの執筆者の合議制による企画・執筆の採用，
　②　各分野の総力を結集した，可能な限り良質で低価格の出版，
　③　ページの片側への図・表の配置および 2 色刷りの採用による見やすさの向上，
　④　アメリカの FE 試験（工学基礎能力検定試験(Fundamentals of Engineering Examination)）問題集を参考に英語による問題を採用，
　⑤　分野別のテキストとともに内容理解を深めるための演習書の出版，
により，上記事項を実現するようにしました．

　本出版分科会として特に注意したことは，編集・校正には万全を尽くし，学会ならではの良質の出版物になるように心がけたことです．具体的には，各分野別出版分科会および執筆者グループを全て集団体制とし，複数人による合議・チェックを実施し，さらにその分野における経験豊富な総合校閲者による最終チェックを行っています．

　本シリーズの発行は，関係者一同の献身的な努力によって実現されました．　出版を検討いただいた出版

事業部会・編修理事の方々，出版分科会を構成されました委員の方々，分野別の出版の企画・進行および最終版下作成にあたられた分野別出版分科会委員の方々，とりわけ教科書としての性格上短時間で詳細な形式に合わせた原稿の作成までご協力をお願いいただきました執筆者の方々に改めて深甚なる謝意を表します．また，熱心に出版業務を担当された本会出版グループの関係者各位にお礼申し上げます．

　本シリーズが機械系学生の基礎学力向上に役立ち，また多くの大学での講義に採用され技術者教育に貢献できれば，関係者一同の喜びとするところであります．

2002 年 6 月

日本機械学会

JSME テキストシリーズ出版分科会

主　査　宇　高　義　郎

「加工学・除去加工」刊行に当たって

　産業の発展は，その国の機械工業，なかでも生産技術の進展に大きく依存しております．このため最先端の科学技術を担う極めて重要な分野である生産技術に多くの若い方々が興味を持ち，さまざまな発想で新しい技術の開発を行うこと，あるいはその運用にかかわってもらいたいというのが私たちの願いです．

　機械あるいは機械部品を製作する場合，設計により部品形状や用いる材料がきまり，それに従って具体的な加工方法が選択されることになります．また，どのような工作機械が利用可能であるかということも設計を進める上での重要な視点となります．従って，機械を設計・製造する各プロセスにおいて，種々の選択を的確に行うには，加工技術について深く理解することが必要になります．

　本書は，付加加工，変形加工，除去加工と非常に広い領域を持つ加工学のうちの「除去加工」に内容を絞っておりますが，企画に際しては，切削，研削，研磨といった従来の機械加工だけでなく，最新のエネルギービーム加工，工作機械システム，加工表面の品質評価をも含む「広範な除去加工」を対象とすることを基本的な編集方針としました．

　本書の読者としては機械工学を学ぶ学部学生を主な対象として執筆しておりますが，大学院生，あるいは既に社会において活躍されている技術者の方々の入門書としても有効にご利用いただけるものと思います．図・表や機械の模式図などを多用し，なるべく理解し易い記述とすることを心がけておりますが，学部学生にとっては若干高度な内容も含まれておりますので，その全てを理解しようとするよりも，加工のメカニズムや原理といった基礎的な考え方に力点をおいて学ぶのも良し，除去加工にかかわる多くのことがらを広く知っておこうとする学び方も良し，そのどちらであっても，読者の興味に従っていただければ幸いです．

　機械工学が従来の守備範囲に固執することなく，種々の領域を積極的に取り込みながら発展している中で加工学もその領域を急速に広げつつあります．このため，多くの方々がこの分野に興味を持ち，機械工業を担う生産加工技術の進展のために活躍されることを期待しております．また，本書がそのようなきっかけとなれば幸いです．

　執筆者の先生方の中には，早くから原稿をご用意していただいたにもかかわらず，編集作業の遅れから出版までに多大な時間を要したことを深くお詫び申し上げます．また，編集作業に協力された研究室の学生諸君（既に卒業された OB の方々を含めて），総合校閲を快く引き受けて下さった吉田嘉太郎先生，また関連して種々ご支援下さった多くの方々に深く感謝申し上げる次第です．

2006 年 7 月

JSME テキストシリーズ出版分科会

加工学・除去加工テキスト

主査　三井公之

―――――――――― 加工学・除去加工　執筆者・出版分科会委員 ――――――――――

執筆者・委員	三井公之	（慶應義塾大学）	第1章，編集
執筆者・委員	新野秀憲	（東京工業大学）	第1章，編集
執筆者	白樫高洋	（東京電機大学）	第2章
執筆者	柴田順二	（芝浦工業大学）	第3章，第4章，第6章
執筆者	戸倉　和	（東京工業大学）	第5章
執筆者	平田　敦	（東京工業大学）	第5章
執筆者・委員	清水伸二	（上智大学）	第7章，編集
総合校閲者	吉田嘉太郎	（千葉大学名誉教授）	

目次

第1章

概論

Introduction to Material Removal Process

1・1　除去加工の概念と定義 (concept and definition of material removal process)

様々な機械製品は，所要の機能や性能を発揮するために複数の機械部品や標準化された機械要素から構成されている．これら機械製品の機能や構造を決定する機械部品は，一般的に素材から最適な工程を経て所要の形状，寸法，表面粗さを有する最終部品に加工される．多くの機械部品の加工には，鋳造，塑性加工，溶融加工，切削加工，研削加工といった各種の加工技術が適用される．その際には，加工しようとする機械部品を対象に以下のような項目について十分に検討を行い，最適な加工方法，加工順序，加工準備を行い，実際に加工が行われる．

(1) 素材の材質と形状・寸法

素材の物性，形状，寸法と最終部品の形状，寸法を考慮することにより，最適な加工方法を選定する．

(2) 加工方法

所要の形状，寸法を得る上で最も高能率，かつ経済的な機械部品の粗加工から仕上げ加工に至る加工方法を選定する．

(3) 加工順序

素材の機械的特性や様々な加工工程の特性を十分に考慮して最適な加工順序を決定する．

(4) 検査・組立方法

基準面となる部位や他の機械部品との結合部の形状や表面粗さを考慮して検査，組立方法を選定する．

　これらの中でも特に加工方法は，部品生産における加工形状，加工精度，加工能率，加工コストを支配する最も重要な項目となる．その他に，実際に完成した機械製品を市場に投入しようとする際には，競合メーカに対して市場競争力を確保するため必要な機械部品を迅速に，かつ大量に生産しなければならない．その場合には，加工方法の選択だけではなく，現有設備の生産能力，加工コスト，加工時間，生産量などの様々な要因を同時に考慮して最適な生産システムを構築することが必要となる．

　除去加工(removal process)は，広範な加工範囲に適用可能な最も効率的な加工方法のひとつである．機械エネルギーと加工対象である材料との相互作用による加工である除去加工には，加工機構や加工形態により，古くから様々な加工方法及び工作機械が開発されている．それらの広範かつ多種多様な加工プロセスを含む除去加工は，加工原理に関する記述を含めて表すと，「加工対象である工作物と工具を工作機械によって保持すると共に，両者に相対運動を与えることによって工具と工作物の間に干渉を生じさせ，工作物の不要

部分を工具によって除去し，所要の形状，寸法，精度を得る工程である」と定義できる．なお，ここでいう工具には単結晶ダイヤモンド工具に代表される単刃工具，フライス，砥石，遊離砥粒といった在来工具だけではなく，レーザやイオンビームなどのエネルギービームを含むこともできる．

1・2　除去加工を行うための工作機械（machine tools for achieving material removal process）

工作物と工具の干渉により，形状創成を行うという基本的な加工原理からも容易に理解できるように，除去加工を行うための工作機械(machine tools)には，以下のような基本特性を同時に満足することが要求される．

(1) 剛性(stiffness)

所要の加工精度及び加工能率を実現するため，工具と工作物を強固に支持すると共に，正確な形状創成運動を可能とする高い剛性を具備する．

(2) 運動機能

所要の形状創成運動を実現するため，直線運動及び回転運動のための運動軸とそれらの運動制御機能を具備する．

(3) 加工空間

所要の工作物形状と寸法を得るため，各々の運動軸に対して必要な運動範囲を有する加工空間を形成する．

　古くから高精度かつ高能率に除去加工を実現するために大小様々な工作機械，例えばボール盤，フライス盤，中ぐり盤，旋盤，研磨盤，研削盤，放電加工機，マシニングセンタ，ターニングセンタ(turnning center)が開発されている．最近では，段取り換え無しに自由曲面形状を高精度に加工可能な多軸複合加工機やナノメートルスケールの加工が可能な超精密加工機が開発されている．図 1.1 には，複雑形状の加工が可能な多軸制御マシニングセンタの基本構造と運動機能を示す．

　高精度な除去加工を行うためには，工作機械，工具，工作物から構成され

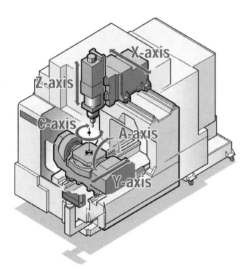

図 1.1 多軸軸制御マシニングセンタの
基本構造（森精機製作所）

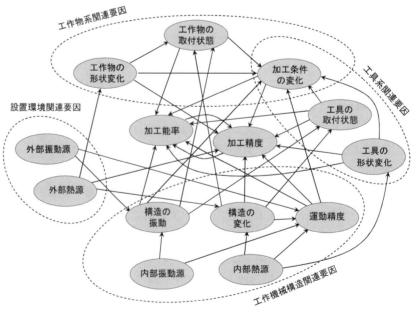

図 1.2　加工精度及び加工能率を低下させる主要な要因

る系における誤差発生要因の最小化について詳細な検討が必要不可欠である．図 1.2 には，加工精度及び加工能率を低下させる要因を模式的に示す．図から明らかなように，工作機械に関する誤差発生要因には，工作機械の主要構成要素である主軸やテーブルの運動誤差・姿勢誤差，テーブルや旋回台の位置決め精度，自重・駆動力・偏心荷重による構造体の力学的な変形，内部及び外部熱源による構造体の熱変形，内部及び外部の振動源による振動などが挙げられる．それらの誤差発生要因による影響を最小化するため，工作機械の構造設計を行う際には，振動絶縁や能動的制振，低熱膨張材料や制振材料の構造材料への適用，熱変位補償や熱制御による熱変形抑制，高分解能計測系とナノ位置決めが可能なリニアアクチュエータによるフィードバック制御，加工雰囲気制御など様々な対策が検討され，具体的な機能が工作機械構造に組み込まれる．

1・3　除去加工の特徴 (characteristics of material removal process)

除去加工は，前節の定義からも明らかなように基本的に工具と工作物の干渉により，加工対象の不要な形状部分をくずとして除去することによって所要の形状，寸法，表面粗さを得ようとするものである．このような除去加工の特徴は，所要の加工能率や加工精度を確保可能であると共に，更に加工スケールが，ナノメートルオーダからメートルオーダと実に 10^9 倍以上にも及び，他に類を見ない広範なスケールの加工が可能なことである．これらの特徴は，除去加工を主体とする工作機械技術が，古くから産業基盤技術として重要な地位を築いている大きな理由のひとつである．

　様々な加工形態を含む様々な除去加工は，いずれも加工対象である素材の物性や機械的特性，加工中の素材の機械的特性の変化を巧みに利用したものであり，それぞれの加工機構や加工特性は大きく異なっている．したがって，今後，ミクロな加工現象が加工特性や加工精度に大きく影響するナノメートルスケールの加工を合理的に実現するためには，図 1.3 に示すような工具と

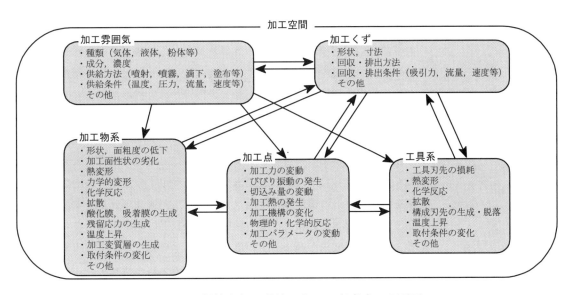

図 1.3　超精密加工環境において考慮すべき要因

工作物の干渉部近傍における加工雰囲気を含めた様々な物理的，化学的な相互作用についての詳細な解明が必要である．

　除去加工における工具に関する加工誤差発生要因には，加工熱や周辺環境による熱変形，加工力による力学的変形，工具形状，工具材料の機械的・熱的特性などが挙げられる．同様に，工作物に関する加工誤差発生要因には，加工力による力学的変形，加工熱による熱変形，加工材料に起因する特性などが挙げられる．今後，除去加工の加工精度と加工能率を向上させるためには，これらの誤差発生要因を最小化するための方策について更に検討を行うことが必要不可欠である．

　除去加工は，古くから基礎研究や関連技術の開発が行われ，幅広い産業分野において実用に供されているが，今後，除去加工の有する様々な特徴を活かして超精密加工，超高能率加工，硬ぜい材料加工といった先進加工技術として確立するためには，本書に含まれる除去加工の基本原理や基本事項を理解した上でさらに挑戦的な研究開発を進めることが望まれる．基本的なものとして例えば，以下のような開発課題が挙げられる．

(1) 在来ツールの高度な知能化

除去加工の高精度化と高能率化を実現するためには，工具と工作物の接点である加工点における様々な加工状態に関する情報を正確にかつ迅速に捉え，それらの信号に基づいて最適な加工条件を設定し，加工を行うことが重要となる．例えば，在来の加工計測センサの性能を格段に上回る高性能センサを工具系に搭載することにより，高精度，高分解能，高確度のインプロセス加工計測系を構築すると共に，その情報を活用することにより最適な加工制御を行い，加工中における工具摩耗や欠損を最小に抑制，あるいは予見・自己修復し，高精度かつ高能率な除去加工を行う．

(2) 新たなツールの適用と複合加工

在来加工では加工が困難とされる難加工材料の超精密・高能率加工の要求に対応するため，レーザビームやイオンビームに代表される高密度エネルギービームを援用するなどにより，広義のツールの高度化，複合化による高精度，かつ高能率な除去加工を行う．そのような広義のツールにおいては，ツール自体にモニタリング機能を付与することも容易になる．また，加工熱などの内部熱源や周辺環境温度などの外部熱源による影響を最小化することを目的として加工環境を恒温に保持すると共に，ツールと工作物の物理的，化学的な相互作用を積極的に活用した加工を行うため，様々な加工雰囲気の中で広義のツールを用いた極限加工を行う．

(3) 新たな構造概念に基づく加工セルの構築

高速化，超精密化，複合化，フレキシブル化といった生産システムに対して古くから課せられてきた加工要求を同時に満足するため，高度なシステム要素をコンパクトに機能集積したフレキシブル機械加工セルを実現する．今後，高度情報化機器に必要となる各種機能素子などの超精密部品を大量に生産するような加工要求が高まっていることから，それらの加工セルを自由に組み合わせることにより，超精密加工用生産システムを構築することも考えられる．

1・4　除去加工の選択評価基準 (evaluation measure for selecting material removal process)

除去加工には様々な種類が存在し，加工に必要なエネルギーの種類，工具と工作物の種類と相互関係などにより，それぞれ特徴的な特性を有している．実際に加工要求が与えられた場合，最適な除去加工プロセスを選択することが必要となる．その際の選択評価基準としては，以下のような項目が挙げられる．

(1) 加工形状及び寸法

所要の仕上がり形状が丸物か角物か，あるいは大物か小物かの違いによって選択される加工方法は異なる．例えば，特殊形状や超精密加工部品の加工には多軸複合加工や超精密加工が必要となり，それらの加工を可能とする加工機械が選択される．

(2) 加工精度(machining accuracy)

加工精度は，工作機械の性能だけではなく，工具の幾何学的加工精度や工具の限界加工能力にも依存する．ナノメートルオーダの超精密加工を必要とする場合などは仕上げ工程をいかなる加工工程で行うかということが最終的な加工精度に大きな影響を与える．また，加工精度を考慮した加工工程の順序についての検討も必要となる．

(3) 加工材料

最近の加工ニーズは，金属，非金属，セラミックス，複合材料など多岐にわたり，それらの加工方法の選択には，加工対象の材料特性を考慮する必要がある．

(4) 生産量

生産量は表面処理工程や仕上げ工程の生産工程への組込みの有無など，前工程や後工程の構成にも依存し，その結果，生産システムの構成にも大きく影響する．

(5) 加工面品位

表面粗さだけではなく，対象とする機械部品の用途によっては，最終部品の残留応力(residual stress)や残留ひずみなどが問題になる場合もあり，それによって加工工程の選択や加工順序が大きく左右される．

(6) 加工コスト

工具，ジグ，取り付け具，ハンドリングの容易性，熱処理などのコストを含めた加工コストの低減を考慮した上で最適な工程を選択することが必要となる．なお，様々な除去加工の中から最適な加工方法を選定し，具体的な加工工程を決定する作業は，設計と製造，すなわち CAD(Computer Aided Design)と CAM(Computer Aided Manufacturing)を統合する際に基本的に重要となる工程設計プロセスに含まれる．図 1.4 に示す工程設計プロセスからも明らかなように，工程設計では，多種多様な意思決定を行う必要のあることから，下流に位置する作業設計に比べて自動化が遅れており，国内外において自動工程設計(computer aided process planning)に関する研究開発が活発に進められている．

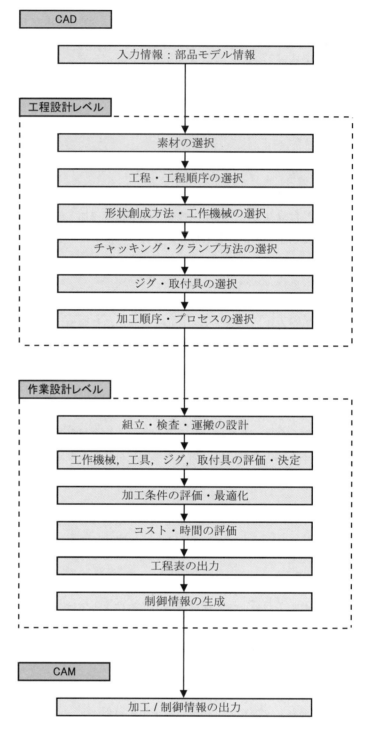

図 1.4　工程設計プロセスの基本構成

1・5　本書の構成と学習内容 (contents of the volume)

本書で対象とする除去加工は，数多くある加工方法の中でも最も効率的で広範な加工範囲，加工スケールに適用できる加工方法のひとつである．従って，機械製品の設計や生産を検討する際には，除去加工に関する基本的知識を学習しておくことが望ましい．

　除去加工は，古くから研究され，産業界においても実際に広く適用されているが，個々の加工技術においては現時点においても未解明の課題が数多く山積し，除去加工全体を「除去加工学」として学術的に体系化されるに至っ

ていない．したがって，本書では，除去加工全体を統一的に記述することはせず，読者にとって理解しやすいように除去加工に分類される基本的な加工技術の基本事項を以下のように各論として集約する．

　第2章「切削加工と切削現象」では，除去加工の中で基本的に重要な切削加工を対象に，その加工原理及び切削理論を学習し，具体的な切削現象と基本となる加工のメカニズムを学習する．

　第3章「研削加工」では，研削砥石を工具とする除去加工の加工原理及び研削理論を学習し，具体的な研削加工のメカニズムを学習する．

　第4章「遊離砥粒加工」では，ラッピング加工に代表される母性原則が成立しない除去加工である遊離砥粒を用いた加工メカニズムと具体例について学習する．

　第5章「特殊加工」では，最先端分野において注目されている微細加工や技術進歩が著しいエネルギー加工の加工原理と特徴を理解することに主眼を置いて，主要な特殊加工を分類して詳述した上で，除去加工の新たな動向について概観する．

　第6章「砥粒加工面形態と品質」では，除去加工による形状創成を対象に巨視的な評価方法だけではなく，微視的な表面品位の評価方法について学習する．

　第7章「工作機械」では，除去加工に用いられる各種の工作機械を対象に，定義，分類，加工のメカニズム，機能と構造を概観すると共に，それら工作機械に共通する設計原理と性能評価方法を学習する．

　近年，超精密加工や超高速加工に代表される加工要求の高度化，複雑化に伴い，在来の加工限界を超えた新たな除去加工の実現が求められている．したがって今後，新たな加工方法の提案や工作機械の研究開発が進展すると考えられる．本書に記述されているのは在来加工技術として広く適用されている基本的な除去加工技術であるが，それらの基本的な加工原理や加工特性に関する知識を吸収した上で，在来の加工方法にとらわれない新たな加工方法や加工機械の開発に挑戦されることを期待したい．

第2章

切削加工と切削現象

Cutting and Cutting Phenomena

2・1 切削現象 (cutting phenomena)

切削加工(cutting process)は高精度製品の実現のため最も多用される加工法であり，加工精度も向上の一途をたどっている．特に近年では工作機械と工具の改良により高硬度材を高精度に切削(cutting)することが可能になり，切削加工を最終加工とする事が多くなった．

　切削加工は素材から不要な部分を切削工具と呼ばれる刃物により力を加えながら少しずつ切りくずとして削りとって行く除去加工法である．この加工法で高精度の製品を得るためには，加工時に生じる現象を正しく理解することが重要である．

　刃物による切りくず生成は鋭いくさびの素材への押し込み作用によって引き起こされる．この際刃物であるくさびを素材の中央に押し込むことはせず，通常図 2.1(a)に示す様に素材の端の近くに押し込む．これにより素材の一部は切りくずとなり除去される．しかしこの状態では素材側に大きな影響域が残ってしまうのでこれを除去するか，またはこの影響域を生じさせない方法を考えなければならない．このため同図(b)に示す様にくさびの片側を素材と接触しないようにする事が考えられる．この様なくさびを用いることにより，素材に残される影響域を小さくすることが出来る．これを 90 度回転して示したのが同図(c)である．これが最も基本的な 2 次元切削 (two-dimensional cutting)状態である．素材表面(仕上げ面)と接触しないくさび面を工具逃げ面(clearance face)，この面と仕上げ面のなす角(ε)を逃げ角(clearance angle, relief angle)，切りくず(chip)と接触する面をすくい面(rake face)，工具進行方向に垂直の線から測った角度(α)をすくい角(rake angle)とそれぞれ呼んでいる．

　またすくい角の補角を切削角(cutting angle, $\delta = 90° - \alpha$)と呼ぶことがある．工具には，すくい面，すくい角，逃げ面，逃げ角は不可欠の基本的量である．切削に使用される工具形状は多様に見え，一見すると全く異なっている様に見える事があるが，そのいずれも，必ず切れ刃を持ち，すくい面，逃げ面に相当する面と角度があることには変わりはない．この切削過程は単純に見えるが多くの現象が関連している．

　図 2.1(c)に示す様に，切削厚さt_1で切削が行われ，連続的に切りくずが生じている場合を考える．この場合重要な 3 つの領域がある．(A)変形が主として生じ，ここでは変形の形式と大きさ，すなわち素材の機械的性質を通して切削力，所要動力が定まってくる．これは加工機である工作機械の剛性と設計，振動の問題につながる．(B)切りくずと工具すくい面が接触し両者の間で摩擦が生じ，(A)に生じる変形に必要な力を与えている．ここでは摩擦，潤滑，摩耗が問題となる．(A)の領域での変形と(B)の領域の摩擦により発生する熱は

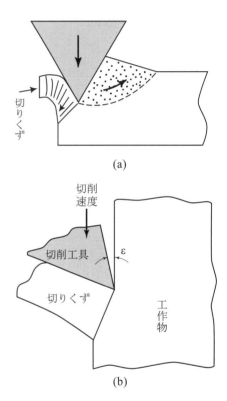

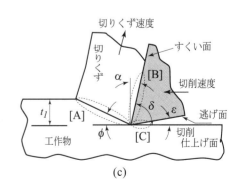

図 2.1　切りくず生成と付随する現象

工具の摩耗を促進し，その寿命を短縮させる．これは工具の費用を増大させ加工費を高め，ひいては製品コストを上昇させる．これを防ぐ為には適当な切削油剤を使用して摩擦を減らし切削力，発熱を低下させるための潤滑と冷却が必要となる．(C)工具の逃げ面と仕上げ面(finished surface)の摩擦が行われ，製品の寸法精度，仕上げ面粗さ，加工変質層の生成がある．工具の刃先が摩耗すれば製品の寸法に差異を生じ，また仕上げ面との摩擦による発熱，摩耗片の仕上げ面への付着が生じ仕上げ面の荒れを生じる．このように切削に際しては多くの事柄が生じ，材料，変形力学，熱，潤滑，物性の各分野の知見が関係してくる．またこれらは互いに独立ではなく，常に相互作用のもとに出現する．以下にこれらについて述べていく．

演習問題

[問題1]

切削加工に用いられる切削工具の形には欠かせない条件がある．この条件を図示せよ．また，旋盤，フライス盤，ドリル盤，鋸盤のそれぞれの工具形状の概略を示し，この条件を備えていることを図示せよ．

[問題2]

In orthogonal cutting, the cutting area is defined as the undeformed chip thickness times the cutting width. Show the cutting areas for a lathe, a milling machine and a drilling machine.

2・2　切りくず形態と切りくず生成(chip geometry and chip formation process)

切削を実際に行う為には図 2.2(a)に示す様な平削りを行えば良い．すなわち切れ刃は切削方向に直角(orthogonal)であり，切削厚さt_1は切れ刃に沿って同じである．切削幅(width of cut)b が切削厚さt_1に比べて充分大きく滑らかな切りくずが生じている場合を考えると，切れ刃に垂直な任意断面では変形状態は切れ刃に沿ってほぼ一様となり，いわゆる 2 次元切削状態(orthogonal cutting, two-dimensional cutting)となる．しかし，この様な切削形式が実際の切削加工で行われることはめったになく，多くの切削加工では，図 2.2.(b)に示すように切れ刃は切削方向に直角でも，直線でもなく，また一つの切れ刃だけでなく同時に他の切れ刃も切削に関与しており，2 次元的要素を含んでいる．この様な複雑な切りくず生成機構を説明することは困難であり，また説明出来たとしても複雑すぎて基本的現象の理解は困難である．そこで，まず最も基本的な 2 次元切削の場合について説明する．3 次元切削(three-dimensional cutting)も基本的部分は 2 次元切削からも類推可能である．2 次元切削形式で切削を行っても切削状態はかならずしも単一ではないが，大まかに切りくずの形で分類すると，図 2.3 に示すようなものが出現する．(a)流れ型(flow type)は最も安定した切削状態で発生する形であり，切削力の変動が無く，良い仕上げ面が得られ加工精度も良好である．このような切りくずが生じる切削条件を選択する事が望ましい．(b)構成刃先を伴う流れ型

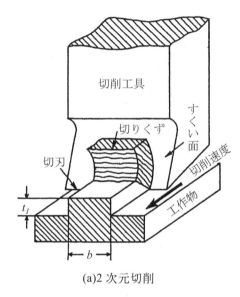

(a)2 次元切削

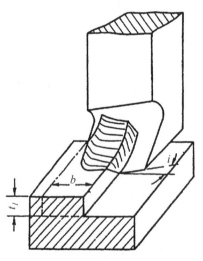

(b)3 次元切削

図 2.2　2 次元切削と 3 次元切削

切りくずの大別	種　　類
連続型切りくず	(a)　構成刃先を伴わない流れ型切りくず
	(b)　構成刃先を伴った流れ型切りくず
半連続型切りくず	(c)　鋸歯状切りくず
不連続型切りくず	(d)　せん断型切りくず
	(e)　むしり型切りくず
	(f)　亀裂型切りくず

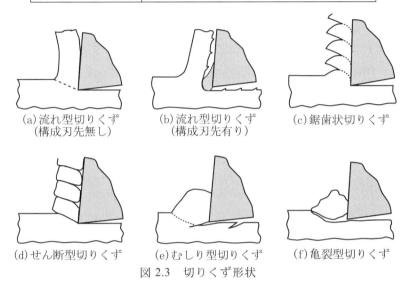

(a)流れ型切りくず　　　　(b)流れ型切りくず　　　　(c)鋸歯状切りくず
　（構成刃先無し）　　　　　（構成刃先有り）

(d)せん断型切りくず　　　(e)むしり型切りくず　　　(f)亀裂型切りくず

図 2.3　切りくず形状

(built-up type)は鋼を切削する場合に良く見られる形で刃先の一部にくさび
形の付着物(built-up edge)が生成し，あたかもこれが刃先となって切削してい
るように見える．この付着物が安定していることは稀であり，通常，生成脱
落を繰り返し，仕上げ面は凹凸の激しいものとなるためできるだけこの付着
物が生じない条件を選択することが肝要である．(c)鋸歯状(saw tooth type)は
図 2.3 に示すように連続した切りくずの自由面が丁度鋸の歯のようになるも
ので，チタン合金や高硬度材を切削するときにみられる．(d)せん断型(shear
type)は比較的延性の乏しい，せん断破壊を起こしやすい材料を切削する時に
見られる切りくず形状であり，切りくずは周期的にせん断破壊を起こし，不
連続となる．この為切削力は周期的に変動する．(e)むしり型(tear type)は材料
の延性が非常に大きく，しかも工具すくい面との摩擦が極端に大きな，言い
換えれば工具すくい面に付着しやすい材料の切削時に生じる．切りくず生成
に伴う破断が仕上げ面内に進行する為加工精度は非常に悪い．(f)き裂型
(crack type)は非常にもろい材料を切削する時に生じる．切りくず生成時には，
延性変形がほとんど生じないでぜい性破壊が発生し，その方向もランダムで
あり，2 次元切削であっても状況は複雑な 3 次元状態となっている．なお切
りくず形状を大別する時には，(a), (b), (c)を連続型切りくず(continuous type)，
(e), (f)を不連続型切りくず(dis-continuous type)と呼ぶこともある．切削状態
で最も安定し，高加工精度が期待されるのは(a)の流れ型切りくずが生成され
る時であり，一般にこの状態となるように切削条件が選ばれる．また多くの
材料ではこの状態に近づけることが可能である．したがって，この状態を理

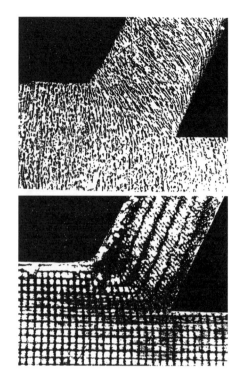

図 2.4 流れ型切りくず生成状態

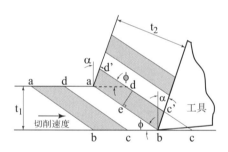

図 2.5 単純せん断面モデル

解することが最も重要である.

　図 2.4 は流れ型切りくず生成状態の顕微鏡写真と格子線の変形状態である. 格子の変化に注目すると正方形は刃先近くの狭い領域で大きなせん断変形を受けて平行四辺形となり, 切りくずとなっていることが判る. すなわち, "切削過程は工作物の仕上げ面に相当する所に破壊分離を生じさせると同時に工作物の切りくずとなる部分にせん断塑性変形を加え, 切りくずを作る塑性加工過程である"とも表現できる. 図 2.5 はこの過程をモデル化したものである. 切りくずは工具刃先から素材表面に伸びる狭いせん断域で大きなせん断変形を受けているが, この狭い領域は図 2.5 の ab で示される面（せん断面, shear plane）で置きかえられる. 今, 工具刃先が点 c にある場合の平行四辺形 abcd に着目すると, この平行四辺形は工具刃先が点 b まで進行した時, cb に沿った破壊と同時に cd 方向のせん断変形を受け新たな平行四辺形 abc'd' となる. すなわち切削は大まかに見れば図 2.5 に示すように素材内に cd 方向の連続的なせん断塑性変形を生じさせて切りくずを作る過程と見なせ, この面はせん断面と呼ばれる. 一般に仕上げ面 cb を創生する為の破壊に要する仕事は切削に要する総仕事の 0.01％以下である. したがって切削力, 切削温度等の切削過程に伴う現象はこのせん断変形モデルを基準に考えれば良い.

演習問題

[問題 1]

切削時の切りくずの形は切削状態を把握するための指標として重要である. 流れ型, 鋸刃型, せん断型, き裂型の切りくずが生じているそれぞれの切削状態での切削力の特徴を述べよ.

[問題 2]

Cutting conditions that generate flow type chips are typically selected for products that require higher accuracy. Why is this cutting condition selected?

2・3 切削力(cutting force)

2・3・1 二次元切削 (orthogonal cutting, two dimensional cutting)

切削過程はせん断面でのせん断塑性変形である. したがって切削力はこのせん断変形を生じさせる為の力となる. この力は, せん断変形の方向（せん断角, shear angle）, せん断変形の大きさ（せん断ひずみ, shear strain）, せん断変形の速さ（せん断速度, shear strain rate）等の関数である.

　せん断方向, すなわち, せん断角 ϕ は図 2.5 の幾何学的関係から切削厚さ t_1 と切りくず厚さ t_2 から式(2.1)のように求められる.

$$\tan\phi = \frac{\dfrac{t_1}{t_2}\cos\alpha}{\left(1-\dfrac{t_1}{t_2}\sin\alpha\right)} \tag{2.1}$$

せん断変形の大きさ, すなわち, せん断歪み γ は次の式で表せる.

$$\gamma = \frac{dd'}{ed} = \cot\phi + \tan(\phi - \alpha)$$

$$= \frac{\cos\alpha}{\sin\phi \cdot \cos(\phi - \alpha)} \tag{2.2}$$

切りくず生成時の切削速度(V), 切りくず速度(V_c), せん断速度(shear strain rate)(V_s)はせん断面上の垂直速度の連続性より図 2.6 に示す様に閉じた三角形を構成するので, 式(2.3)で示される.

$$V_c = \frac{\sin\phi}{\cos(\phi - \alpha)}V = \frac{t_1}{t_2}V$$

$$V_s = \frac{\cos\alpha}{\cos(\phi - \alpha)}V = \gamma V \sin\phi \tag{2.3}$$

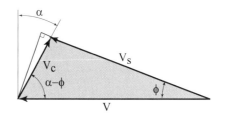

図2.6 単純せん断面モデルでの速度関係

次にせん断ひずみ速度 $d\gamma/dt$ について考える. ひずみ速度はひずみの時間微分であるから, 変形部の厚さが零の図 2.5 のモデルではこのひずみ速度は無限大となってしまう.現実の変形においては,変形速度は有限の値をとり,無限大となることはない. この点がこのモデルの大きな欠陥であり, 実在のものとは異なっている. しかし, 切りくず生成状態の大略を議論するには大きな障害とはならない. より詳細な切りくず生成状態は有限要素法を用いてこの過程を計算機によってシミュレートすることにより検討されつつある.

切削加工は力学的加工であり, まず検討の対象となるのは加工力とこれによる仕事の結果としての温度である. 以下にこれらについて述べる. 図 2.7 に 2 次元流れ型切りくず生成過程での切削力の作用状態を示す. 先に示したように切りくず生成過程は大まかに言ってせん断面 ab におけるせん断変形である. したがってこのせん断変形を生じさせるのに必要な力 F_s と, この面に作用するが変形には関与しない垂直力 F_N の合力 R が切削力となる. この力は平面であるすくい面によって支えられている力 R' と平衡している. すくい面が平面の場合, ここに働く力は垂直力 N と摩擦力 F であり, 両者の間がクーロン摩擦の関係にあるとすれば, 摩擦係数 μ, また摩擦角 β とし, 次の式が成立する.

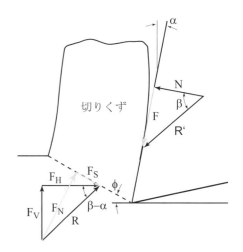

図 2.7 切削力の平衡

$$F = \mu N, \quad \mu = \tan\beta, \quad N = R'\cos\beta, \quad F = R'\sin\beta \tag{2.4}$$

一般に切削力の方向は不明であるので,これを切削方向の力(切削主分力 F_h)とこれに垂直方向の力(切削背分力 F_v)の成分(通常この 2 方向の力が測定されることが多い)に分解して示せば,他の力は式(2.5)のようにあらわせる.

$$F_s = F_h\cos\phi - F_v\sin\phi$$

$$F_N = F_h\sin\phi + F_v\cos\phi = F_s\tan(\phi + \beta - \alpha)$$

$$F = F_h\sin\alpha + F_v\cos\alpha$$

$$N = F_h\cos\alpha - F_v\sin\alpha \tag{2.5}$$

$$R = \frac{F_h}{\cos(\beta - \alpha)} = \frac{F_v}{\sin(\beta - \alpha)}$$

$$F_h = F_v\tan(\beta - \alpha)$$

せん断面でせん断変形を生じさせる力はこの材料の変形強さに対応するせん断変形応力 τ_s に左右される. そこで切削幅を b, 切削厚さ t_1 の時, τ_s, σ_s を測定される切削力 F_h, F_v により示すと式(2.6)のようになる.

$$\tau_s = \left(F_h \cos\phi - F_v \sin\phi\right)\frac{\sin\phi}{bt_1}$$

$$\sigma_s = \left(F_h \sin\phi + F_v \cos\phi\right)\frac{\sin\phi}{bt_1} \qquad (2.6)$$

また，すくい面に働く平均摩擦応力 τ_t および平均垂直応力 σ_t は式(2.7)のようになる．

$$\tau_t = \frac{\left(F_h \sin\alpha + F_v \cos\alpha\right)}{l \cdot b}$$

$$\sigma_t = \frac{\left(F_h \cos\alpha - F_v \sin\alpha\right)}{l \cdot b} \qquad (2.7)$$

ただし，l はすくい面と切りくずの接触長さである．逆に材料のせん断変形応力 τ_s が判明しているときには，切削力 F_h, F_v, R は式(2.8)より求められる．

$$R = \frac{\tau_s b t_1}{\sin\phi \cdot \cos\left(\phi + \beta - \alpha\right)}$$

$$F_h = \frac{\tau_s b t_1 \cos\left(\beta - \alpha\right)}{\sin\phi \cdot \cos\left(\phi + \beta - \alpha\right)} \qquad (2.8)$$

$$F_v = \frac{\tau_s b t_1 \sin\left(\beta - \alpha\right)}{\sin\phi \cdot \cos\left(\phi + \beta - \alpha\right)}$$

ここで τ_s は被削材のせん断変形応力であり，材料固有の値，また b，t_1，α は切削時の幅，切削厚さ，工具のすくい角(rake angle)であり切削条件により指定されるものである．また β は工具材，被削材および環境によりあらかじめ既知のものであるとすれば，切削力を知るためには ϕ，すなわちせん断角(shear angle)を何らかの方法で予測することが必要である．せん断角 ϕ を他の量との関数で示す式を切削方程式と呼ぶことがある．

まずこの式がどのような形となるのかを考えてみる．図 2.8 に示すようにせん断面 AB とせん断角 ϕ が決まり，切削力 R が働いている状態を想定する．水平方向の力の平衡から，

$$R\cos\left(\beta - \alpha\right) = R\cos\left(\frac{\pi}{2} - \phi - \beta'\right) \qquad (2.9)$$

が成立し，したがって図 2.8 の角度の間には，次の関係が成立する．

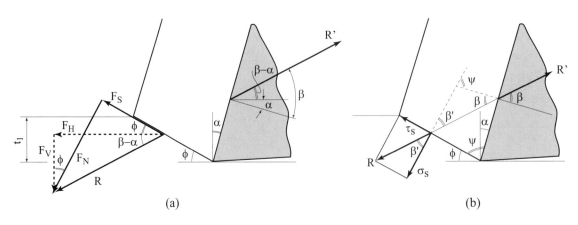

図 2.8　切削方程式の導出

$$\phi = \left(\frac{\pi}{2} - \beta'\right) - \beta + \alpha \tag{2.10}$$

この関係は力の平衡のみから得られたものであり，これを切削方程式と称し一般にこの形となり，縦軸をϕ，横軸を$(\beta - \alpha)$としたグラフ上に示される．この式を具体的に定める為に多くの理論が展開された．ここではその代表的なものを示す．M.E.Merchant(1945)は切削時に必要なエネルギー極小となる方向にせん断変形が生じると想定し，式(2.11)を導いた．切削時に所要のエネルギーWは切削速度V，切削主分力F_hより，

$$W = F_h V = \frac{\tau_s b t_1 V \cos(\beta - \alpha)}{\sin\phi \cdot \cos(\phi + \beta - \alpha)} \tag{2.11}$$

であるから，これを極小にするϕを求めるためには，β，τ_s，αが一定ならば，

$$\frac{dW}{d\phi} = \frac{-\tau_s b t_1 V \cos(\beta - \alpha)\cos(2\phi + \beta - \alpha)}{\sin^2\phi \cos^2(\phi + \beta - \alpha)} = 0 \tag{2.12}$$

より，せん断角は式(2.13)となる．

$$2\phi = \frac{\pi}{2} - (\beta - \alpha) \tag{2.13}$$

図 2.9 は実験により式(2.13)を検証したものである．勾配はほぼ式(2.13)と同等であるが，実験値は平行にずれている．これを説明するため，せん断応力τ_sが一定でなく，垂直応力σ_sの影響を受ける，式(2.14)を仮定した議論が展開された．（Merchant.1945)

$$\tau_s = \tau_0 + K\sigma_s = \tau_0 + K\tau_s \tan(\phi + \beta - \alpha) = \frac{\tau_0}{1 - K\tan(\phi + \beta - \alpha)} \tag{2.14}$$

式(2.14)を式(2.12)に代入しβ，αを一定とし，

$$\frac{dW}{d\phi} = 0 \tag{2.15}$$

を解けば，せん断角ϕは次のようになる．

$$2\phi = \cot^{-1} K - (\beta - \alpha) = C - (\beta - \alpha) \tag{2.16}$$

すなわち，前式の$\pi/2$が定数C（切削定数 $= \cot^{-1} K$）に代わっており，この定数Kは材料のせん断変形応力の静水圧による影響の大きさを示していることになる．Kの値を適当に定めれば勾配を一定とし上下に移動でき実測された結果と一致させることが可能となる．

E.H.Lee と B.W.Shaffer(1951)は材料を完全剛塑性体と仮定し，塑性力学のすべり線理論をせん断面の変形に適用してこの応力状態を検討した．図 2.10(a)に示すようにせん断面は最大せん断応力面であり，第2すべり線である．第1すべり線はこれに直交する BE である．また剛完全塑性体であるから塑性域の応力状態は一定であり，図 2.10(b)に示すように単一のモール円で表現できる．すなわち，

　　　　　AC 面 （せん断面）：$\tau_s = \sigma_s = -k$

　　　　　BC 面 （すくい面）：$\tau_t = k\cos 2\eta$，　$\sigma_t = -k(1 + \sin 2\eta)$ \tag{2.17}

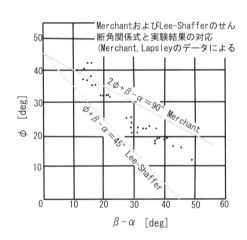

図 2.9　切削方程式の検証

摩擦係数：

$$\mu = \tan^{-1}\beta = \frac{\tau_t}{\sigma_t} = \frac{\cos 2\eta}{\left(1+\sin 2\eta\right)}$$

$$\phi = \eta + \alpha , \quad 2\beta + 2\eta = \frac{\pi}{2}$$

(2.18)

である．したがって，せん断角 ϕ は式(2.19)と成る．

$$\phi = \frac{\pi}{4} - \left(\beta - \alpha\right)$$

(2.19)

以上に示したいずれの理論がより正しく切削状況を示しているかはともかくとして，この切削方程式を用いれば切削力を推定することが可能となる．

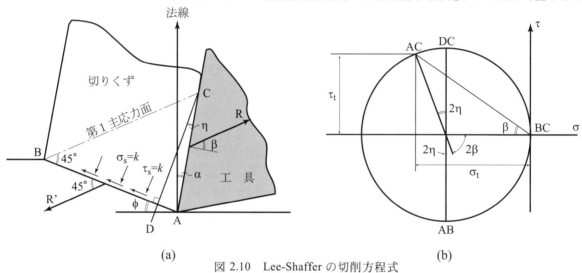

(a)　　　　　　　　　　　　　　　　　　(b)

図 2.10　Lee-Shaffer の切削方程式

2・3・2　三次元切削(three dimensional cutting)

先にも述べたように通常の切削は前節で示したような 2 次元変形（平面ひずみ状態）であることは稀である．しかし上述の結果を利用すれば，多少の近似をすることにより，一般の 3 次元切削の切削力を推定できる．

　今，簡単のために前すくい角が 0 度の工具を用いる場合は切りくずが切れ刃に垂直に流出するものと近似でき，切削方向と切りくず流出方向を含む面がほぼ 2 次元切削状態となる．例として前すくい角 0 度，横切れ刃角が C_s の工具で図 2.11 のように，旋盤による外周切削を行う場合を想定する．切削主分力 F_h'，送り分力 F_v'，背分力 F_t' の切削 3 分力は 2 次元切削時の切削主分力 F_h，背分力 F_v，$F_t = 0$ を用いて式(2.20)で示される．

$$F_h' = F_h$$

$$F_v' = F_v \cos C_s + F_t \sin C_s \cong F_v \cos C_s$$

$$F_t' = F_v \sin C_s - F_t \cos C_s \cong F_v \sin C_s$$

(2.20)

　一般のすくい角(rake angle)が 0 度でない工具で図 2.12 のように工作物の角を切削する場合を想定すると，切りくずは一体となって流出しているから，切りくず流出方向と切削方向を含む面 D'CEFD または C'E'F'D''B'を考えると，せん断変形は同図の斜線を施した面（CD，および C'D'）で生じ，これは見かけ上，既述の 2 次元切削の状態と見なせる．したがって主切れ刃に沿って切削厚さの異なる 2 次元切削が並んでいる状態とも見なせる．したがっ

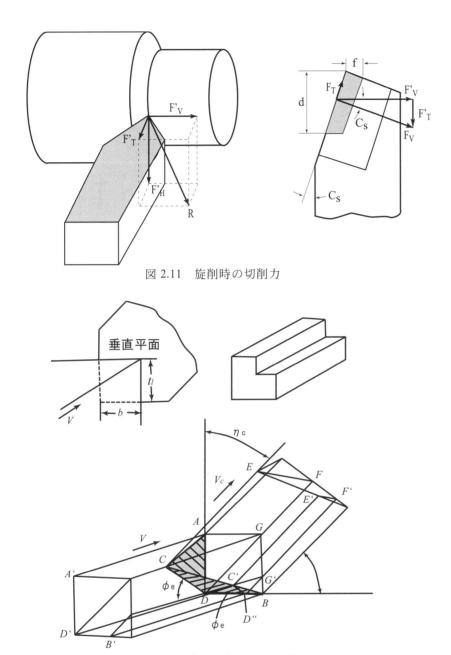

図 2.11　旋削時の切削力

図 2.12　3 次元切削の 2 次元的扱い

て，既述の理論によりこの 2 次元切削の状態が判明すれば，3 次元切削全体
の様子が把握できることになる.

さて，それでは切りくず流出方向と切削方向を含む面はどのように決定され
るのであろうか. 切削方向は初期の切削条件から容易に分かるから，何らか
の方法で残りの切りくず流出方向を決める必要がある. この方法に関しては
大きく分けて 2 種類の提案がなされている.

(1) 切りくずは切れ刃に垂直に流出する，または傾斜角と同方向に流出する.
切れ刃が同時に切削に関与する場合には，例としてすくい角 0 度の場合には
図 2.13 に示す様に両切れ刃長さに比例した合方向に流出する. なお，すくい
角が 0 度でない場合にはこの効果分だけ傾くことになる（Stabler の法則）.

(2) 切削速度と切りくず流出方向は完全に 2 次元切削と同一であり，この面
内では 2 次元切削の関係が成立し，全切削エネルギーが極小となる方向に切

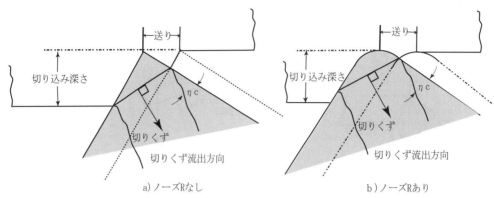

a) ノーズ R なし　　　　　　　　　　　b) ノーズ R あり

図 2.13　切りくず流出方向の決定

りくずが流出する.

　(1)の条件は Stabler(1951) の法則と呼ばれるものに Collwell の提案を考慮
した経験則である.(2)の条件は臼井等(1973)によって提案されたエネルギー
解法と呼ばれているもので,理論的にも明快であり適用範囲も広い.以下に
このエネルギー解法の概略を示す.

　図 2.14 は先に述べたように主切れ刃に沿って切削厚さの異なる 2 次元切削
が積み重なったものである.したがってそれぞれの 2 次元切削の面の干渉は
なく,各面内の 2 次元切削のすくい角,せん断角をそれぞれ有効すくい角 α_e,

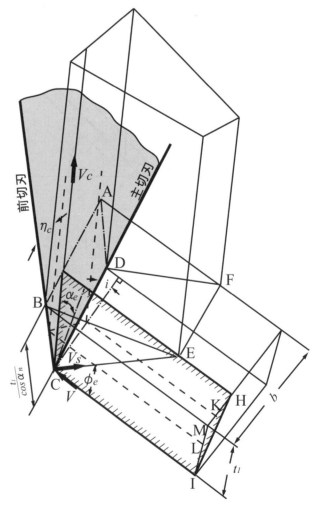

図 2.14　主切れ刃と前切れ刃の同時切削モデル

有効せん断角 ϕ_e と定義し，これが同じすくい角(rake angle)，せん断角の2次
元切削と同じものとする．このとき切削動力はせん断面のせん断仕事と工具
すくい面の摩擦仕事に消費される．すなわち単位時間あたりのせん断仕事 U_s
は，せん断応力を τ_s （均一分布）とすれば式(2.21)のようになる．

$$U_s = \tau_s V_s A \tag{2.21}$$

ただし A はせん断面面積，V_s はせん断速度(shear strain rate)である．次に工具
すくい面での単位時間あたりの摩擦仕事 U_f は，すくい面摩擦力を F_t とすれ
ば式(2.22)のようになる．

$$U_f = F_t V_c \tag{2.22}$$

ただし V_c は切りくず流出速度である．

さて，切りくず流出角 η_c を定めると，工具系傾斜角 i，同垂直すくい角 α_n か
ら有効すくい角 α_e は式(2.23)で示される．

$$\sin\alpha_e = \sin\eta_c \sin i + \cos\eta_c \cos i \sin\alpha_n \tag{2.23}$$

有効すくい角 α_e と同せん断角 ϕ_e の関係は2次元切削時のそれと同じである
と仮定しているから，有効すくい角 α_e に対して有効せん断角 ϕ_e が求まる．
工具形状 α_n，i が知られていれば幾何学的関係より，任意の工具形状，切削
条件に対してせん断面面積 A が求まり，式(2.20)よりせん断面仕事 U_s が定ま
る．ついでこの有効すくい角 α_e に対して有効せん断角 ϕ_e が定まり，さらに τ_s，
F_t が定まる．しかしこれらの関係を解析的に求めることは困難であるので，
具体的には以下の手順を用いる．まず次の仮定をおく．

ⅰ）切りくずが一体となって一方向に流出するので，切りくず流出方向と切
削速度方向を含む面内に切削厚さの異なる2次元切削が集積した状態と考え
る．この2次元切削の有効すくい角と有効せん断角，すくい面摩擦角，せん
断面せん断応力の関係は，同じすくい角における2次元切削ものと等しいも
のとする．すなわち式(2.24)が成立するものとする．

$$\phi_e = \phi = f(\alpha_e) = f(\alpha)$$
$$\beta = g(\alpha_e) = g(\alpha) \tag{2.24}$$
$$\tau_s = h(\alpha_e) = h(\alpha)$$

ⅱ）3次元切削を2次元切削の集積と想定した場合のすくい面と実際のすく
い面とは同じ平面ではないが，切削厚さ t_1'，単位切削幅の2次元切削のすく
い面摩擦力が同じ位置の単位幅の面に働くものと想定する．

せん断面せん断速度 V_s は切削速度 V を用いて式(2.25)のようになる．

$$V_s = \frac{V\cos\alpha_e}{\cos(\phi_e - \alpha_e)} \tag{2.25}$$

せん断面仕事 U_s は

$$U_s = \frac{V\tau_s A\cos\alpha_e}{\cos(\phi_e - \alpha_e)} \tag{2.26}$$

となり，式(2.22)，(2.23)，(2.24)，(2.25)を用いれば，せん断面仕事 U_s は未知
数 η_c のみの関数となる．

　単位切削幅あたりの切削合力 R は図2.15を参照すれば，

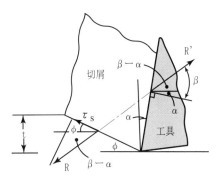

図 2.15　単位切削幅の切削力

$$R = \frac{\tau_s t_1'}{\cos(\phi + \beta - \alpha)\sin\phi} \tag{2.27}$$

である．この場合の単位切削幅あたりのすくい面摩擦力 f_t は

$$f_t = R\sin\beta = \frac{\tau_s t_1'\sin\beta}{\cos(\phi + \beta - \alpha)\sin\phi} \tag{2.28}$$

であり，この摩擦力が同じ t_1' 位置での単位すくい面幅に対して作用するから摩擦力の総和 F_t は式(2.29)のようになる．

$$F_t = \left\{ \frac{\tau_s \sin\beta}{\cos(\phi_e + \beta - \alpha_e)\sin\phi_e} \right\} \int t_1' db \tag{2.29}$$

例として，切りくずと工具すくい面(rake face)の接触状態が図 2.16 のように長方形である場合には積分の部分は式(2.30)のようになる．

$$\int t_1' db = \frac{\cos\alpha_e}{\cos i \cdot \cos\alpha_n} b t_1' \tag{2.30}$$

また切りくず流出速度 V_c は式(2.3)より

$$V_c = \frac{V\sin\phi_e}{\cos(\phi_e - \alpha_e)} \tag{2.31}$$

であるから，全摩擦仕事 U_f は式(2.32)のようになる．

$$U_f = F_t V_c$$
$$= \frac{\tau_s \sin\beta \cos\alpha_e \cdot b t_1 V}{\cos(\phi_e + \beta - \alpha_e)\cos(\phi_e - \alpha_e)\cos i \cos\alpha_n} \tag{2.32}$$

すなわち摩擦仕事 U_f も工具形状 α_n，i と切りくず流出方向 η_c のみの関数と成る．したがって全切削仕事 U は式(2.33)のように表せることとなる．

$$U = U_s + U_f = F(\eta_c, \alpha_n, i) \tag{2.33}$$

そこでこの切りくず流出方向を定めるため，以下の仮定をする．

"切りくずは全切削エネルギーが極小となる方向に流出する"すなわち energy minimum となるように切りくず流出方向が決まり，同時に α_e，ϕ_e，β，τ_s 等の切削状態すべてが決まる．以上のように切りくず流出方向 η_c が定まり，全切削エネルギー U が求まった時，このエネルギーは切削速度方向の切削力 F_h（切削主分力）と切削速度 V によって与えられるから，次の平衡関係が成立する．

$$F_h V = U = U_s + U_f \tag{2.34}$$

ここで

$$U_s = F_s V_s = \frac{F_s V\cos\alpha_e}{\cos(\phi_e - \alpha_e)}$$
$$U_f = F_t V_c = \frac{F_t V\sin\phi_e}{\cos(\phi_e - \alpha_e)} \tag{2.35}$$

であるから，切削主分力 F_h は容易に式(2.36)のように求まる．

$$F_h = \frac{F_s\cos\alpha_e + F_t\sin\phi_e}{\cos(\phi_e - \alpha_e)} \tag{2.36}$$

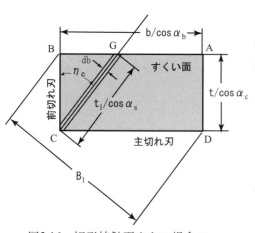

図2.16　矩形接触面をもつ場合の
　　すくい面摩擦力の計算

切削主分力 F_h 以外の切削力は以下のようにして求められる．図 2.17 に示す
ように工具すくい面に作用する力は切りくず流出方向の力（摩擦力 F_t）とす
くい面に垂直な力 N のみである．そこで，これを満足するよう適当な垂直力
N を想定し，すくい面合成切削力 R_t をつくる．このとき，切削速度方向成
分は既知のものと一致しなければならない．これを満たす R_t の各方向成分，
例えば横方向 F_T，垂直方向 F_V が得られる．

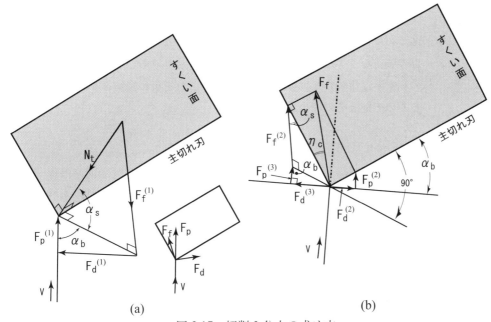

(a)　　　　　　　　　　　　　　　　(b)

図 2.17　切削 3 分力の求め方

演習問題

［問題 1］
切りくず生成過程はせん断面におけるせん断変形である．せん断ひずみを定
義し，切りくず生成時に切りくずが受けるせん断ひずみを示せ．

［問題 2］
A chip with thickness of 0.35 mm is generated during the orthogonal cutting of a
0.1 mm undeformed chip thickness using a 10-degree rake angle tool. Calculate the
cutting ratio, the shear angle and the shear strain.

（解答）

Cutting ratio $r_c = \dfrac{t_1}{t_2} = \dfrac{0.1}{0.35} = 0.286$

$\tan\phi = \dfrac{r_c \cos 10}{1 - r_c \sin 10} = 0.296 \quad \therefore \phi = 16.5°$

$\gamma_c = \cot\phi + \tan(\phi - \alpha) = 3.49$

［問題 3］
When a steel with a yield sheer stress of 600 MPa is orthogonally machined using a
0 degree rake angle tool and a 0.1 mm undeformed chip thickness, a 0.4 mm thick
chip is generated. Calculate the cutting forces when the friction angle of the tool is

30 degrees. Cutting width b = 0.35 mm.

（解答）

$$F_h = \frac{\tau_s t_1 b \cos(\beta - \alpha)}{\sin\phi \cdot \cos(\phi + \beta - \alpha)}, \quad F_v = \frac{\tau_s t_1 b \sin(\beta - \alpha)}{\sin\phi \cdot \cos(\phi + \beta - \alpha)}$$

$$r_c = \frac{0.1}{0.4} = 0.25 \qquad \tan\phi = \frac{0.25\cos 0}{1 - 0.25\sin 0} = 0.25 \qquad \phi = 14.03°$$

$$\beta = 30° \qquad F_h = 104.3N, \qquad F_v = 60.2N$$

[問題 4]

多くの材料は大きなひずみを受けると破壊する．切削加工においても流れ型以外の切りくずが生成される時の切りくずが受けるひずみは流れ型切りくずのひずみに比較して大きくなっている．これを流れ型切りくず生成状態にする為の方針とその理由を述べよ．

[問題 5]

2 次元切削を行うときせん断角（φ），すくい角（α），すくい面摩擦角（β）の関係が：$\phi + \beta - \alpha = 45°$ の時，$\alpha = 10°$ の工具で，切削厚さ×切削幅=0.25×1.0 mm の切削を行い，切削比=0.35 の切りくずが生じた．せん断面せん断応力を 550 MPa として切削 2 分力を求めよ．

（解答）

$$r_c = 0.35 \quad \tan\phi = 0.367 \quad \therefore \phi = 20.1°$$

$$\beta = 45° - \phi + \alpha = 34.9°$$

$$F_h = 512.2N, \quad F_v = 237.2N$$

[問題 6]

横切れ刃角 15° のバイトで丸棒の外周を旋削する時の切削 3 分力を求めよ．ただし切りくずは横切れ刃に垂直に流出するものとし，この方向と切削速度を含む面内では 2 次元切削であり，その切削 2 分力は切削主分力=1000 N，同背分力=500 N，とせよ．

（解答）

$$F_h = 1000N$$

$$F_v = 500 \cdot \cos 15 = 483.0N$$

$$F_t = 500 \cdot \sin 15 = 129.4N$$

[問題 7]

The relationship between the shear angle (ϕ), rake angle (α) and tool friction angle (β) is proposed as $2\phi + \beta - \alpha = 90°$.

Calculate the cutting forces under the following conditions: 0 degree tool rake angle, 45 degree tool face friction angle, 600 MPa work yield shear stress, 1.0 mm width of cut and 0.2 mm undeformed chip thickness.

（解答）

$$\phi = \frac{(90 - \beta + \alpha)}{2} = 22.5°$$

$$F_h = 579.4N$$

$$F_v = 579.4N$$

[問題 8]

When a work with a 600 MPa shear yield stress is orthogonally cut by a 0 degree rake angle tool using a 1.0 mm width of cut and a 0.25 mm undeformed chip thickness, a 0.75 mm thick chip is generated. Calculate the cutting forces using the following relation: $2\phi + \beta - \alpha = 90°$.

(解答)

$$r_c = \frac{0.25}{0.75} = 0.33 \quad \phi = 18.4°$$

$$\beta = 53° \quad \phi + \beta - \alpha = 71.4°$$

$$F_h = 921.6N$$

$$F_v = 1225.7N$$

2・4　切削熱と切削温度 （cutting energy and cutting temperature）

切削時に消費されたエネルギーは切りくず生成のための変形エネルギー，工具すくい面と切りくずとの摩擦エネルギー，これに伴う切りくず内の二次変形エネルギー等に消費されるが，これらの大部分は最終的には熱になる．熱以外の形態で残るエネルギーは，切削に伴う新生面の生成の表面エネルギー，仕上げ面内部での残留ひずみエネルギー，切りくずの運動エネルギー等であるが，M.C.Shaw(1954)によればこれらのエネルギーは全切削エネルギーの 1〜2％程度に過ぎない．熱に転化したエネルギーは輻射熱として放散されるものを除けば，切りくず，工具，工作物を加熱しこれらの，温度上昇を招く．特に，工具刃先の温度上昇は後述するように，工具摩耗，さらに工具寿命に直接影響する．また工作物の温度上昇は加工精度に大きく影響する．これら

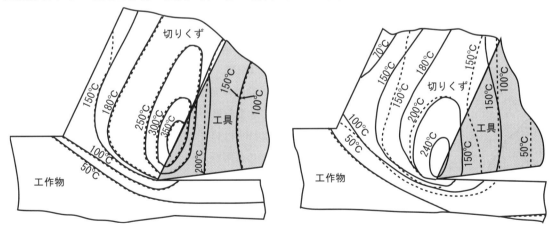

（a）　切削速度　48m/min　　　　　（b）　切削速度　24m/min

被削材：7-3黄銅，工具：SK3，すくい角：30°，切込み：1mm，実測値（実線）は赤外線温度計，計算値（破線）は差分格子を用いた数値計算による．（白樫他．1973）

図 2.18　切削温度分布の例

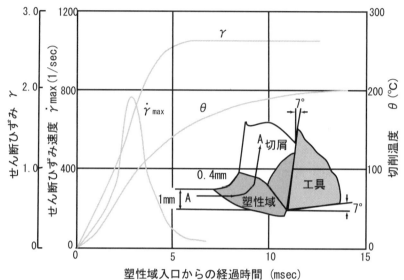

流線に沿う温度, せん断ひずみ, せん断ひずみ温度の分布
7-3黄銅, 工具鋼工具, すくい角7°, 切削厚さ1mm, 切削幅6mm,
切削速度42mpm, 乾切削

図 2.19　切削時の要素と熱源の移動

の事柄を調べる上でも切削時の温度分布を知ることは非常に重要である.

　図 2.18 は 2 次元切削中の温度分布の一例である. 分布の状態は複雑であり, 切削条件によっても大きく変化する. 切削熱による温度分布を推定することは, 温度の切削現象, 特に工具の損傷を調べるためには欠かせない.

　今, 簡単のために図 2.19 に示すような 2 次元切削の場合を例に, 切削温度分布が生じる過程を考える. 工具が停止しこれに対して工作物が移動する場合を想定する. 工作物内の要素は流線に沿って移動し, 切りくず生成のための塑性域（せん断変形域）を通過する時, 連続的にひずみを増加していくから, 移動要素自身が時間とともに変化する熱源(heat source)となる. また要素は発熱しつつ移動するから熱伝達の問題が含まれる. この際, 同時にこの熱源は周囲に熱を伝えるから, 熱伝導の問題も含まれる. したがって切削時の温度分布を求めるための基本式は式(2.37)のようになる.

$$\frac{\partial \theta}{\partial t} = K\sum_{i=1}^{3}\frac{\partial^2 \theta}{\partial x_i^2} - \sum_{i=1}^{3}v_i\frac{\partial \theta}{\partial x_i} + \frac{q}{\rho C} \qquad (2.37)$$

ただし θ は温度, v_i は質点速度, q は熱源の発熱率, K は温度拡散率 $= \kappa/(\rho C)$, κ は熱伝導率, ρ は密度, C は比熱である. ここで質点速度は変形状態そのものを示し, また熱源の発熱率は変形域にあっては変形速度とその時の変形応力 $\tau_s\dot{\gamma}$ によって定まるものであり, 接触域では摩擦応力と擦過速度 $\tau_t V_c$ によって定まる. これらはいずれも切削状態そのものが判明しない限り規定することはできず, この解析がいかに困難であるかが理解できよう. ここでは, 完全な解析でないものの, 温度分布のうち特に工具摩耗に対して大きな影響のある工具すくい面温度の大略を求める方法について示す.

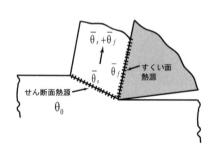

図 2.20　熱源の単純化

二次元切削状態を 2.2 節の様に単純せん断面模型とモデル化すれば, 熱源は図 2.20 に示す様にせん断面およびすくい面(rake face)の 2 箇所である. まず切りくずは体積熱源であるせん断面熱源により均一に温度が上昇し, 次いで面熱源であるすくい面での摩擦熱源により更にすくい面側から加熱され再び温度上昇を受ける.

まず，せん断面での温度上昇 θ_s を考える．せん断変形仕事が全て熱に転化するとすれば，単位面積，単位時間あたりの発熱量 q_s は

$$q_s = \frac{F_s V_s}{bt_1 \mathrm{cosec}\phi} \tag{2.38}$$

ここで F_s はせん断面せん断力，V_s はせん断速度，t_1 は切削厚さ，b は切削幅，ϕ はせん断角である．いま q_s のうち R_1 が切りくずに流入して，残りの $(1-R_1)$ がせん断面の下の工作物に流入すると想定すると，温度上昇 θ_s は式(2.39)の様になる．

$$\theta_s = \frac{R_1 q_s bt_1 \mathrm{cosec}\phi}{\rho_1 C_1 V bt_1} = \frac{R_1 u_s}{\rho_1 C_1} \tag{2.39}$$

ただし C_1 は工作物の平均比熱，ρ_1 は工作物の密度である．せん断面では切りくずは均一に加熱される為この温度上昇は切りくず全体のものと見なせる．したがって R_1 が判明すればせん断面通過直後の切りくずの温度上昇が求まる．以下にこの R_1 を求める方法を示す．(E.G.Loewen,M.C.shaw.1954)

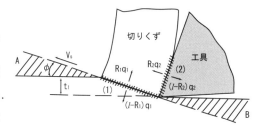

図 2.21　2 次元切削時のせん断面熱源の作用

せん断面下方の工作物の温度上昇を考える．せん断角を小さいものとし，図 2.21 に示す様にくさびの部分Bが存在せずに，代わりにくさびの部分Aが有るものとする．この場合せん断面面積に相当する熱源がせん断速度 V_s で工作物表面を移動する移動熱源の問題に相当する．これは図 2.22 に示す様に半無限体の表面に幅 b 長さ1の熱源が速度 V_s で移動する場合に対応する．この時工作物を半無限体，せん断面を移動熱源と考えれば相対的な関係は失われない．この問題は J.C.Jaeger(1942) により解析されており，熱源表面（せん断面）の定常状態の平均温度上昇は式(2.40)と成る．

$$\theta_s = \frac{0.754 q l}{2k_1 \sqrt{L_1}}, \quad L_1 = \frac{V_s l}{4K_1} > 5 \tag{2.40}$$

ここで k_1 は工作物の熱伝導率，K_1 は切りくずの温度拡散率，q は熱源強さである．単位は Btu，lb，in，sec.系である．したがってせん断面の平均温度上昇は工作物へ流入する熱源 $q_s(1-R_1)$ によるものであり，式(2.40)で $q = q_s(1-R_1)$ とすれば式(2.41)となる．

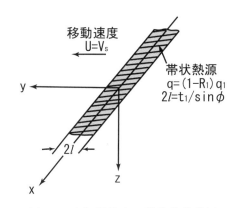

図 2.22　半無限体上の帯状移動熱源

$$\theta_s = \frac{q_s(1-R_1) \cdot 0.754 t_1 \mathrm{cosec}\phi}{2k_1 \sqrt{L_1}}$$

$$L_1 = \frac{V_s t_1 \mathrm{cosec}\phi}{4K_1} = \frac{V \gamma^* t_1}{4K_1} \tag{2.41}$$

また，この時のせん断面またせん断面の両側での温度上昇 θ_s は等しいから，式(2.39)と式(2.41)を等しいとおけば，せん断面での熱の配分割合 R_1 は式(2.42)のように求められる．

$$R_1 = \frac{1}{1 + \dfrac{0.664 \gamma^*}{\sqrt{L_1}}} = \frac{1}{1 + \dfrac{1.328 \sqrt{K_1}}{V t_1}} \tag{2.42}$$

この R_1 を用いれば，せん断面温度が式(2.39)または式(2.41)より求まる．

さて，せん断面で加熱された切りくずは再度すくい面上を擦過することにより摩擦により片側からの加熱を受ける．せん断面において行ったのと同様に，摩擦熱源を切りくずに対しては移動熱源，工具に対しては固定熱源として考え，切りくずへの熱配分割合 R_2 が次式(2.43)のように計算できる．すく

い面の摩擦熱源 q_f は既述の様に,

$$q_f = \frac{FV_c}{lb} \tag{2.43}$$

である.したがって切りくずへの熱配分割合を R_2 とすれば切りくずのすくい面側の平均温度上昇 θ_f は式(2.40)を用いて,

$$\theta_f = \frac{0.754 R_2 q_f l}{2 k_2 \sqrt{L_2}} \tag{2.44}$$

$$L_2 = \frac{V_c l}{4 K_2} > 5$$

である.ここで k_2, K_2 は温度 θ_t におけるものである.一方摩擦熱源 q_f は工具に対しては固定熱源となる.これを模式化すると図 2.23 の様に 1/4 無限体表面(工具)上に 1/4 無限体を付け加えた物体表面に $2l \times b$ の矩形熱源 q があり,熱源以外の表面は断熱状態にあるものと見なせる.この場合の熱源部の平均温度は熱源部の形状のみの関数として式(2.45)および式(2.46)で求められる.

$$\theta_m = \frac{qbA_n}{2k} \tag{2.45}$$

$$A_n = \frac{2}{\pi}\left[\frac{2l}{b}\sinh^{-1}\frac{b}{2l} + \sinh^{-1}\frac{2l}{b} + \frac{b}{6l} - \frac{1}{3}\left(\frac{b}{2l}\right)^2 - \frac{1}{3}\left\{\left(\frac{2l}{b}\right)^2 + \sqrt{1+\left(\frac{b}{2l}\right)^2}\right\}\right] \tag{2.46}$$

ここで熱源 q に代わって摩擦熱の工具への配分割合 $(1-R_2)q_f$ を用いれば,すくい面の平均温度上昇は式(2.47)となる.

$$\theta_f = \frac{(1-R_2)q_f b A_n}{2 k_3} \tag{2.47}$$

ここで k_3 は温度 θ_f における工具の熱伝導率である.また切りくず裏面と工具すくい面の温度は同じであるから,式(2.44)にせん断面における温度上昇 θ_s を加えたとものと式(2.47)を等しいとおけば熱配分割合 R_2 は式(2.48)の様に求まる.

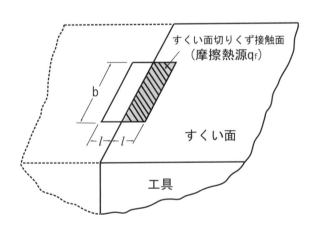

図 2.23　すくい面上の熱源

$$R_2 = \frac{\dfrac{qfbA_n}{k_3} - \theta_s}{\dfrac{q_f bA_n}{2k_3} + \dfrac{0.377aq_f}{k_2\sqrt{L_2}}} \tag{2.48}$$

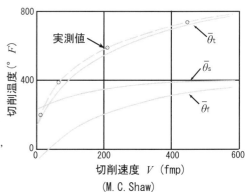

実線：理論結果，○印および点線：実測結果
SAE B1113鋼，超硬合金 K2S，すくい角 20°，
切削厚さ 0.0023in，切削幅 0.151in，乾切削

図 2.24 切削温度と切削速度

さらにすくい面平均温度も式(2.44)または式(2.47)より求まる．しかし現実の材料では熱定数が温度によって変化することが知られており，これを考慮して上述の方法によってすくい面の温度を求めることは必ずしも容易ではなく，繰り返し収束法を採用せざるを得ない．以下にその大略を示す．

まず，想定される温度を定め，これに対応する熱定数を求める．ついでこれらの熱定数を基に既述の式(2.47)を用いて温度を計算する．これにより求められた温度と先に想定した温度を比較し，これが不一致の場合には，新たに両者の平均値を用いて熱定数を想定し，上述の計算を繰り返す．はじめに想定した温度と計算により求めたものが同じになるまでこの操作を繰り返す．この様にして求めたせん断面直後およびすくい面での切りくずの温度と切削速度の関係の例を図 2.24 に，熱配分割合を図 2.25 に示す．図 2.24 からもわかるように，せん断面直後の切りくずの温度は切削速度によりあまり変化しないが，すくい面での温度は切削速度により大きく変化する．この時の熱分配割合は図 2.25 に見られるように，低切削速度域では切りくずへの熱の流入割合は切削速度の増大とともに急激に増大し，逆に工具へのそれは速度の増加とともに急激に減少するが，切削速度が高速になるにしたがってこれらの変化は少なくなる．

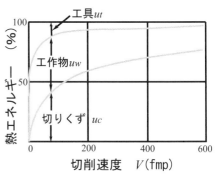

図2.25 切削エネルギーの配分率と
切削速度

演習問題

[問題 1]

A 709 N main cutting force and a 409 N thrust force is obtained when a steel is orthogonally machined using a 0 degree rake angle tool, a 0.25 mm undeformed chip thickness and a 1.0 mm width of cut. Calculate the mean temperature rise in the chip when 90% of the energy in the chip is converted to heat and $\phi + \beta - \alpha = 45°$. The steel's specific heat coefficient is 400 J/Kg・K.

(解答)

$$\tan\beta = \frac{409}{709} \quad \beta = 30.0° \quad \therefore \phi = 15°$$

$$V_s = \frac{V \cdot \cos\alpha}{\cos(\phi - \alpha)} = 1.035V$$

$$F_s = F_h \cos\phi - F_v \sin\phi = 579.0N$$

$$\theta = 0.9\frac{F_s V_s}{\rho C V b t} = 0.9 \cdot \frac{579.0 \cdot 1.035}{7800 \cdot 400 \cdot 0.25 \cdot 10^{-6}}$$

$$= \frac{539.3}{0.78} = 691.5K$$

[問題 2]

すくい角 0° の工具で鋼を切削幅 1 mm，切削厚さ 0.25 mm で 2 次元切削を行った時，主分力=709 N，背分力=409 N であった．工具すくい面での発熱量を求めよ．ただし，$\phi + \beta - \alpha = 45°$，切削速度を 2 m/sec とする．

$$\beta = 30° \quad \phi = 15°$$
$$Q = V_c F = V \tan 15 \cdot 409 = 219.2 J/s$$

[問題 3]
切削時のせん断面仕事が切りくずの温度上昇の原因と考えたとき，切削速度は温度上昇に関わらないことになる．しかし現実の切削においては，切削速度の増大にしたがって，切りくず温度は高くなる．この矛盾を説明せよ．

2・5　切削工具(cutting tools)
2・5・1　切削工具材料(tool materials)
切削工具に要求される条件は切削加工中常に工作物よりも硬いことである．切削中には工具すくい面は既述の様に高温にさらされる．工具の使用限界条件は工具がこの様な高温度下でも工作物よりも大きな硬度を維持できる範囲であり，この条件を出来るだけ広くする為の工具材料が開発されてきた．また切削力を低減する，耐磨耗性を向上させるために工具と工作物間の親和性が低い材料の開発や工夫がされてきた．

　現在実用化されている工具材料は大きく分けて炭素鋼系，高速度鋼系，焼結系の超硬合金系，セラミックス系，ダイヤモンドおよびcBN系の6種である．ダイヤモンドは単結晶で使用される場合も多い．さらに親和性の低い材料をこれらの工具材にコーティングしたコーテッド工具がある．

1）炭素鋼系 (high carbon steel)
炭素鋼のうち炭素量 0.6－1.5％を含む鋼を特に炭素工具鋼と呼び，焼入れ(quenching)，焼き戻し処理のいわゆる熱処理によって硬度と靭性を両立したものであり，容易に種々の形状を実現出来，かつ安価であるが，逆に熱処理温度以上の温度に耐えられず，後述する耐摩耗性と耐熱性が低いため，金属の加工にはあまり使用されなくなった．この炭素工具鋼に種々の添加物を加え，熱処理性，硬度，靭性を改善したものに炭素合金工具鋼がある．基本的性質は炭素工具鋼とほぼ同じである．

2）高速度工具鋼系 （high speed steel）
炭素鋼を主体とし W, Mo, Co, Cr, V 等を複数含む合金鋼である．W系とMo系に大別され，W系は耐熱性と切れ刃をつけるための加工性（被研削性）に優れるが，靭性に劣る．Mo系は靭性に優れているが，耐熱性と加工性（被研削性）がやや劣る．高速度鋼は熱処理によって必要な硬度および靭性を実現している．熱処理後の硬度はHRCで62-68であり炭素工具鋼のものと大差は無いが，刃先温度が900 K程度でもほとんど軟化せず，鋼を切削する場合炭素工具系のものと比較して約2倍程度の切削速度まで使用可能であるため，高速度鋼の名前が付けられた．高速度鋼は後述する超硬合金系の工具と比較して硬度と耐熱性，耐磨耗性に劣るが，被加工性，靭性が高く複雑な形状の工具を製作しやすく，欠けにくいため高精度の総型工具や断続切削用工具材

として欠かせないものである.

3）硬合金工具系（sintered carbide）

金属炭化物，金属酸化物は一般に高融点を持ち，高温のもとでも高硬度である事が知られている．このうち超硬合金は金属炭化物である炭化タングステン(WC)の微粉末を主成分として他の炭化物(TiC，TaC 等)の微粉末を添加し，一般には Co を結合剤として，高圧で成形し，1600～1800 K で焼き固めた（焼結）合金である．硬度は HRC87−93 であり，しかも高温でもこの低下が少ない．高硬度ゆえ靭性は高速度鋼と比較して多少低いものの，これも近年の改良によりかなり向上している．鋼，鋳鉄の高速切削を始めとして，他の非鉄金属の高速，高能率切削にも多用されている.

　超硬合金工具は JIS では K，P，M 各種の 3 類に分けられている．これらは工具成分による材質の分類ではなく，使用分類記号であり例えば K 種はWC-Co 系で鋳鉄および非鉄金属用，P 種は WC-TiC(TaC)-Co 系で鋼材用，M 種は中間の汎用工具用である．さらに各用途に対して数字の記号を付して，例えば P10，K10 の様に適用材種を示している．したがって同一用途に対して多種類の工具材種が適当であれば，超硬 P10，セラミック P10 のように同じ分類記号が使用される.

4）セラミックス系（ceramics）

　切削工具として使用されるセラミックス系はアルミナ(Al_2O_3)，これに Ti を添加したものおよび窒化珪素(Si_3N_4)の 3 種類である．セラミックスは他の工具材料と比較して軟化温度が著しく高く，化学的親和性が低いため耐磨耗性に優れており，超硬合金工具よりさらに高速の切削が可能である．しかし靭性が低く欠けやすいため，連続切削の様に切削力の変動のない状態でしか十分に性能を発揮することが出来ない.

5）cBN (cubic boron nitride)

立方晶窒化ホウ素(cBN)は天然には存在せず，人工的に高温高圧（5 万気圧，1900 K）で合成される．この微粉末を金属(Ni)またはセラミックスを結合剤として，主として超硬合金の上に焼結結合したものを工具として用いる．cBNはダイヤモンドに次ぐ硬さと熱伝導性を持ち，特に鉄系金属に対する反応性が低いため，これらの金属の切削に対して優れた耐磨耗性と耐熱性を持つ．このため焼き入れ後の高硬度の鋼やチルド鋼の高速切削が可能である．しかし，他の焼結工具と同様に靭性に乏しく連続系高速軽切削に使用されることが多い.

6）ダイヤモンド（diamond）

ダイヤモンドは実在する物質の中では最高の硬度と熱伝導率を持ち，熱膨張率もきわめて小さい．ダイヤモンド工具には，単結晶ダイヤモンド工具と焼結ダイヤモンド工具がある．単結晶ダイヤモンドは研磨すると非常に鋭い切れ刃が得られ，精密切削が可能である．しかし，鉄系金属に対し反応性が高

くこれらの切削時には摩耗速度がきわめて大きく，高温では鉄を触媒として容易に酸化(oxidation)（燃える）する．また高価でもある．このため研削加工では高精度加工が期待出来ない軟金属の銅,アルミニウムやこれらの合金の仕上げ切削加工に用いられる.

　焼結ダイヤモンド工具は微細なダイヤモンド粉末を主として超硬合金上に焼結結合したものである．焼結剤としては主として金属(Ni)やセラミックスを使用する場合も有るが，必ずしもこれらの結合剤が無くても焼結は可能である．焼結ダイヤモンド工具は単結晶ダイヤモンド工具に対して結晶による方向性が無く，どの方向に対しても同じ強度を持つが，切れ刃の鋭利さは単結晶のものに劣る．さらに近年ダイヤモンド膜が焼結により製作可能となり，これを主に超硬合金上に析出させたダイヤモンドコーティング工具も開発されている.

7) コーテッド工具 (coated tool)

切削工具に必要な条件は既述の様に硬さ，靱性と化学的安定性である．これらを実現する為，硬さは母材で保証し，化学的安定性や耐磨耗性は表面の膜の性質で実現させようとする工具が開発され，コーティング工具またはコーテッド工具（coated tool）と呼ばれている.

　母材としては高速度鋼，超硬合金さらにセラミックス等が用いられ，化学的に安定な膜としては TiC, TiN, HfN, Al_2O_3, ダイヤモンド等があり，これらを単層または多層で用いる.

　コーティング法には化学蒸着(CVD)法，物理蒸着(PVD)法があり，膜の安定性，耐剥離性，母材への影響等それぞれの特徴を有している.

　コーティング工具で最も重要なことは膜および母材の性質を除けば，膜の密着性（耐剥離性）であり，このため種々の工夫がなされている.

　コーティング工具は仕上げ切削のような微小送り，微小切り込みでは剥離が生じやすく不適当であり，比較的大送り，大切り込みに適している.

　図 2.26 に各種工具の温度に対する特性を，また図 2.27 には各種工具の使用範囲の大略を示す．一般に焼結系工具は高温でも硬度の低下が少ないのに対

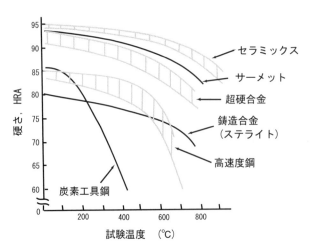

図 2.26　工具材料硬さの温度による変化

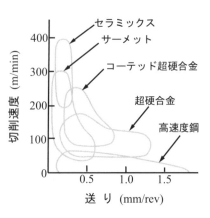

図 2.27　工具材料の使用範囲

し，熱処理系のものは温度に対し非常に敏感であり，この使用に際しては常に切削温度を考慮する必要がある．また焼結系工具は高硬度ではあるが靭性は比較的低く欠けやすい傾向があり，切削速度の急激な変化，例えば断続切削等には注意する必要がある．

2・5・2　工具損傷と工具寿命　（tool failure and tool life）

切削中の工具は非常に過酷な状態に置かれている．例えば鋼を 100 m/min.で切削する場合には，切りくずと接触する工具すくい面部の温度は工具の軟化温度に近い状態，超硬合金工具では 1200 K，また応力は工作物の最大変形応力，数百 MPa にもなり，さらにこの状態で高速度で擦過される．このため工具の損傷は非常に短時間内に生じるので，切削条件の選定には細心の注意を払う必要がある．切削条件の選定は一般に工具の損傷がどの程度，何時発生するのかを目途としてなされる．したがってこの工具損傷の情報を得ることが重要であり，実験的または理論的にこれを得るべく多くの努力が為されてきた．

　工具損傷には図 2.28 に示す様に種々の原因があるが，大まかに見ると漸進的な摩耗と突発的に見える欠損の 2 種類がある．

1)　工具摩耗と工具寿命　(tool wear and tool life)

　一般の単一工具の摩耗は図 2.29 に示す様に生じ，切れ刃すくい面の切りくずと接触する部分が凹むすくい面摩耗（摩耗形状がクレータ(crater)状に凹むためクレータ摩耗と呼ばれる），前および横逃げ面に沿って切削面に平行に生じる逃げ面摩耗（平坦に生じる為フランク(flank)摩耗とも呼ばれる），工具と工作物の接触境界に生じる境界摩耗とそれぞれ呼ばれている．多刃工具でもその 1 枚の刃先を見れば図 2.29 と同等の摩耗が見られる．

　摩耗量を示す為の基準として，すくい面摩耗では凹みの最大深さ KT，逃げ面摩耗では摩耗痕の最大幅 VB または平均幅 VA，また境界摩耗では最大幅

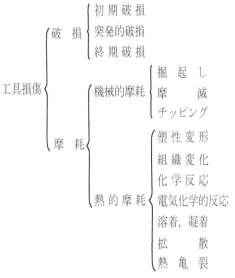

図 2.28　工具損傷の原因

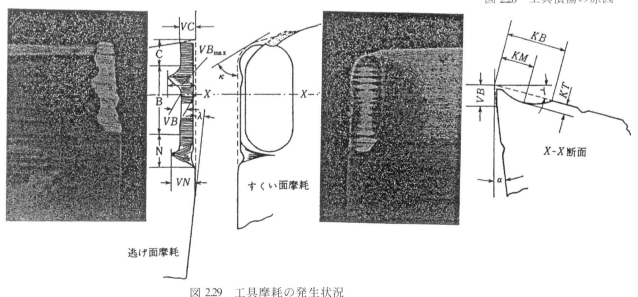

図 2.29　工具摩耗の発生状況

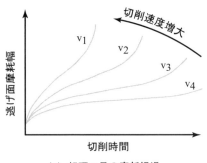

（a）超硬工具の摩耗経過

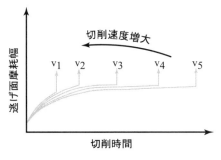

（b）高速度鋼工具の摩耗経過

図2.30　逃げ面摩耗の時間変化

VCで示す.

　逃げ面摩耗幅(VA)と切削時間の関係は工具材料によって多少の差異はあるものの，焼結合金工具材の場合には大略図2.30(a)の様に切削開始時に初期域があり，定常状態を経て再び急増する．そして切削速度の増加にしたがって両者の関係は上方に向かう．鋼系の高速度鋼工具の場合には切削速度の両者の関係への影響は図2.30(b)に示す様に緩慢であるが，摩耗が急増する時期は速度に対して非常に敏感であり，ある経過時間の後に工具刃先部全体が溶融するように摩耗脱落し切削不能になる.

　すくい面最大摩耗深さ(KT)は図2.31に示す様に刃先から少し離れた位置に生じ，次第に前後に広がって行くが最大深さ位置には殆んど変化がない．またこの形状は前すくい角，横すくい角等の工具形状の影響は少なく殆んど同じとなる．すくい面最大摩耗深さ(KT)の切削時間との関係を示すと図2.32(a)の様になり，摩耗深さは時間とともに比例的に増大し，その勾配は速度の増大とともに大きくなる．これを両対数グラフで示せば，図2.32(b)の様にほぼ45°の直線になり，速度の増加にしたがって上方に移動する.

　切削条件を選択した時，工具が何時まで使用可能か―工具寿命―を判断する必要がある．この判断には上述の工具摩耗の推移を参考にすることが一般的である．工具寿命は切削開始から工具が使用不可能となり，これを交換するまでの切削時間または総切削距離で定義される．工具は使用すれば必ず摩耗するはずであるから，あらかじめ工具寿命時の摩耗量を定めておき，これに達するまでの切削時間，または切削距離を工具寿命とすれば良いわけである．しかし実際の現場では必ずしも工具の摩耗量にこだわらず，他の尺度を利用することもある．例えば総型工具の様に工具形状が直接製品の精度にかかわる場合には摩耗により工具形状が変化しそれにより切削される製品の精度が許容値を超えた時，切削力がある限界を超えた時，製品の表面性状がある限界を超えて劣化した時等が工具寿命とされる場合も多い．この様に製品に着目して寿命を決定する場合には，工具の摩耗と製品との関連が不明確な場合が多い．切削を行えば工具は必ず摩耗するはずであり，この場合でも両者の関係が明確になれば工具摩耗のみから工具寿命が決定できるはずである.

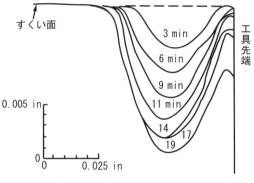

図2.31　すくい面摩耗の進行状況

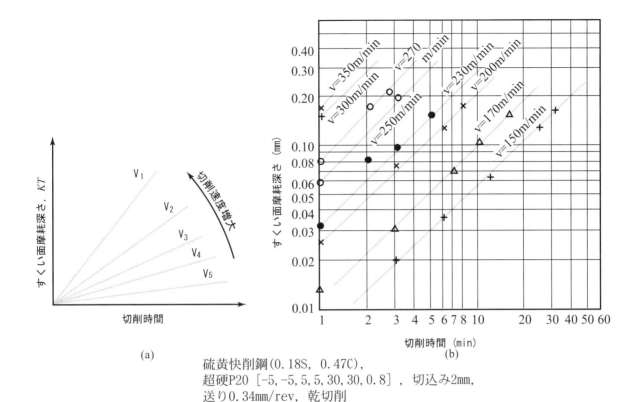

(a)

硫黄快削鋼(0.18S, 0.47C),
超硬P20 [-5, -5, 5, 5, 30, 30, 0.8], 切込み2mm,
送り0.34mm/rev, 乾切削

図 2.32 すくい面摩耗経過曲線

　上述の様に作業状況によっては適当な寿命判定基準を設定することも必要
であるが, ここでは最も基本である工具摩耗量の KT または VB を基準とす
る方法について述べる. この KT または VB をいくらに設定するかは別の議
論が必要である. ここでは工具寿命時の KT または VB (寿命判定基準) が決
定していることを前提にして切削条件の選定法を述べる.

　いま図 2.33 に示すような摩耗量と切削時間の関係(摩耗経過曲線)が実験
により求まっている時, 寿命限界での摩耗量 KT_0, VB_0 を同図に設定すればそ
れぞれに対応する切削速度に対して工具寿命時間 T がもとまる. この寿命時
間 T と切削速度 V の関係を切削速度を縦軸に工具寿命時間を横軸にとり両対
数グラフ上にプロットすると, 一般に図 2.34 に示すようにほぼ直線と成り,
式の形で示せば次の様になる. なおこの曲線は工具寿命曲線, 式は寿命方程
式と呼ばれている. (Tayler.1901)

$$VT^n = C \tag{2.49}$$

ここで V は切削速度, T はその切削速度での工具寿命時間, n, C は定数で
ある. また摩耗経過曲線の両対数グラフ上の勾配が切削速度によって変化し
ない場合には, 寿命判定基準 KT_0, VB_0 を変えれば図 2.35 に示すような平行
な曲線群が求められる. したがってこれらの式または曲線から切削速度を指
定した時の工具寿命,または工具寿命を指定した時の切削速度が求められる.

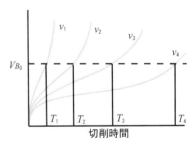

(a)逃げ面摩耗経過

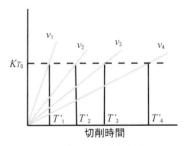

(b)すくい面摩耗経過

図 2.33　超硬工具の摩耗経過と
工具寿命

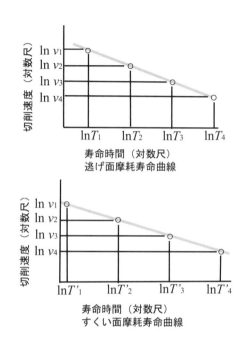

図 2.34　超硬工具の寿命曲線

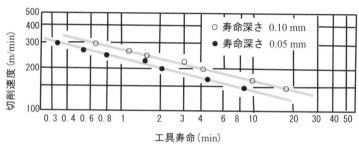

（a）硫黄快削鋼（0.18S，0.47C），すくい面摩耗

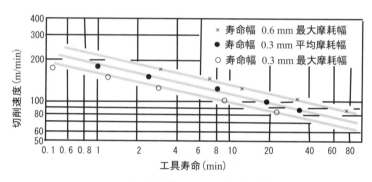

（b）合金鋼 SNCM8，逃げ面摩耗

図 2.35　寿命判定基準の変更による寿命曲線の変化

2)　工具摩耗機構と摩耗速度の予測　(wear mechanism and prediction of wear rate)

切削条件を選定する為にはどのような寿命方程式を採用するにしても，図 2.32 のような摩耗の進行状況を示す摩耗経過曲線が必要である．現在は直接工具寿命試験を行い，種々の工作物と工具材の組み合わせのもとでの定数が測定されデータバンクとして蓄積されている．しかしこの試験は摩耗し難い工具を摩耗させる為に多大な時間，費用を必要とすることは明らかである．この試験を軽減する為の方法，さらに直接的な工具寿命試験に頼らない方法の開発が熱望されている．このためには工具摩耗機構の解明し，これにかかわる因子を予測することが必要である．

　工具摩耗の原因には 2 つの基本的機構がある．すなわち i) 硬粒子の引っ掻きによる摩耗(abrasive wear)，ii)接触面に生じる凝着による摩耗(adhesive wear)である．前者は硬粒子による微小な切削である．多くの工作物にはその製作過程に起因する，Fe_3C，SiC　TiC，等の炭化物や，Al_2O_3，SiO_2 等の酸化物の硬粒子粒子が含まれていることが多い．これらの粒子が工具摩擦面を擦過する時工具表面を微小な切削や掘り起こしを生じさせる．したがって摩耗量は硬粒子の数と摩擦距離の積に比例する．

　後者の凝着摩耗は原子間の結合に起因するものである．2 種類の固体が原子間隔に近づいた時には，両者は原子間に働く引力により結合する．切削時の工具摩擦面では既述の様に高温と大接触応力のために真実接触部が増大すると同時に，これらの多くの部分で相互の原子の間隔は凝着に十分な間隔まで近づき凝着が生じる．この凝着部が破壊される時，破壊面が工具材または工具材と工作物の両側に同時に生じる時には，工具が摩耗することになる．

なお高温下での凝着を溶着(welding)と呼ぶこともある.

　高温の場合には図 2.36 に示す様に，凝着部で片方の母材中の元素が他方へ拡散(diffusion)してゆき合金を作る. この結果凝着の発生状態が初期とは異なったり，合金化により工具材の強度が低下し容易に破壊が工具材内部で生じやすくなる. このように摩耗が拡散現象を伴う場合には拡散摩耗と称することがある.

　凝着摩耗は工具摩耗機構の大きな部分を占めている事から多くの解析がなされている. しかし，いずれも R.Holm 理論を基本としている為，ここではこの理論について述べる.

　図 2.37 は真実接触面積部を示したものである. 同部分には平均間隔 a で原子が配列している. 上側の材料が下側に対して L の距離移動した時，上側の特定の原子に着目すればこの原子は下側の原子と L/a 回出会うことになる. いま真実接触面積 A_r 中の原子数は A_r/a^2 であるから，全原子が相互に出会う総回数は $(A_r/a^2)\cdot(L/a)$ である. この出会い中の摩耗体積を W とすると摩耗した原子数は W/a^3 個である. 原子が他の原子と 1 回出会う時に凝着し持ち去られ，摩耗原子となる数を Z とすれば，

$$Z = \frac{摩耗原子数}{全出会い原子数} = \frac{W/a^3}{\dfrac{A_r L}{a^3}} = \frac{W}{A_r L} \tag{2.50}$$

となる. Z は原子が 1 回の出会いにより相互に凝着する確率であるので Holm の凝着確率または摩耗確率と呼ばれている. Z は接触金属の種類，環境，温度，接触時間等によって大きく変化する. 真実接触面積 A_r は接触面の全荷重 N_t を，接触部の軟金属の硬度を H とすれば，

$$N_t = A_r H \tag{2.51}$$

であり，これと式(2.50)より，摩耗体積 W は

$$W = \frac{N_t Z L}{H} \tag{2.52}$$

となる. したがって摩耗体積は他の条件が一定ならば，荷重と摩擦距離に比例することになる. この理論に従えば摩耗粉は原子サイズを基本とすること

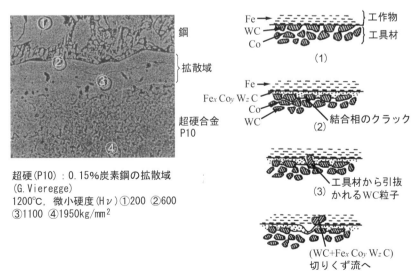

超硬(P10)：0.15%炭素鋼の拡散域
(G. Vieregge)
1200℃，微小硬度(Hν)①200 ②600
③1100 ④1950kg/mm²

図 2.36　拡散摩耗モデル

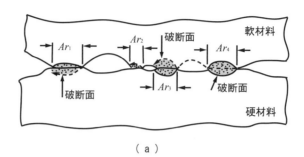

（ a ）

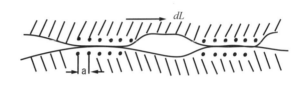

（ b ）

図 2.37　摩耗面の接触状態

になるが実際の摩耗粉は原子サイズよりはるかに大きいことが知られており，これらの点を考慮し Holm の理論の修正がなされているが，いずれも大略式は(2.52)と同じ形式となる.

　上述の凝着摩耗過程に対して，通常の工具の損傷過程はさらに複雑な現象を含んでいる．凝着部において片方の母材中の元素の一部が他の母材側に拡散してゆく合金をつくる現象が知られている．例えば図 2.36 で示した様に超硬合金工具中の Co や炭化物の C が切りくず中に拡散してゆき，工具表面では Holm の凝着確率 Z が全く異なる材質に変化すると同時に，硬さも変化する．工具損傷には定常的な凝着摩耗過程以外にも，微小な欠損が重なっていることが多い．このように工具の損傷過程は複雑であるが，大別すると図 2.28 に示した様に，機械的作用によるものと，熱・化学的作用によるものに分けられる．高速切削時の摩耗，特にすくい面摩耗に限れば凝着，拡散を主機構とするものがもっとも重要である.

　さて，凝着は原子間の結合に起因するものであり，明らかに速度過程的な性格を持つと考えられるので，凝着確率 Z は式(2.53)で示される.

$$Z = C \exp\left(-\frac{E}{K\theta_t}\right) \tag{2.53}$$

ここで K はボルツマン定数，θ_t は接触面の温度（K），E は摩擦面の金属の組み合わせで決まる活性化エネルギーである．一方摩擦面の真実接触点の硬度 H は，ひずみ，ひずみ速度の影響がないとすれば式(2.54)で示せる.

$$H = C \exp\left(\frac{E'}{K\theta_t}\right) \tag{2.54}$$

式(2.52)，(2.53)，(2.54)より

$$H = C \exp\left(\frac{E'}{K\theta_t}\right) \tag{2.55}$$

と成る．また摩耗体積を単位面積あたりのものとすれば，総荷重 N_t は垂直応力 σ_t に置き換えられるから，単位面積，単位移動距離あたりの摩耗体積 dW は式(2.56)の様になる．

$$\frac{dW}{dL} = C\sigma_t e \exp\left(-\frac{E+E'}{K\theta_t}\right) \tag{2.56}$$

式(2.56)を超硬合金工具で鋼を切削する場合のすくい面摩耗に適用した例を図 2.38 に示す．摩耗速度 $dW/(\sigma_t dL)$ と温度の逆数 $1/\theta_t$ の関係は図示の様に切削条件にかかわらず片対数グラフ上で一本の直線となっており，式(2.56)より摩耗速度を表せる事が判る．したがって定数 C および $(E+E')/K$ の値が判明し，ついで何等かの方法で任意の切削条件を選択した時の接触面（すくい面）での温度 θ_t と応力 σ_t が求まれば摩耗経過が予測できる．

3) 工具欠損 (tool edge breakage)

切削中，特に超硬合金工具やセラミックス工具等の硬ぜい材料工具による断続切削では，図 2.39 に示すように，切れ刃近傍の微小な欠けや時として切れ刃そのものが大きく脱落することがある．これらは総称して欠損と呼ばれる．これらの工具材料の多くは硬ぜい材料であるためこの欠損はぜい性的破壊であり，多くの場合突発的に発生すると見なされる．また，欠損発生により工具切れ刃形状が大きく変化する場合には以降の切削加工が不可能となるため欠損発生には細心の注意を払う必要がある．工具切れ刃の欠損はチッピングと呼ばれる刃先近傍の微小な欠けと，切れ刃そのものが大きく脱落し切削そのものが継続不可能になる切れ刃欠損に分類できよう．どのような工具でも必ず刃先に切削力が働くため必ずチッピングと呼ばれる微小な破壊を生じ理想的な刃先の鋭さは実現出来ず，必ずある程度の丸みを持つようになる．またチッピングは多くの場合摩耗と同時に生ずることもあり，これと分離不可能な場合も多い．しかしこれによる工具刃先の形状の変化は少なく，特別な場合を除いてあまり害にならない．欠損で問題となるのは工具形状が大きく変化する大型の破壊である．

欠損の規模，時期がどうあろうとも，欠損の起点すなわちき裂が生じるのは，着目点の工具内の応力状態が破壊応力状態を超えるためである．したがって，原理的には工具内任意点の応力とその点の破壊応力を比較する事によ

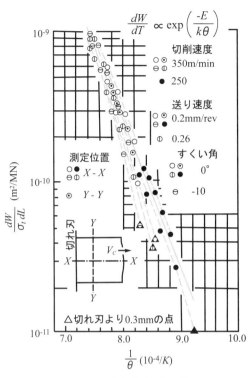

図 2.38 摩耗特性式の検証

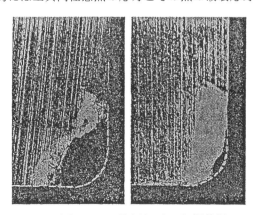

図 2.39 工具切れ刃の欠損状況

ってき裂の発生を判断できるはずである．特にぜい性材料ではき裂の発生が
すぐに全破壊につながり工具欠損となることが多い．勿論この時の破壊応力
は温度の影響を受けるためこれを考慮する必要がある．

　刃先欠損は切削開始時の極初期に生じる場合（初期欠損, primary breakage）
と，切削開始後ある期間の後生じる場合（時間遅れ欠損, time dependent
breakage）がある．

　初期欠損発生の最大の原因は切削条件の選定の誤りである．すなわち工作
物強度が大きすぎる，または切削開始時の衝撃力が大きすぎる等のため過大
な切削力が働き，これによる工具内応力が破壊応力を超え直ちに全破壊に至
るためである．この場合には工具の初期の破壊応力に対して適切な条件，衝
撃力を緩和する工具形状の選択，切り込みや送り速度の選択等過大な切削応
力が工具に働かない条件を選定する必要がある．

　時間遅れ破壊の発生原因については大略2様の理論が提案されている．そ
の一つはき裂進展を基礎とする理論である(上田.1982). 時間遅れで破壊が発
生するのは局部破壊が直ちに全破壊に繋がらず，局部破壊開始（き裂発生）
からこのき裂が繰り返し応力負荷により時間とともに拡大進展し全破壊に至
るためであり，このき裂進展過程を破壊力学の理論を基礎に検討する．もう
一方は焼結系工具が内部に大きさおよび方向がランダムな微小欠陥を含む硬
ぜい材料であり，ぜい性的破壊状態を示すと同時に確率的性格を示すことを
前提にして議論する方法である．

　破壊力学による理論を述べる．硬ぜい材料の工具，特に焼結系の工具内に
は必ず微小な欠陥がある．これをき裂とみなし，最も危険な場所（応力の大
きい所）に適当なサイズのき裂想定し，その先端の応力場を切削条件により
定まる切削力を基礎に求める．これと破壊応力を比較してき裂進展状況を線
形破壊力学の理論を利用して定める．き裂は応力の繰り返しにより徐々に進
行し，き裂サイズがある大きさに達した時に不安定に急速進展し，全破壊（欠
損発生）に至る．この方法では潜在初期き裂のサイズと大きさが直接き裂進
展速度に影響する為これらの推定値により欠損発生時間が異なる．

　工具材料の破壊応力の変化に基づく理論では工具の破壊応力が工具の使用
のため変化（劣化）するためである．ぜい性材料の破壊は基本的にはぜい性
破壊であり，着目点の応力が破壊応力に到達した時直ちに全破壊を生じる．
破壊の規模は破壊開始点によって定まる．しかしこの状態だけでは破壊の発
生は切削条件のみで定まり，遅れ破壊は生じないことになる．遅れ破壊が生
じる理由は，切削条件が同一でこれによる工具内の応力状態が変化しないも
のとすれば，工具側の条件の変化，すなわち工具の破壊応力が切削の継続に
より変化（劣化）するためである．この理論を適用するためには，破壊応力
または応力条件の推移を定量的に求めることが重要である．断続切削加工中
に工具切れ刃は高温と高衝撃応力を繰り返し受ける．このような状態の下で
は焼結系の硬ぜい工具材料は，破壊力学で扱われているような単一の卓越き
裂が進展するよりも，工具全体の結合力が低下するような劣化形態をとるこ
とが報告されている．結合力の低下はそのまま破壊応力の低下を意味する．
また焼結系工具のような硬ぜい材料の内部には大きさおよび方向がランダム
な微小き裂が多数含まれており，このため破壊応力は確率的性質を持ち，σ

以下の応力で破壊する確率 $G(\sigma)$ は一般に次のワイブルの確率分布で示される.

$$G(\sigma) = 1 - \exp\left\{-v\left(\frac{\sigma - \sigma_u}{\sigma_0}\right)^m\right\} \qquad \sigma > \sigma_u \qquad (2.57)$$
$$= 0$$

ここで σ は破壊応力，v は体積，σ_u，σ_0，m は定数であり，閾値，尺度パラメータ，形状パラメータと呼ばれている.

　図 2.40 は超硬合金の破壊応力と衝撃応力およびその繰り返し数の破壊応力 σ への影響をワイブル確率グラフで示したものである. 破壊応力はワイブル分布で示される事，衝撃応力とその繰り返し数の増大によって破壊応力が変化している事がわかる. またこの変化には温度も影響することが知られている. したがって破壊応力の変化の度合いは工具の各部分によって異なる為この点の考慮が必要である.

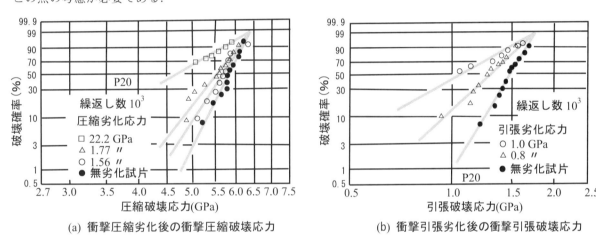

(a) 衝撃圧縮劣化後の衝撃圧縮破壊応力　　　(b) 衝撃引張劣化後の衝撃引張破壊応力

図 2.40　繰り返し衝撃による破壊応力の劣化

演習問題

[問題 1]

切削工具の寿命を判定するための指標となる物差しを 3 つ述べよ.

[問題 2]

Taylor proposed the tool life equation $VT^n = C$ where V, T, and C are the cutting velocity, the tool life and a material constant, respectively. When V is 100 m/min for a given tool, T is 200 min. When V is changed to 200 m/min, T becomes 25 min. What should the cutting velocity be for T=60 min?

(解答)

$100 \cdot 200^n = 200 \cdot 25^n \quad \therefore 8^n = 2$

$V \cdot 60^{1/3} = 100 \cdot 200^{1/3}$

$V = 150 m/\min$

2・6　切削油剤とその作用(cutting fluids and their effects)

切削加工では既に述べてきたように，工具すくい面上を切りくずが高温，高応力の下，高速で擦過するため，工具は非常に過酷な環境にある．また切削中に発生した熱は工作物を加熱し温度が高くなり，精度に悪影響を与える．切削直後の面は非常に活性であり，酸化されやすい．これらの状況を改善するために切削油剤が利用される．切削油剤に要求される機能は次の様になる．1)工具すくい面または逃げ面の潤滑，2)工具および工作物の冷却，3)加工面の保護，さらにこれらに加えて，4)切りくず排出作用，がある．

　過酷な状態にある工具すくい面の潤滑の為には極圧潤滑剤がしばしば用いられる．切削油剤は大別して不水溶性と水溶性に分類される．さらに近年冷却効果と環境汚染に配慮し，低温の気体を主成分とする切削剤も使用されつつある．

　不水溶性切削油剤は主として潤滑冷却効果をめざし，その主成分は油脂であり動植物油系と鉱物油系に分類される．これらの油脂をベース剤として，これらを混合する，もしくは極圧剤である塩素，燐，硫黄，鉛などの化合物を添加して用いられる．これらの極圧添加剤(extreme-pressure additive)は切削熱によって工作物である金属と反応し，摩擦係数の小さな反応生成物をつくる．

　水溶性切削剤は主として冷却効果をめざし，主成分は水であり，水に溶けて溶液となる油剤，あるいは水と混ぜて乳液となる油剤を添加したものである．前者はソリューション形と言われ，炭酸ソーダ，燐酸ソーダ，水ガラス，クロム酸カリ等が水に溶かされており，冷却効果は大であるが潤滑性は高くない．後者はエマルジョン形と言われ液体状のものと糊状のものがあり，適当な油脂をベースとしこれに乳化促進剤と安定剤をくわえたものを水に溶かしたものである．乳化促進剤にはスルホン酸塩，石鹸類，苛性アルカリ，グリコール等が用いられる．安定剤にはアルコール，界面活性剤がある．近年の切削では切削速度が速くなり高温度が発生する為，油脂を主成分とする不水溶性切削油剤は発火の危険があり水溶性のものが多用されつつある．

参考文献

（1）M. E. Merchant, *J. Appl. Phys.*, 16(1945)267.

（2）E. H. Lee, B. W. Shaffer, *J. Appl. Mech.*, 73(1951)405.

（3）G. V. Stabler, *Proc. Instn. Mech. Eng.*, 165(1951)14.

（4）L. V. Colwell, *Trans. ASME*, 76-2(1954)199.

（5）益子正巳，臼井英治，日本機械学会論文集(第3部), 38, 316(1972)3255.

（6）臼井英治ほか, 精密機械, 38, 6(1972)512.

（7）E. G. Lowen and M. C. Shaw, *Trans. ASME*, 76-2(1954)217.

（8）J. C. Jeager, *New South Wales*, Vol. 76(1942)203.

（9）R. Holm, *Electric Contacts* (1946) 214.

（10）上田ほか, 精密機械, 48, 10(1982)1311.

（11）臼井英治, 現代切削理論, (1990), 共立出版.

（12）M. C. Shaw, *Metal Cutting Principles*, (1984), Oxford University Press.

第 3 章

研削加工
Grinding Process

3・1 研削加工のメカニズム　(mechanism of grinding process)
3・1・1 砥粒切れ刃と研削作用　(cutting edges of abrasives and their grinding action)

研削作用といえども素材を刃物で削るという物理的意味においては，バイトやフライスカッターによる切削作用と何ら変わるものではない．研削加工(grinding process) (図 3.1) の特徴は，刃物である砥石が切削工具に対し，次の 3 点において著しく異質であることによってもたらされたものといえる．

> ① 切れ刃および切り屑の形態
> ② 切れ刃の材質
> ③ 研削速度

以下，この 3 つの観点から，研削加工の理解に入ることにする．

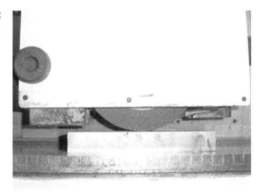

図 3.1　砥石による平面加工

a. 切れ刃および切り屑の形態から見た研削作用
(1) 加工メカニズムによる分類

図 3.2 には研削における切り屑形成プロセスが，模式的に示されている．なお，本項で用いる用語を含め，砥石と研削の幾何学に関わる主要な記号を表 3.1 に一括して挙げる．図 3.2 に見るように，砥石はランダムに分散する無数の微細砥粒（マイクロメートルのオーダ）切れ刃によって構成された多刃工具である．

切れ刃の幾何学から見ると，切削工具と砥石の大きな違いはその絶対寸法とすくい角にある．すなわち，研削切り屑の横断面積は切削のそれに比べ $1/10^3 \sim 1/10^5$ に過ぎず，また通常，切削工具が正のすくい角(rake angle)であるのに対し，砥粒切れ刃の大部分は負のすくい角を有する．砥粒を円錐（台）切れ刃モデルによって幾何

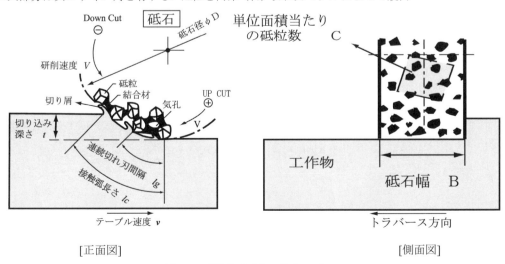

[正面図]　　　　　　　　　　　　　　　　　[側面図]

図 3.2　研削切り屑の形成モデル

学的に捉えようとすると，-60° ～ -80° という負のすくい角が想定される(後出図 3.16).

　インゴットから粉砕，整粒された一般砥粒の形態は多様である．この砥粒はボンド材と共に，

$$\boxed{混練} \quad \rightarrow \quad \boxed{プレス成形} \quad \rightarrow \quad \boxed{焼成} \quad \rightarrow \quad \boxed{整形}$$

の工程を経て，砥石として製造されることから，その切れ刃の形や姿勢は不定である．加えて，砥粒切れ刃形状は研削作用と共に，摩耗によって著しく経時変化する．切れ刃の幾何形体を特定，規格化できる切削工具に対し，砥石の切れ刃形状はせいぜい統計量によって管理するしかないという曖昧なものである．当然，生成される切り屑の寸法や形状も個々まちまちとなり，そのようなミクロな切削作用の集合として現れる研削現象も，自ずと不確定要素を多分に含む性格のものとなる．

表 3.1　砥石と研削の幾何学的に関わる記号表

A_ℓ: 接触弧の面積(mm^2)	l_c: 接触弧長さ，切り屑長さ （mm）
B: 研削幅 （mm）	l_g: 連続切れ刃間隔 （mm）
C: 砥粒密度 （$1/mm^2$）	m: 平均切り屑体積 （mm^3）
D: 砥石外径 （mm）	n: 同時作用切れ刃数密度 （$1/mm^2$）
N: 同時作用切れ刃数	s: 1 刃当たりの工作物送り量 （mm）
V: 研削速度 （m/min）	t: 砥石切込み深さ （mm）
a_m: 切り屑横断面積 （mm^2）	v: 工作物送り速度 （m/min）
d: 工作物外径 （平面研削では∞，内面研削では－） （mm）	Θ: 切れ刃先端の半頂角またはすくい角 （°）
g: 砥粒切れ刃の最大喰込み深さ （mm）	θ: 喰付き角度 （θ^+:上向き，θ^-:下向き ）
h_{eg}: 相当切り屑厚さ （mm）	$\triangle$: 速度比 （V/v）

(2) 切れ刃の運動軌跡と切り屑の幾何学

砥石作業面に存在する無数の砥粒切れ刃の 1 つを取り上げ，その切れ刃の運動軌跡に着目してみる．まず，工作物の送り方向に対する砥粒切れ刃の運動方向には正逆があり，その方向が同じなら下向き研削（down-cut grinding），逆の場合には上向き研削（up-cut grinding） と呼んで区別されている （図 3.2）．しかし，このいずれにせよ，研削速度 V ≫ 工作物送り速度 v であることから，工作物から見た切れ刃の運動は，標準的な速度比 (ratio of wheel to workpiece surface speed) Δ （$V/v = 60$〜100） の下では，円弧軌跡で十分近似可能である．切れ刃の形状がこの運動軌跡に沿って工作物に幾何転写されると想定すれば，後続切れ刃の軌跡との関わりから，理論上は，図 3.3 に示すような三日月状の切り屑が生成され，砥石－工作物の理論接触弧長さ(contact arc length) l_c が切り屑長さに相当する．高さが一様で，等ピッチに配列された連続切れ刃群を仮定すれば，この切り屑長さ(undeformed-chip length)には切れ刃のピッチ （連続切れ刃間隔(successive cutting-point spacing) l_g ）の影響は及ばず，フライス切削にほぼ準じて次式が成立する．

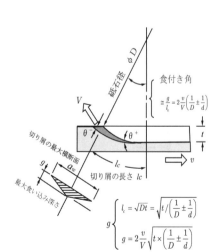

図 3.3　研削切り屑の幾何学[1]

$$l_c = \left(1 \pm \frac{v}{V}\right)\sqrt{t \Big/ \left(\frac{1}{D} + \frac{1}{d}\right)} \tag{3.1}$$

（符号：上向き研削では+，下向き研削では－）

通常の研削条件下では，表面粗さや研削点の弾性変形などによる影響で，現実の

接触弧長さはこの幾何学的予測値より数%～十数%大きいとされている．もちろん，接触弧の長さの極めて大きい高切込み研削条件下では，その理論長さが現実の値を十分言い当てている．

切れ刃のくい込み深さは，接触弧に沿って次第に変化する（図 3.3）．この最大値（最大切り屑厚さ(maximum undeformed-chip thickness) g ）を式(3.2)により換算すると数値的にはサブ μm のオーダとなり，研削盤の運動精度や僅かな砥石振動でも研削現象に少なからぬ影響を与える可能性を示唆している．

$$g = 2l_g \left(\frac{v}{V}\right) \sqrt{t\left(\frac{1}{D}+\frac{1}{d}\right)} \tag{3.2}$$

また式(3.1), (3.2)より，速度比 Δ は研削切り屑の形態を決定する有力な無次元パラメータであることがわかる．

(3) 切れ刃の食い付き角度と研削作用

砥粒切れ刃が工作物と接触を開始する時の食い付き角(engage angle)は，切り屑を形成する上で極めて重要な役割を果たしている．切れ刃運動軌跡の幾何学から，この食い付き角は近似的に式(3.3), (3.4)のように導かれる．

$$\text{上向き研削} \quad : \quad \theta^+ = 2l_g\left(\frac{v}{V}\right)\left(\frac{1}{D}+\frac{1}{d}\right) \tag{3.3}$$

$$\text{下向き研削} \quad : \quad \theta^- = 2\sqrt{t\left(\frac{1}{D}+\frac{1}{d}\right)} \tag{3.4}$$

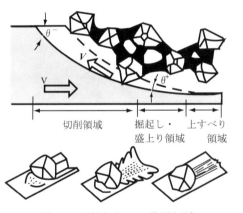

図 3.4 はこの食い付き角と切り屑形成過程における 3 態（上滑り(rubbing)，掘り起こし・盛りあがり，切削）の関係を模式的に示したものである．接触弧において切削領域を増すことは，エネルギー効率の高い研削作用を意味している．上滑り作用は仕上げ面粗さを向上させる利点を有するものの，過度のバニシング作用は加工面の品質にとって材料組織的に弊害も多い．したがって，すくい角 Θ ができるだけゼロに近く，鋭利な切れ刃形体であることが重要となる（図 3.5）．

図 3.4　砥粒切れ刃の作用領域
（上向き研削）

上向き研削(up-cut grinding)，下向き研削については，研削盤の機構上，その選択がいずれかに固定される場合がある．例えば，円筒研削盤では上向き研削が，センターレス研削盤では下向き研削が採用される．一方，テーブル往復方式を取る横型平面研削盤では，上向きと下向きがテーブル送り方向ごとに反転する．この研削向きの二者択一が迫られる典型が，高切込み研削（総形研削，クリープフィード研削など）（high depth-of-cut-grinding(form grinding, creep-feed grinding, etc.)）であるが，そこでの研削向きの得失については，いまだ明快な結論が下されていない．下向き研削の方が上向き研削に比べ食い付き角が大きいことから，切り屑形成の効率が高いとする説，あるいは食い付き開始点が仕上げ面に残存しにくい下向き研削の方が，上向き研削より表面粗さの観点では有利とする説などがあるが，砥石の摩耗と寿命などを含む研削特性の総合的観点からは必ずしもその優位性が判定されているわけではない．

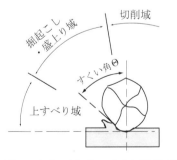

図 3.5 切れ刃すくい角と切削作用
の 3 態

加工条件としては前述したように，食い付き角をできるだけ大きく設定すべく，速度比 Δ を小さくすることは有効な対策の 1 つである．その意味では，研削速度の低い（低速研削）方が切り屑形成にとって望ましいことになる．事実，数百 m/min の低速研削は発生熱の抑制に加え，研削液の浸潤効率も併せて期待できることから加工損傷の観点でも好ましく，重研削に適用されるケースが見られる．しかし一般論では，砥石摩耗や加工能率，仕上げ面粗さの点では逆効果となることから，低速研削はむしろ敬遠されがちである．

(4) 切り屑の幾何学から見た研削加工法の分類

研削現象は無数の切れ刃による微小切削作用の集合ではあるが，ある特定の砥粒切れ刃に着目した切り屑形成の幾何学的モデル（図 3.3）は，研削現象の特性を定性的に理解する上で十分に有効である．しかし砥粒切れ刃の描く軌跡の現実的姿は，図 3.3 に模式的に示した幾何学的なイメージとは程遠い．すなわち，砥粒喰い込み深さに対する接触弧長さの比が，フライスではたかだか数倍～十数倍に過ぎないのに対し，研削ではこの値が数百倍にも達するからである．このことは，真の研削切り屑は三日月形と言うよりはむしろ帯状であることを意味している．また，研削切り屑の顕微鏡観察によっても確かにこの事実を確認できる（図 3.6）．しかし，三日月形の切り屑モデル（図 3.3）によると，研削条件と研削諸現象の関係を物理的に把握しやすい上，その有用性もこれまでの経験から十分裏付けられている．

研削能率(stock removal rate of grinding) Z（砥石の単位幅・単位時間当たりの研削量）をパラメータとすることによって，切込み量と工作物送り速度の関係の下に，各種の研削加工法は図 3.7 のように分類，整理できる．一般研削からクリープフィード研削(creep-feed grinding)やスピードストローク研削(speed stroke grinding)，低速研削，高速研削まで，研削率と切り屑の形態から見た各種研削加工法の特徴を図 3.7 から読み取ることができよう．

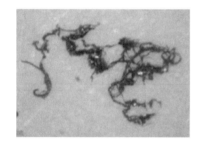

図 3.6　研削切り屑の外観

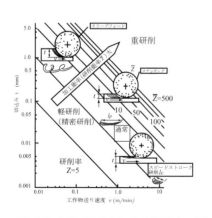

図 3.7　切り屑形態による研削加工法
　　　　の分類

b. 砥粒の材質と硬度

機械加工の本質は，工具刃先との接触・干渉により素材を破壊し，目的の製品形態をつくりだすことにある．この時母材から分離された破壊片が切り屑である．したがって工具にとって，材料との接触界面およびその近傍における応力場がこの加工機能を左右する本質である．切れ刃としての砥粒には，このような力学的視点に加え，切れ刃の持続性（耐摩耗性）と摩滅切れ刃の自己再生という機能（自生作用（self sharpening））も要求される．そのような意味で，①硬度(hardness)，②切れ刃稜の鋭利さ(sharpness of cutting edge)，③靱性(toughness)，④化学的安定性(chemical stability)，⑤破砕性(friability)，などが砥粒にとっての重要な材料特性である．

まず硬度について言えば，刃先の工作物への食い込みやすさを支配するのは両者の硬度差であり，工具切れ刃にとって硬度そのものが絶対的な必要条件ではない．モース（引掻き）硬度の原理は，この硬度差による材料破壊（貫入）現象を応用した典型と言える．実験的には押込み硬さの比で約 1.2 倍以上が刃先食い込みの条件であり，ビッカース硬度 Hv50 以上の硬度差が切り屑生成にとって 1 つの目安となるようである．これ以下の硬度差では，いかに大きな押込み力を加えようと工具は工作物に食い込まず，刃先が表面を滑るだけである．更に，工具寿命という実用性

の観点も考慮に入れると, 工具には工作物硬度の 3〜5 倍以上の硬度差が望まれる. 図 3.8 では, 代表的な工具材料についてその硬度を比較している. 工作物硬度の数倍以上という工具硬度への要求条件からすると, 金属の中で最高の硬度を誇る超硬合金(Hv1400〜1800)工具にとって, 焼入れ鋼の切削が限界といえる. 代表的人造砥材であるアルミナ(Al_2O_3), 炭化ケイ素(SiC), 酸化ジルコニウム(ZrO_2), 更には超砥粒(super abrasive)(ダイヤモンド, cBN)の刃物としての優位性は, その硬度から一目瞭然である. 例えば, セラミックスの加工にダイヤモンドホイールを, 超硬合金や焼入れ鋼に cBN ホイールを用いなければならない必然性も容易に理解できよう. もちろん, 1000℃を越える研削点温度を考えた時, 高温硬度の重要性は当然である. また鋭利な切れ刃を形成し, あるいは自生作用を促し切れ味を持続させるという点では, 結晶のへき開性(破砕性), 靭性, 耐摩耗性(化学的安定性, 工作物材質との親和性など)も問われることになる.

c. 研削作用におよぼす研削速度の効果

研削加工での砥粒切れ刃は工作物に対して円弧状の干渉軌跡を描き, その喰込み深さが接触弧に沿って漸次変化する. このような切り屑形成過程では, 研削作用は図 3.5 に示す 3 態(①上滑り(rubbing), ②掘起こし・盛りあがり(ploughing・extrusion of material along the groove side), ③切削(cutting))に分類できることは, 単粒研削実験などによっても確認されている.

そしてこの 3 態が速度比 Δ によって左右されるであろうことは, 切り屑形成の幾何学から容易に推定できる. 更に現実の研削現象では, 研削速度の絶対値もまたこの 3 態にかなり影響を与えるようである. 例えば, 「③切削」態にはすくい角が大きいほど効果的であることは, 先に図 3.5 によって定量的に示された. 本来, 大きな負のすくい角を呈する砥粒切れ刃($-60°$ 〜 $-70°$ 程度と見積もられている)は切れ刃の耐破砕性で有利になるものの, 切り屑生成という点では切削工具に比べはるかに不利とされるが, この欠点をカバーしている理由の 1 つが高い切削速度による効果と考えられている. 切削速度を高速化するほど研削抵抗が低下し, 切り屑の形成が容易となる, いわゆる切削の速度効果への期待はサロモン(C.Salomon)[*注]の「死の谷」によって予言されていた. かつて 1800 m/min が常識とされていた研削速度が, 最近十数年の間に高速化した結果, 2700〜3600 m/min が一般化し, 7000 m/min の超高速研削が実現している.

もちろん, このように高速研削の発展を促した背景には, 切り屑形成作用の速度効果への期待以上に, 加工能率向上の意図があった. すなわち, 工作物送り速度 v を研削速度 V の高速化に比例して増大できるという切り屑幾何学の相似則(同じ速度比 Δ の下では, 同一切込み深さに対して切り屑形状が不変である)が期待できるからである.

なお, 研削抵抗の速度効果が生じるメカニズムについては諸説があり, いまだ完全に解明されたわけではなく, 研削点の温度上昇による材料軟化説もその 1 つである.

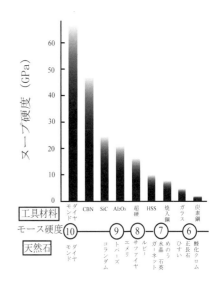

図 3.8 物質硬度と砥粒硬度の比較

(*注) C.Salomon:切削速度と切削温度の関係から, 千数百 m/sec という切削速度の壁(死の谷)を超えると, 工具寿命が飛躍的に伸び, 切削加工のユートピアが現れると予言した(1930).

表 3.2　研削抵抗と研削熱に関わる記号表

D_N	：研削抵抗法線分力密度（N/mm^2）	R_{fc}	：切削力成分比
D_T	：研削抵抗接線分力密度（N/mm^2）	R_{f_μ}	：摩擦力成分比
D_X	：研削抵抗水平分力密度（N/mm^2）	T	：工作物内部温度（℃）
D_Y	：研削抵抗垂直分力密度（N/mm^2）	Z	：研削率（砥石単位幅当たり）（$mm^3/\min\cdot mm$）
E_g	：比研削エネルギー（J/mm^3）	h_t	：切り屑 1 個の新生表面積（mm^2）
F_n	：研削抵抗法線分力（N/mm^2）	a	：比研削エネルギー密度（$J/mm^3\cdot mm^3$）
F_t	：研削抵抗接線分力（N/mm^2）	q	：熱流束（$cal/cm^2\cdot\sec$）
$F_{t\mu}$	：接線分力の摩擦成分（N/mm^2）	α	：温度伝達率（$\lambda/Ch\gamma$）
F_{tc}	：接線分力の切削成分（N/mm^2）	f	：切れ刃に作用する抵抗（添え字は F に準じる）（N）
H	：消費動力（W）	β	：摩擦角
J	：仕事の熱当量（cal/J）	γ	：表面エネルギー（erg/cm^2）
K_s	：比研削抵抗（N/mm^2）	ε	：寸法効果指数
K_0	：接線分力の係数	μ	：摩擦係数
K_μ	：摩擦力成分の係	ρ	：質量（g）
N	：同時作用切れ刃数	τ	：時間（$\sec$）
Q	：総研削熱量（J）	x	：表面から内部へ向かう距離（mm）
R_f	：2 分力比（$=F_T/F_N$）		

3・1・2　研削抵抗と消費動力　(grinding force and power consumption)

a. 切り屑形成と研削エネルギー

研削エネルギーとは，取りしろを変形・破壊作用により切り屑として分離し，所定の形状，寸法，表面性状を工作物へ付与するに要する仕事量であり，接線研削抵抗として検出される．加工面とその近傍を全く乱すことのない理想的機械加工メカニズム（等温可逆的切り屑分離）の下では，その加工エネルギーは生成された新生面の表面エネルギー(surface energy)（材料の格子エネルギーに相当）となる.

　研削エネルギーの主体がこのように新生面の表面エネルギーに返還されるモデルを想定する時，図 3.9 は加工エネルギーの切り屑形態依存性について，その物理的な理解を与えてくれる．ここで加工エネルギーを，割断と平フライス切削加工，および研削加工について対比してみよう．割断により生じる新生面積を 2A とする（図 3.9－①）．平フライス加工（図 3.9－②）に対してフライス 1 刃当たりの工作物送り量 s とし，そこで形成される新生面積 $2\sum a_i$（a_i：切り屑 1 個の新生面積）を式 (3.5) により予想してみると，割断の場合に比べその大きさは数千倍となる．

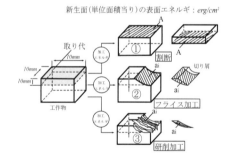

図 3.9　取り代の除去（切り屑）と新生面の形成

$$2\sum a_i = 2A\sqrt{\frac{t\cdot D}{s}} \tag{3.5}$$

したがってこの新生面の形成に要した表面エネルギーもまた，割断に比べ同様な比率で増大しているはずである．しかし，この表面エネルギーを切削抵抗の接線分力に換算してみると，炭素鋼の表面エネルギー γ を 100 erg/cm^2 と仮定した場合でも，それは 1 N にも満たない小さな数値に過ぎない．

　微小切削作用の集合である研削加工では，新生面積（図 3.9‐③）は前 2 者に比

べさらに膨大になるが，それにしても現実の研削加工エネルギーの値は，形成された新生面の表面エネルギーから推定した値よりもはるかに膨大な値である．

　研削加工における現実の切り屑生成過程において消費される研削エネルギーは，表面エネルギーに加え，実はその大部分が次のような仕事に費やされると考えられている（図3.10）．

　① 切り屑剪断領域での塑性変形エネルギー

　② 砥粒切れ刃すくい面，逃げ面および結合剤と加工面の摩擦エネルギー

　③ 加工面内に蓄積した残留歪エネルギーおよび切り屑飛散の運動エネルギー

ここで①については，例えばある種の金属の剪断面における塑性流動に要するエネルギーが $2 \times 10^6 \ erg/cm^2$ という数値から見ても，研削エネルギー中に占める塑性変形エネルギーの大きさを想像できる．さらに負の砥粒切れ刃すくい角に加えて，支持する結合剤の弾性による切れ刃の弾性逃げ，逃げ面摩耗の生じた切れ刃による摩擦作用などによって，切削加工などに比べ摩擦エネルギーの占める割合がはるかに大きいことも，研削加工の特徴の1つと言えよう．広く知られている機械加工の寸法効果(size effect)（切り屑が小さくなるほど比加工エネルギーが大きくなるという現象）は，小さな切り屑ほどエネルギーに占める摩擦成分の比率が増大するという理由によって説明できる．この観点から，脆性破壊しやすいセラミックスやガラスなどの研削エネルギーの方が，その理想値（表面エネルギー）に近い傾向にあるといえる（図3.11）．

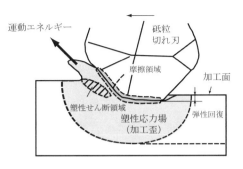

3.10　研削エネルギーの発生領域

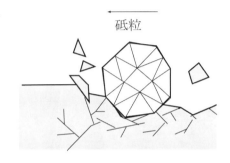

3.11　セラミックスの研削モデル

b． 研削抵抗の解析モデル
(1) 研削抵抗の接線分力

鋭利な砥粒切れ刃で理想的に切り屑を形成できたとすれば，個々の切れ刃に作用する研削抵抗 f_i のうち研削方向に作用する分力（研削抵抗の接線分力）の大きさ f_{ti} はその切り屑の横断面積(cross-sectional area of undeformed chip) a_m の関数と考えることができる．

$$f_{ti} = K_0 \cdot a_{mi} \tag{3.6}$$

(3.6)式において，係数 K_0 は単位切り屑横断面積当たりの研削抵抗を意味しており，この値には切れ刃としての機能因子（すくい角，逃げ面など），工作物材質の機械的強度，更には研削速度などの加工条件が反映されている．したがって係数 K_0 は砥石の切れ味あるいは工作物の被研削性を示すパラメータとなる．実用的には，K_0 値が材料の引張り強度の数倍程度と概算されている．例えば炭素鋼の場合，$K_0 = 1000 \sim 2000$ N/mm^2 である．しかし，現実の研削加工においては，刃先稜の丸味による上滑りや掘起こし作用，あるいは結合材や切れ刃逃げ面の加工面との摩擦作用など，切り屑の形成には直接関わらない摩擦成分 f_μ が鋭利な切れ刃に対する値の数倍〜数十倍という大きさで，いわば無駄なエネルギーとして加算される．このことを考慮し，(3.6)式を(3.7)式のように表すと，研削抵抗の持つ物理的意味をより理解しやすくなる．

$$f_{ti} = K_0 \cdot a_{mi} + f_{\mu i} \tag{3.7}$$

研削抵抗の摩擦成分 f_μ は当然ながら，逃げ面の大きさや切れ刃と加工面の間の潤

滑状態によって大きく影響される.

接触弧面積 A_l（砥石と工作物の幾何学的接触面積 $A_l = l_c \cdot B$ ）内に存在する同時作用砥粒切れ刃数(number of active grains per unit area on the wheel surface) N は，連続切れ刃間隔(successive cutting-point spacing) l_c （あるいは同時作用切れ刃数密度）より近似的には(3.8)式によって算出できる.

$$N = \frac{A_l}{l_c^2} \tag{3.8}$$

ここで，連続切れ刃間隔 l_c とは，現実に研削作用に関与する有効切れ刃の間隔を指し，砥石作業面の砥粒分布はもとより研削条件によっても変動する．また，砥粒分布密度(density of active grains)によって決定される砥粒間隔 l_g よりもはるかに大きい値と考えられている．連続切れ刃間隔 l_c を具体的に知るには，Razor Blade 法[*注] などで実測する以外，適切な測定方法が見当たらない（図 3.12 ［A］）．そのためやむなく簡便法として，連続切れ刃間隔 l_c を砥粒間隔 l_g によって代用することが多い.

(*注)　Razor Blade 法：カミソリあるいはその種の極薄工作物を研削することによって同時作用切れ刃数 "N" を 1 以下とし，工作物に加わる個々の研削抵抗パルスを研削動力計によって分離，検出することができる(図 3.12[A]). この研削抵抗パルスの平均間隔より，連続切れ刃間隔 " l_c " を推定できる.

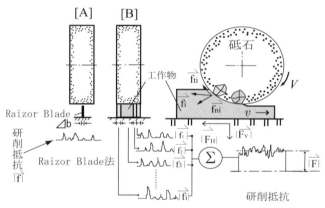

図 3.12　個別切れ刃の作用力とその合成による研削抵抗

切り屑の平均横断面積(average area of chip cross section) a_m は，平均切り屑体積(average volume of a chip) $\overline{m}$ と接触弧長さ l_c から，(3.9)式のように導かれる（図 3.13）.

$$\overline{a_m} = \frac{\overline{m}}{l_c} = l_g^2 \cdot \phi \tag{3.9}$$

(平均切り屑体積 $\overline{m} = l_g^2 \cdot t \left(\dfrac{v}{V} \right)$, 係数 $\phi = \left(1 \pm \dfrac{v}{V} \right)^{-1} \cdot \left(\dfrac{v}{V} \right) \sqrt{t \left(\dfrac{1}{D} + \dfrac{1}{d} \right)}$)

切り屑の平均横断面積値 $\overline{a_m}$ は，同時作用切れ刃数密度 n を砥粒密度 C により近似すると(3.10)式で概算できる.

$$\overline{a_m} = \left(\frac{1}{C} \right) \frac{v}{V} \sqrt{\frac{t}{D}} \tag{3.10}$$

研削抵抗の接線分力 F_t は，個々の作用切れ刃に加わる力の総和($F_t = \sum |f_{ti}|$)となっ

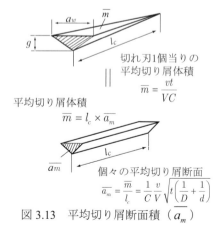

切れ刃1個当りの平均切り屑体積
$$\overline{m} = \frac{vt}{VC}$$

平均切り屑体積
$$\overline{m} = l_c \times \overline{a_m}$$

個々の平均切り屑断面
$$\overline{a_m} = \frac{\overline{m}}{l_c} = \frac{1}{C} \frac{v}{V} \sqrt{t \left(\frac{1}{D} + \frac{1}{d} \right)}$$

図 3.13　平均切り屑断面積（ $\overline{a_m}$ ）

て現れる．そこで(3.7)式と同時作用切れ刃数密度 N より，この接線分力 F_t は，(3.11)式のように導くことができる．

$$
\begin{aligned}
F_t &= \left(K_0 \overline{a_m} + f_\mu\right) N \\
&= \left(\frac{l_c B}{l_g^2}\right) K_0 l_g^2 \phi + f_\mu N \\
&= Bt\left(\frac{v}{V}\right) K_0 + \left(\frac{B f_\mu}{l_g^2}\right) \sqrt{\frac{t}{\left(\frac{1}{D}+\frac{1}{d}\right)}}
\end{aligned}
\tag{3.11}
$$

(3.11)式で示した接線分力 F_t の第1項と第2項は，それぞれ切削力成分 F_{tc} および摩擦力成分 F_{ts} に対応する．なお，摩擦力成分とは切り屑形成の際の上すべり，掘り起こし，あるいは逃げ面での摩擦作用に消費されるエネルギーの総和である．このように研削抵抗を2成分に分離して(3.12)式のように取り扱うことは，研削抵抗値の持つ物理的意味を考える上で有効である．

$$
F_t = F_{tc} + F_{t\mu}
\tag{3.12}
$$

(2) 相当切り屑厚さと比研削抵抗

式(3.11)中の諸係数値を知れば，研削抵抗の接線分力 F_t を理論的に予測できるはずである．しかし，現実には摩擦成分 $F_{t\mu}$ を定量的に予測，評価するには不確定因子があまりにも多すぎる．そこで，切削および摩擦成分を一括して扱う比研削抵抗 (specific grinding force) K_s の概念が導入された．なぜなら，この K_s 値を実験的に求めデータベースとして蓄えた方が，接線研削抵抗を予想する上で実用性が高いからである．例えば平面研削の場合，式(3.11)は式(3.13)のような単純な形に書き換えられる．

$$
F_t = K_s \cdot t\left(\frac{v}{V}\right) B
\tag{3.13}
$$

式(3.12)および式(3.13)より，比研削抵抗 K_s を式(3.14)のように表すことによって，この K_s に物理的意味を与えることができる．

$$
K_s = K_0 + \frac{f_\mu}{a_m}
\tag{3.14}
$$

式(3.13)において，研削量を研削距離で除した項($=t\cdot v/V$)は相当切り屑厚さ (equivalent grinding thickness) h_{eq} と呼ばれ，その幾何学的意味は図3.14のように示すことができる．すなわち比研削抵抗(specific grinding force) K_s は，相当切り屑厚さ当たりの研削抵抗 N/mm^2 として，あるいは比研削エネルギー(specific grinding energy)（単位切り屑体積当たりの加工エネルギー）E_g に対して，式(3.15)のように関係づけることができる．

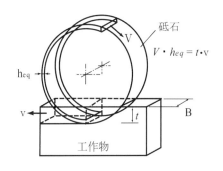

図3.14 相当切り屑厚さ（h_{eq}）の幾何学的意味

$$E_g = K_s \times 10^{-3} \, \left(J/mm^3 \right) \tag{3.15}$$

また逆に，K_s 値を知ることにより砥石の切れ味を判定できることから，その経時変化を追跡することは砥石の摩耗程度の定量的評価基準となり得る．

　比研削抵抗 K_s を実測して見ると，炭素鋼の比研削抵抗値は，一般の砥石研削においてはその降伏応力の数十倍程度，すなわち $7 \times 10^4 \sim 1.2 \times 10^5 \, N/mm^2$ あたりが目安である（ちなみに，1mm³ の炭素鋼の溶融エネルギーは約 10 J/mm³）．しかし，この K_s 値は加工法による差はもちろん（図3.15），同一工具を使用した場合でも加工条件によってもかなり大きく左右される[2]．この主たる原因は，式(3.14)に示す摩擦項 f_μ/A_m の効果によるものと考えられる．すなわち，切れ刃1個当たりの平均切り屑断面積 $\overline{a_m}$ が大きくなる程，言い換えれば重研削を行った方が，接線分力の中でこの摩擦項の占める比率を小さくでき，これによって切り屑形成のためのエネルギー効率が高まるものと説明できる．いわゆる切り屑の寸法効果(size effect)であり，研削抵抗値を誘導するに際して，寸法効果指数 ε の形で考慮されている．

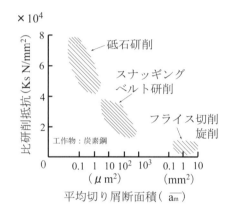

図3.15　平均切り屑の断面積（$\overline{a_m}$）と
　　　　比研削抵抗（Ks）の関係

$$K_s = K_0 \cdot a_m^{-\varepsilon} \tag{3.16}$$

ここで，寸法効果指数 ε は 0.25〜0.5 程度であることは，これまでの多くの研究によって検証されてきた．なお，この寸法効果現象を切り屑形成に関与する転位の存在確率に帰する仮説も提唱されている．

(3)　研削抵抗の法線分力と 2 分力比

法線分力は切り屑除去のエネルギーには直接関与しないものの，切り残し量やスパークアウト，加工精度（寸法・形状精度），びびり振動などを論じる上で欠かせない研削剛性(grinding stiffness)を決定する主因子である．また接線研削抵抗に比べ砥石の目つぶれ摩耗をより敏感に反映するため，砥石摩耗のセンシング信号としてこの法線分力は有効である．

　研削抵抗の法線分力 F_n は接線分力 F_t に準じて，切削および摩擦の 2 成分に分離できる．

$$F_n = f_{nc} + f_{ns} \tag{3.17}$$

　法線および接線分力における切削,摩擦の 2 成分間の相互関係について以下に考察してみる．個々の砥粒切れ刃に作用する研削抵抗は，切れ刃すくい面に対して垂直に作用すると仮定すれば，切削力成分比 $R_{fc}\,(= |f_{tc}|/|f_{nc}|)$ は力のベクトルの関係から，円錐形切れ刃モデル（Θ：円錐切れ刃先端の半頂角，β：摩擦角）に対して(3.18)式のように導かれる（図3.16）．

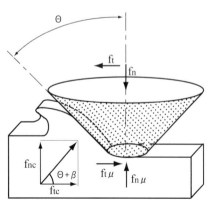

図3.16　切れ刃に作用する力の
　　　　分解モデル

$$R_{fc} = \left(\frac{\pi}{4} \right) \cot(\Theta + \beta) \tag{3.18}$$

一方，摩擦力成分比は，切れ刃逃げ面と加工面の摩擦係数を μ とすれば，(3.19)式

の関係となる．

$$\mu = \frac{|f_{t\mu}|}{|f_{n\mu}|} = \frac{|F_{t\mu}|}{|F_{n\mu}|} \tag{3.19}$$

この解析モデルに従うと切削力成分比 R_{fc} および摩擦係数 μ を知れば，研削抵抗の法線分力 "F_n"$(= \Sigma f_n)$は接線分力 "F_t"$(= \Sigma f_t)$より，理論的に予測できることになる．なお，この研削抵抗2分力の測定には六角リング型抵抗線歪ゲージ方式，ピエゾ方式をはじめ，各種の工具動力計が開発され，利用されている．

　接線および法線分力（F_t および F_n）の絶対値の比が2分力比 R_f と呼ばれ，研削抵抗の評価にしばしば用いられる．

$$R_f = \frac{|F_t|}{|F_n|} \tag{3.20}$$

砥粒切れ刃先端角度 2Θ が 140°前後であることから考えても「切削力成分比 $R_{fc} >$ 摩擦係数 μ」である．また，研削初期の分力比 R_f は，$R_f \approx R_{fc}$ となり基本的には切れ刃先端角度 2Θ によって支配されると予想できる．一方，切れ刃が摩滅し，逃げ面が形成され始めると，分力比 R_f は一般に減少し，摩擦係数値 μ に近づくものと考えられる．ただし，逃げ面と加工面の摩擦特性は，研削液などの影響を受けて複雑に変化するため，分力比の経時変化を確実に予測することは容易ではない．一般特性として，研削加工における2分力比は炭素鋼では 0.25〜0.5，セラミックスでは 0.05 以下というように，1よりかなり小さい値を示す．また研削における2分力値の大小関係は，切削とは逆転しており（切削における2分力比 $R_f >$1），このことも研削抵抗の大きな特徴の1つに挙げられる．そして，その成因が砥粒切れ刃の負のすくい角にあることは言うまでもない．

(4) 研削抵抗密度とその分布の概念 [3)]

通常の研削では，砥石径に比して切込み深さがはるかに小さいことからその接触弧も短く，研削抵抗の接線分力 F_t と法線分力 F_n，および垂直分力 F_y と水平分力 F_x をそれぞれ同一視して取り扱うことで何ら支障はない．すなわち，研削抵抗は点において作用すると見なすことができる．しかし，クリープフィード研削(creep-feed grinding)に代表される高切込み研削では，研削の常識をはるかに超える大きな切込み量を与えるため，その接触弧長さは通常研削の数十倍〜数百倍にも達し，研削抵抗の接線分力 F_t と水平分力 F_x，および法線分力 F_n と垂直分力 F_y の間に明瞭な違いが生じてくる．このように，極めて大きな接触弧内での多数の同時作用砥粒切れ刃による研削抵抗の挙動を巨視的に捉えて行くには，この接触弧内で研削抵抗が連続的に分布すると仮定し，この研削抵抗密度分布という概念を基に解析を進めることは十分妥当である（図 3.17）．

　このように研削抵抗の水平分力密度 D_x，垂直分力密度 D_y を仮定すると，研削抵抗水平分力 F_x と垂直分力 F_y は(3.21)式のように表される．

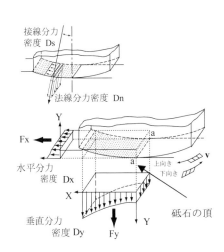

図 3.17　接触面における研削抵抗密度分布の模式図

$$F_x = \int D_x dy$$
$$F_y = \int D_y dx$$

(3.21)

この研削抵抗の 2 方向分力密度 D_x, D_y の物理的意味は，接触弧の X 軸および Y 軸方向への投影面に対する研削抵抗の分布密度と見なすことである．

研削抵抗の分力密度 D_x, D_y は，角形工作物の平面研削加工において，工作物端と砥石の接触開始時および離脱時に対応する過渡時の研削抵抗 2 分力を記録し，そのカーブの接線より実験的に求められる（図 3.18）が，もちろん先述した研削抵抗の解析モデルをもとに理論的にも誘導できる．この分布密度 D_x, D_y の理論予測値と実測値の両者は，比較的よく一致することが実証されている．一般的な傾向としては，水平分力密度 D_x は研削砥石頂点（図 3.17 中の a 点）で無限に大きく，切込み位置と共に減少しながらある一定値に漸近する．一方，垂直分力密度 D_y は，砥石頂点付近で最小となり（図 3.17 および図 3.18 中の a 点），切込み位置にほぼ比例して増大する（図 3.18）．このような研削抵抗密度の概念により，クリープフィード研削など高切込み研削において見られる特徴的な研削特性（研削温度，研削抵抗とその分力比など）の成因の原理を理解できる．

c. 研削動力 (grinding power)

研削抵抗の接線分力 F_t は，研削熱の推定，主軸の消費動力や負荷電流の概算，砥石の切れ味と摩耗程度の判定などにとって極めて実用的な加工情報となる．研削盤の NC 化，自動化が進むにつれて，その適応制御のためのフィードバック信号としての有効性から，研削用工具動力計に対する期待は高い．しかし切削用に比べ，研削用工具動力計には高剛性・高感度が必要なことから，研削盤への装着にも工夫を要し，かつセンサ自体も高価となる．そのため実務的には精度に不満があるものの，簡便に利用できる電力計がしばしば重宝されている．

研削抵抗の接線分力 F_t と消費動力 W_g は，式(3.22)によって相互変換できる．

$$W_g = 10 F_t \times V$$
$$= 10 K_s \cdot t \left(\frac{v}{V}\right) B \left(\frac{\pi D N}{60000}\right)$$
$$= \ 電圧 \ \times \ 電流 \ (\times 力率：3 相交流)$$

(3.22)

3・2　研削砥石と研削特性 (grinding wheel and grinding characteristics)

3・2・1　砥粒工具の分類 (classification of grinding tools)

砥粒は実に多彩な工具形態となって利用されているが，砥粒粒子を各種のボンドで接着，結合した固定砥粒工具(bonded abrasive tool)と，遊離状のまま用いる遊離砥粒工具(loose abrasive tool)に大別できる．さらに加工の種類に応じて，各種の砥粒工具が図 3.19 に示すように細分されている．

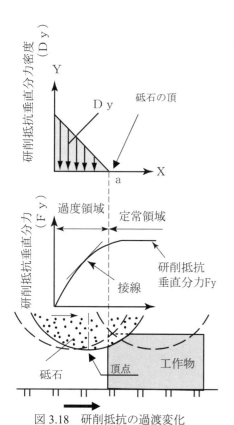

図 3.18　研削抵抗の過渡変化
（接触開始時）

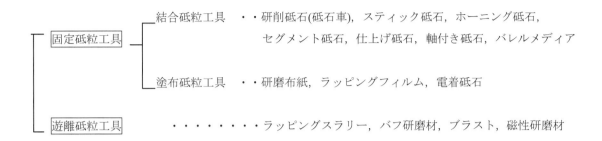

図 3.19　砥粒工具の分類

　このような多彩な工具砥粒が"ものづくり"の現場で使用されているが，その代表が研削砥石である．そこで以下では，研削砥石を主体に砥粒工具について述べることにする．

3・2・2　砥石の構造と仕様　(structure and specifications of grinding wheels)

研削砥石(砥石車) (grinding wheel)(通常，「砥石」と呼ぶ．ただし，超砥粒に対してはダイヤモンドホイール，cBN ホイールのように，ホイールと呼ぶことを慣習とする)とは砥粒をボンド材によって結合し，回転体に成形した砥粒工具であり，結合砥粒(bonded abrasives)の代表である．高速回転する研削盤主軸に装着して用いる．研削砥石をその形態で分類したいくつかを図 3.20 に示しているが，この中で平形砥石が最も一般的である．

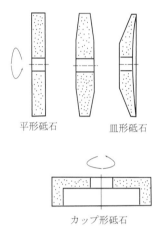

平形砥石　　　　　皿形砥石

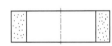

カップ形砥石

リング形砥石

図 3.20　砥石の形状

a．砥石の3要素
図 3.21 は，砥石の構造モデルである．ここに見られるように，砥石を構成しているのは次の3つの要素である．

　　　　　砥粒 (abrasives)
　　　　　結合材 (bond)
　　　　　気孔 (pore)

これらは研削性能を左右する主要因子であることから，砥石の3要素と呼び，砥石の品質管理の要として国際的に規格化されている．この砥石の3要素の概要は次のようである．

(1) 砥粒
砥粒は刃物としての役割を担っている．そのため高硬度の人造あるいは天然無機物質が砥材として利用される．人造の A 系 (アルミナ質 Al_2O_3) 砥粒，C系 (炭化珪素質 SiC) 砥粒，ジルコニア(ZrO_2), ジルコニアアルミナ砥粒などが汎用砥材として知られている．これらの人造砥粒は，一般に，次のプロセスを経て製造される．

* （A系：ボーキサイト，鉄屑，コークスなど．C系：珪石，コークス，木屑など）

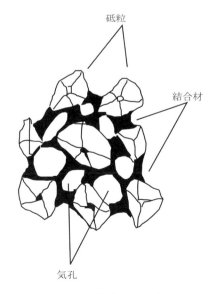

図 3.21　砥石の構造と 3 要素

その他，単結晶砥粒，焼結砥粒など，特殊な製法の人造砥粒も用途に応じて利用されている．

　超砥粒(super abrasive)(ダイヤモンドと cBN)は突出した高い材料硬度を有するため，セラミックスや難削金属の研削には欠くことができない重要な存在となっている．今日，cBN はもちろん，工具用ダイヤモンド砥粒の大部分が人造であり，天然ダイヤモンド砥粒の使用は稀である．

(2) 結合材(bond)

結合材の役割は，砥粒切れ刃の固定・保持である．反面，摩耗切れ刃を適宜脱落させ，切れ刃の自生作用(self sharpening)をコントロールするという重要な役割をも担っている．結合材に添加されるフィラーはこの調整機能を有している．

　ビトリファイドボンド(vitrified bond, 略記：V) 自体は脆弱で機械的強度が小さいものの，砥粒との優れた親和性と良好な濡れ性を有し，砥粒保持機能に優れていることから，最も多用されている．これに対し，レジノイドボンド(resinoid bond, 略記：B, フェノール系樹脂など)やラバーボンド(rubber bond, 略記：R), メタルボンド(metal bond, Cu, Sn, Ni など)の砥粒保持機構は包み込み効果であり，自生作用のコントロールが難しい．レジノイドボンドの砥粒の保持性を高めるために，Ni や Cu をコーティングした被覆砥粒も開発されている．

　さらに，ボンド材の硬さは，砥粒切れ刃の支持剛性や衝撃の緩衝性を左右するため，切れ刃の切り屑生成作用や自生作用(破砕性など)にとって隠れた効果を発揮するばかりでなく，研削剛性の支配因子として研削盤のびびり安定性や研削精度(切り残しなど)にとっても重要な役割を果たしている．砥粒の支持剛性の強さは，

　　　　　メタルボンド　＞＞　ビトリファイドボンド　＞＞　レジノイドボンド

の順である．

(3) 気孔(pore)

気孔はチップポケットとして切り屑の排出を促し，目詰まりを抑制する機能を果たしている．ただし，全ての砥石に気孔が備えられているわけではない．すなわち，気孔を有するのは窯業的製法をとるビトリファイドボンド砥石および特殊な製法による PVA 砥石に限られ，その他の結合材(レジノイドボンドやメタルボンド)砥石には，原則として気孔が存在しない．したがって無気孔の砥石に対しては，その作用面へのチップポケットの形成をドレッシングに頼らなければならない．

b. 砥石の仕様と規格
(1) 一般砥石

砥石の仕様は，3・2・2・a で述べた砥石の 3 要素を記号化・数値化し，砥石のラベルに表示される．日本工業規格(Japan Industrial Standard, 略記：JIS)では一般砥石と超砥粒ホイールに分かれる．一般砥石についての JIS 規格(R6242)による 5 因子の表示例を図 3.22 に示す．

例：**WA46GmV**

　　結合材・・・材質（ビトリファイド：V，レジノイド：B，ゴム：R，・・・）
　　組織・・・・単位体積中に占める砥粒体積の割合（砥粒率）を意味している．
　　　　　　　　密 f：（50%以上），中：m（40〜50%），粗：c（40%以下）
　　　　　　　　気孔の大きさ（0，1，2，・・・，14）
　　結合度・・・結合橋の太さ（強度）（極軟：A〜G，軟：H〜K，中：L〜O，硬：P〜S，極硬：T〜Z）
　　粒度・・・・砥粒の大きさ（粗粒♯4〜220，微粉♯240〜8000）
　　砥材・・・・材質（A，WA，C，GC，AZ，・・・）

図 3.22　一般砥石の JIS 表示の例

一般砥石の中で最も使用されているビトリファイド砥石を例に，その製造工程を示すと次のようになる．

原料（砥粒，結合材*，木挽き屑など）→混錬→プレス成形→
　　　（＊：粘土質，長石，珪石など）
　　　→乾燥→整形→焼成→仕上げ→検査

砥石原料の配合によって JIS 規格(R6242)の5因子の調整がなされ，製造工程の途中でその品質が管理されている．砥石品質を示すこの主要な5因子は，その研削性能と密接な相関を有するのは当然で，加工目的に応じたこれら砥石仕様の選定が重要である．この砥石仕様の選択にあたっての指針は，次のとおりである．

研削砥石は高速回転の下で使用されるため，破壊した場合の作業者や周囲に及ぼす危険ははかりしれないものがある．そのため，研削中はもとより，砥石の保管において，砥石に対する過負荷や衝撃は禁物であり，その取り扱いには細心の注意を心掛けなければならない．回転テストによる砥石の破壊に対する全品検査が製造メーカーに義務付けられ，その回転速度の保障限界値は砥石に付帯される検査表に明記されている．砥石の破壊による危険を防止する対策として，セグメント砥石や各種補強砥石の採用も考えられる．

(2) 超砥粒ホイール(super abrasive wheel)

超砥粒ホイールは，金属製ディスク(アルミニウムなどの台金)の外周に超砥粒層(厚み3〜5 mm程度)を持つ構造となっている(図3.23)．ただし，電着ホイールでは，超砥粒は単層構造である．
　超砥粒ホイールの仕様は，図3.24のように表示される．

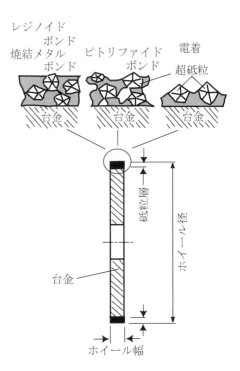

図 3.23　超砥粒ホイールの構造

D 200 N 100 M 3X

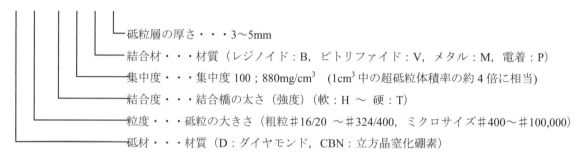

砥粒層の厚さ・・・3～5mm

結合材・・・材質（レジノイド：B，ビトリファイド：V，メタル：M，電着：P）

集中度・・・集中度 100；880mg/cm^3　（1cm^3 中の超砥粒体積率の約 4 倍に相当）

結合度・・・結合橋の太さ（強度）（軟：H ～ 硬：T）

粒度・・・砥粒の大きさ（粗粒♯16/20 ～♯324/400，ミクロサイズ♯400～♯100,000）

砥材・・・材質（D：ダイヤモンド，CBN：立方晶窒化硼素）

図 3.24　超砥粒ホイールの品質表示例

3・2・3　砥石摩耗　(wear of grinding wheels)

a.　砥石摩耗特性と自生作用(self sharpening)

砥石がいかに硬い鉱物質の刃物とはいえ，切り屑生成という過酷な環境下では，その刃先の損耗は避けがたい．この摩耗に対する特性(耐摩耗性)に優れ，切れ味を長時間継続できることは，硬度と鋭利さ(切り屑生成機能)と共に砥粒に期待されるもう 1 つの重要な材料特性である．

　砥石ではその加工時間に伴い砥粒切れ刃が，

　　　　　①初期摩耗　→　②定常摩耗　→　③終期摩耗

という 3 つの摩耗過程を経て寿命に至る．

初期摩耗とはドレッシングによる不安定な切れ刃の大破壊，脱落現象であり，研削開始直後の急激な摩耗領域がこれに相当する．

　それに続く定常摩耗では，砥粒の微小破砕が適度に進行し，摩耗切れ刃の自然再生がもたらされる．さらに研削作用の継続によって発生した摩耗切れ刃に加わる負荷の変化(例えば，逃げ面の成長による作用力の増加や熱衝撃など)による部分的脱落が内部からの新たな切れ刃を出現させる(図 3.25)．このように自生作用を定常的に生じさせるためにも，工作物材質などの加工条件に応じて，研削条件と砥石仕様

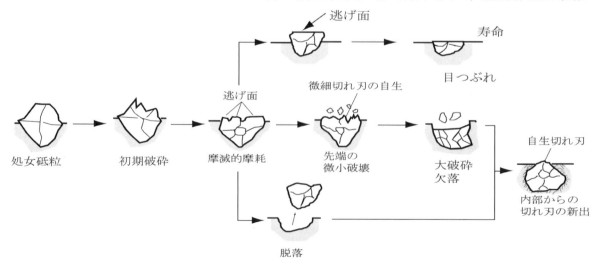

図 3.25　切れ刃の摩耗と自生

の適切な組み合わせが必要である．一般に軟らかい結合度，高い破砕性(低い靭性)の砥粒が自生作用を助長しやすく，軟らかい工作物質には硬い結合度の砥石が，この自生発刃の観点から推奨される．

　摩耗の進行した切れ刃数が増え，自生作用による切れ味の回復が追いつかなくなると，研削抵抗及び研削温度が急増し，びびりの発生，異常な研削音を発するなど，研削作業の続行が不可能となる．このような状況下においては，砥石の摩耗も急速に進行する．これが終期摩耗であり，この時点で砥石が寿命に至ったと判断される．

b. 砥粒切れ刃の摩耗機構

研削作用に伴って進行する砥粒切れ刃の摩耗が，砥石の切れ味を低下させる．一方，自生作用によって作業面の切れ刃状態が適宜更新され，その切れ味が一部回復される．この自生作用による切れ味の調整機能を果たしているのが，砥粒の摩耗挙動である．

(1) 摩滅摩耗

砥粒切れ刃は多くの要因(機械的，熱的，化学的)によって定常的に摩滅し，その先端部に平坦な摩耗面(逃げ面と呼ぶ)が形成される(図 3.25)．これが目つぶれと呼ばれる砥石の摩耗形態であり，研削抵抗と研削熱を増し，研削焼けを誘起する．砥粒の耐摩滅性が常温下におけるその硬さの大小と必ずしも結びつかないのは，この摩耗に対して熱的，化学的作用が及ぼす影響の大きさを示唆している．

　ダイヤモンドと cBN は実在する物質の中で 1, 2 の硬さを誇っているが，雰囲気温度が上昇するとダイヤモンドは 600℃～700℃あたりで酸化を開始し，一方 cBN は 1370℃付近で結晶構造が変化するため，共に不安定となる．特に cBN は高温度下(100℃付近)では水蒸気(H_2O)と反応し，分解しやすい．

$$BN + 3H_2O \rightarrow H_3BO_3 + NH_3$$

cBN ホイールに対して不水溶性研削液が推奨される由縁である．

　ダイヤモンド砥粒はまた，研削熱などによる高温雰囲気の下では W，Mo，Cr，V などの元素と化学反応し，炭化物を生成しやすいこと，高温度下ではダイヤモンドが黒鉛化し，この炭素が鉄中に拡散するため鉄との親和性が高いことなど，摩滅摩耗が助長されやすい特徴を持つ．そのためこれらの元素を多く含む工具鋼や特殊鋼の研削，あるいは低炭素鋼の研削には，ダイヤモンド砥石が一般に不向きとされる．これに対し，cBN はその成分中に炭素元素を含まないことから，工具鋼や高速度鋼，炭素鋼の研削においてその優れた研削性を存分に発揮できる．

(2) 破砕摩耗 (fracture wear)

研削初期の不安定に突出した切れ刃あるいは逃げ面の成長した摩滅的切れ刃には，加わる研削負荷が過大となり，さらに後者では研削温度の急激な上昇も伴う．このような負荷の増大や熱衝撃によって砥粒の破砕，へき開による欠落が助長され，その結果砥石内部から新たに鋭利な刃先が出現することによって切れ味を回復させる．ときに破砕された逃げ面自体が新しい切れ刃として再生することもある．このような砥粒の自生作用にとって，その破砕性は重要な材料特性の１つである．砥粒の耐破砕性(靭性(toughness))の評価にあたって，圧壊試験法はその信頼性で優れて

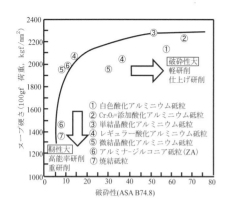

図 3.26　ヌープ硬さと破砕性

（JIS R 6128 参照）

砥粒切れ刃高さ
分布の確立密度関数

①ドレッシング後の砥石作業面

②摩滅摩耗した砥石作業面

目づまり　　　目つぶれ

③脱落，破砕・脱粒摩耗した砥石作業面

脱粒　　破砕　　脱粒

図 3.27　砥石切れ刃の高さ分布モデル

いるのだが，実用上はポットミル法に依拠しているのが現状である．

　砥粒の靭性は，本来，結晶構造によって支配される．例えば C 系(炭化珪素系)砥粒は A 系砥粒よりその結晶構造上，へき開性，破砕性に勝っている．しかし，砥粒の靭性はその他，結晶粒の大きさ，砥粒径や砥粒形状，製粒法などによってもかなり影響を受ける．一般には微結晶の方が，また砥粒径の細かいほど，靭性は高くなる傾向を示す．図 3.26 には砥粒のヌープ硬さと靭性の関係を示しているが，硬度の高いほど靭性の低下する(脆い)傾向を示す．ジルコニア系の砥粒はステンレスのようなねばい金属の重研削に適しているのは，硬度は低いものの靭性の大きいことが幸いしているからである．

　個々の砥粒に加わる研削負荷や熱応力が結合材(ボンド)自体の強度を超えたとき，結合材の破壊によって砥粒自体が脱落する．この摩耗形態が脱落(目こぼれ)(shedding)である(図3.27)．結合度は結合橋の機械的強度に直接関わることから，結合度の軟らかい方が脱落しやすく，切れ刃の自生が活発化され，砥石切れ味の持続性は長くなるが，反面，粗い研削加工面となる．また，過度な目こぼれは，砥石の形崩れを招きやすい．

　目こぼれを促進させるためには，切れ刃への作用力を高めるような研削条件を与えることも 1 つの選択肢である．それには，最大切り屑厚さ(式(3.2)参照)を大きくするように，工作物送り及び切込み深さを増やし，研削速度を低下させることである．このように砥粒切れ刃への作用力を増すような研作条件を与えることを，「砥石を軟らかく作用させる」(to make a grinding wheel behave soft by grinding conditions)と呼び，この逆が「砥石を硬く作用させる」(to make a grinding wheel behave hard by grinding conditions)ことである．したがって研削作業にあたって，与えられた仕様の砥石の損耗形態を研削条件の選定によってある程度調整できるわけだが，本来，先に研削条件(特に工作物の送り速度)を計画し，それに適応した砥石仕様(結合度など)を選択するのが，生産設計の筋である．

(3) 目づまり

砥粒切れ刃や気孔内に付着，充填した切り屑によって，研削作用が妨げられる現象が目づまり (loading)である．軟質金属(Cu，Al 材など)やプラスチックなどの研削においては，この目づまりにしばしば悩まされる．この対策には砥石仕様の選択(破砕性が高い C 系砥粒，粗い組織，軟らかい結合度)が重要であり，研削液もこの抑制に一役買っている．

c. 砥石の寿命と研削比

砥石の摩耗は，研削抵抗や研削温度の増大，仕上げ面形状の変化，砥石径の減耗，びびり振動の発生などといった加工現象となって現れる．このように摩耗が進み，これらの加工現象が障害となって物理的に研削作業の続行が不可能となった段階で砥石寿命と判定され，作業を中断して切れ味の再生(ドレッシング・ツルーイング)を行わなければならない．このため加工現場において，砥石のドレッシング間寿命を改善することは，生産性の観点から大きな関心事である．また，高価な超砥粒ホイールの摩耗は加工コストにとって重大であり，そのための砥石摩耗の評価指数として研削比(grinding ratio) G が用いられる．

$$研削比\ \ G = \frac{研削量(体積)}{砥石摩耗体積} \tag{3.23}$$

　汎用砥石による鋼材の研削比は数十～数百程度であるが，超砥粒ホイールでは4～5桁の数値を達成することが可能である．

3・2・4　砥石のドレッシング（目直し）およびツルーイング（形直し）
(dressing and truing of grinding wheels)

a. 砥石作業面の切れ刃分布とその調整

砥石を構成する砥粒は格子状結晶構造のごとく規則正しく配列されているわけではない．一般的には一様ランダム分布するとされ，その砥粒密度は砥石の組織(砥粒率)はもとより，粒度・粒径などによっても大きく左右される．これに対し，砥石作業面の切れ刃分布は加工に先立って施されるドレッシング条件に強く依存しており，研削工具(砥石)の大きな特徴となっている．もちろん，研削作用に伴い，砥石作業面の切れ刃分布特性は著しく変化する(図 3.27)．

　この砥石作業面の切れ刃性状，あるいは切れ刃密度や高さ方向の分布パターンは，研削諸特性(砥石の切れ味，研削抵抗，仕上げ面粗さ，砥石摩耗など)に直接関わる因子である．一般論では切れ刃が鋭利でかつ分布密度が粗の方が，研削性や砥石寿命の面で有利であるが，逆に粗い仕上げ面となることは容易に予想ができる．このように砥石の切れ刃性状やこの分布特性は，ドレッシング作業を通じてユーザーの手に完全に委ねられている点で，メーカー側にその切れ刃仕様を全面的に依存しがちな切削工具と対照的である．

　しかし，その調整，測定・評価は必ずしも容易なことではない．このあたりに，研削技術のノウハウや難しさが潜んでいるといえる．研削作業面の切れ刃分布を知るのに，粗さ計などにより直接2次元，3次元トポグラフィーを測定するのが一般的である．加工面のスクラッチ条痕の観察から，逆にこの切れ刃分布を推定する手法も提案されている．

　現実には切れ刃の平面分布密度はドレッサの形状，ドレッシング諸条件のほか，砥粒の破砕性，ボンドの強度などによっても影響を受ける．実験によると，砥石作業面のパワースペクトラムの傾向として，平均砥粒間隔，平均砥粒径およびその数分の1付近に，それぞれ連続砥粒間隔に相当するピークが現れるものの，解析モデルでは理想化して，切れ刃は平面的には一様ランダム分布として取り扱うことが多い．高さ方向の切れ刃分布については幾つかの分布パターンが提案されているが，一般には正規分布として扱われる場合が多い(図 3.27)．

b. ドレッシング・ツルーイングの機能
(1) ドレッシングの機能

通常，研削では作業の開始に先立って，まず，切れ刃の分布と性状を加工目的に応じて調整する．さらに研削加工の途中で砥石摩耗の進行により研削作業にとって好ましくない加工現象が発生した段階で作業を中断し，摩滅(目つぶれ)した切れ刃の再生を図り，あるいは目づまりを除去しなければならない．この作業がドレッシング(dressing, 目直し)である(図 3.28)．

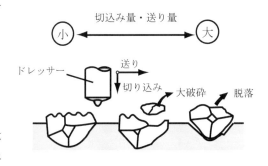

図 3.28　砥粒切刃に対する
ドレッサーの作用

ドレッシング(目直し)(dressing)の機能は，以下のように要約される．

① 鋭利な切れ刃の生成および切れ刃分布を調整する．

② 目つぶれした切れ刃を破砕，再生させる．

③ 目づまりを除去する．

④ 作業面のボンドを後退させ，砥粒に突き出し量を与えると同時に，無気孔結合材構造のホイールに対しては，新たにチップポケットを形成する．

研削加工の自動化や加工面に対する厳しい品質管理などの要求に対して，あるいは超砥粒ホイールの卓越した性能をより有効に活用する上で，ドレッシング技術は研削加工にとってキーテクノロジーの 1 つである．

(2)　ツルーイングの機能

ツルーイング(Truing，形直し)の機能は，砥石形状の成形・修正・矯正にある．具体的には，

① 砥石振れの修正を行うと同時に，その円筒度や真円度を矯正する．

② 総形研削において，砥石輪郭形状を成形する．

第一の役割は，砥石-フランジ間の取付偏位(芯ずれ・振れ回り)の除去，砥石真円度の矯正である．振れ回りの除去は，ツルーイングの過程で必ず伴わなければならない作業である(図 3.29)．

この振れ回りの除去は，研削精度および加工能率，砥石の回転破壊など，作業の安全性に関わる研削加工にとって基本となる必須作業であり，とりわけ，研削の高速化が進められる昨今の趨勢の下ではなおさらである．

砥石を所定の形状に成形，修正するのが，ツルーイングのもう 1 つの役割である．すなわち，総形研削のためのいわゆる砥石輪郭形状の幾何学的成形(フォーミング)である．ねじ，タービンブレード，金型などの総形研削では，成形された砥石の輪郭形状がそのまま工作物に転写される．そのため総形砥石には高い形状精度と同時に，その形状精度の持続性(耐摩耗性)が求められる．

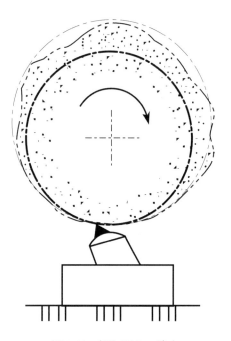

図 3.29　振れ回りの除去

（振れ取り）

c.　一般砥石のドレッシング・ツルーイングとその原理
(1)　ドレッシング・ツルーイングの分類と特徴

ドレッシングおよびツルーイング方式と，それに用いる工具を大まかに分類してみると，表 3.3 のように整理できる．ただし，一般砥石に対しては，ドレッシング作業がツルーイング機能をも兼ねるケースが多く，あえて両作業を分離して実施することは少ない．ドレッシング・ツルーイングに際しては，まず，その方式と作業条件を選択し，砥石作業面を機械的に破砕することによって，その使用目的に適う作業面切れ刃性状に調整しながら，砥石輪郭形状を成形するわけであるが，ここで破砕のメカニズムは次の 3 つに大別できる．

① せん断機構

② 圧壊機構

③ 掘り起こし機構

表 3.3 ドレッシング・ツルーシング方式一覧

使用工具			砥粒、ボンドの破砕機構	一般砥石	超砥粒ホイール	
				ドレッシング&ツルーイング	ドレッシング	ツルーシング
ダイヤモンド 固定砥粒 超硬 ハイス	固定式ドレッサ	単石ドレッサ	剪断	○		
		多石ドレッサ	〃	○		
		インプリド型ドレッサ	〃	○		○
		成形ドレッサ	〃	○		
		ステック（ブロック）砥石	掘起し	○	○	
	回転式ドレッサ	ロータリドレッサ	剪断	○		○
		クラッシュ型ドレッサ（超硬）	圧壊	○		○
		一般砥石車	掘起し	○		○
		ハンチントンドレッサ（ハイス）	掘起し	○		
遊離砥粒、液体ホーニング、ブラストなど			掘起し		○	
軟鋼			掘起し		○	

このうちせん断機構の代表は，高速で回転する砥石作業面上を単石ダイヤモンドなどの単石ドレッサ刃先に切込みと送りを与え，ボンドはもちろんのこと砥石自体をもせん断破砕させるドレッシング・ツルーイング機構である．この方式では個々の砥粒自体にも，多数の微細切れ刃の形成を期待できる．

　この単石ドレッサ(single-point dresser)による砥粒の破砕形態は，図 3.30 に模式的に示されている．単石ドレッシングでは，ドレッサが比較的廉価であり取り扱いも簡便かつ，砥石作業面性状のコントロールが比較的確実なことから，その作業にやや時間を要するものの，一般の加工目的には最も普及しているドレッシング・ツルーイング方式である．単石ドレッシング方式の難点はドレッサ先端の摩耗が大きいことである．そのためドレッシングに際してはできるだけ多量の研削液を供給し，熱によるドレッサ摩耗を極力阻止するように努めなければならない．また，ドレッサ先端の方向を砥石中心に向かって約 10〜20° 程度傾けた姿勢(取付角φ)で据え付け(図 3.30)，さらにドレッサシャンクをその軸回りに定期的に回転させ，ドレッサ先端の平坦化を避ける工夫がなされるなど，ドレッサの先端形状の管理に多少煩わされなければならない．単石ダイヤモンド刃先にとって負担が大きくなる大径砥石用のドレッサには，複数個のダイヤモンド粒子を焼結した多石ドレッサ(インプリドレッサ) (Impregnated Dresser)が供され，単石ドレッサの弱点を補っている．一方，単石ドレッサは総形ドレッシングにも適用されているが(図 3.31)，大量生産の現場では，多石ドレッサの分類になるロータリードレッサやブロックドレッサが総形ドレッサとして活用されている．

　圧壊機構の代表は鋼製，超硬製の総形ロールを用いるクラッシュドレッサ(crush dresser)であり，砥石作業面に圧縮荷重を加えて砥粒やボンドを圧壊する(図 3.32)，ここではクラックの進展により，粗い切れ刃状態の砥石作業面が形成されやすい．この方式はドレッシング・ツルーイングの作業能率に優れており，主に総形研削で利用されているが，繊細な切れ刃性状の微妙なコントロールが難しく，砥石輪郭の

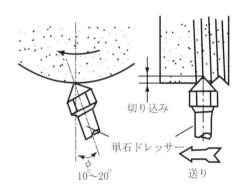

図 3.30 単石ダイヤモンドドレッサー

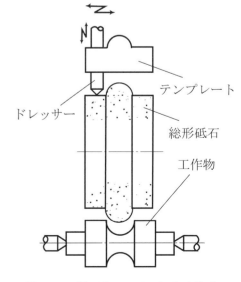

図 3.31 単石ドレッサーによる総形ドレッシング・ツルーイング

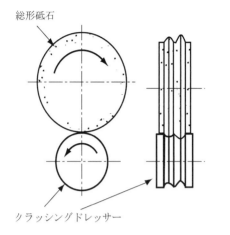

総形砥石

クラッシングドレッサー

図3.32　クラッシングドレッサによる成形
ドレッシング・ツルーイング

精密成形や形崩れ摩耗に対する弱点が指摘されている.

(2) 単石ドレッサによるドレッシング条件と切れ刃特性

単石ドレッサによるドレッシング(目直し)(dressing)では,動作的には砥石作業面に
ねじ山の形成が行われている(図3.30).したがって,このねじの溝形状,溝深さ,
リードなどが,砥石作業面における切れ刃の性状や分布を操作するパラメータとな
る.

　このドレッシング作業の第1工程では,まず,目つぶれ切れ刃および目づまりし
た砥石の表層(0.1〜0.01 mm程度)を除去するのが目的となるため,ドレッシング条
件(切込み×送り)は,砥粒の脱落を促すよう粗く設定されている.次いで,「大破
砕」→「微細破壊」へとドレッシング条件を次第に細目へと変更し,研削加工の用
途に応じた切れ刃性状を作り出す.この時,粗・細の目安は,砥石作業面に存在す
る個々の砥粒とドレッサの衝突の確率である.すなわち,「臨界ドレッサ送り量(リ
ード)=平均砥粒径」と仮定し,この臨界ドレッサ送り量を基準にドレッシング送
りを(3.24)式のように定めることができる.

$$\begin{array}{cc} \text{ドレッシングリード} & = \quad \text{平均砥粒径} \quad \times \quad \text{定数} \\ \text{(mm/rev.)} & (\fallingdotseq 25.4\text{mm/粒度番号}) \quad (<1,\text{仕上げ面に} \\ & \qquad\qquad\qquad\qquad\qquad\qquad \text{応じて}0.1\sim1) \end{array} \quad (3.24)$$

目直しリードと同様に切込み量に関しても,平均砥粒がその臨界値の指標となる.
　鋭利な先端形状を有する単石ドレッサに大きなリードを与えることは,粗研削作
業に対して有効であるが,過大なリードは砥石作業面に確実にねじ条痕を形成する
こととなる.このようなねじ条痕は仕上げ面粗さの点でもあまり好ましいものでは
ないばかりか,ドレッサの往復によってこのねじ条痕が重畳した際,砥石の真円度
を崩す危険性がある.一方,目直しリードを小さく取ることは切れ刃密度を高める
ため仕上げ面粗さを向上させるが,反面,加工目的に応じて適正なリード値を選択
するよう努めなければならない.

(3) ツルーイング(形直し)(truing)の方式と砥石の形状精度

テンプレート倣い方式による単石ツルーイングでは(図3.31),テンプレート製作の
手間やコストの面で問題がある.そこで,単石ドレッサを用いる場合には,自動化
が容易でかつ形状変更に柔軟に対応できるCNCツルーイングが今日の主流となっ
ている.砥石輪郭性状の成形に際しては,とりわけ複雑な形状になるほどツルーイ
ングの作業能率に優れたロータリードレッサ(rotary dresser)やクラッシュドレッサ
(crush dresser)(図3.32)に頼る方が有利である.これらの方式ではツルーイング作業
自体は簡便となるが,形状精度あるいはその持続性の点では単石ドレッサに劣るこ
とからツルーイングの頻度が増え,総合的には逆に作業能率を低下させる結果とな
りかねない.加えて,形状の変更に応じる柔軟性にも欠けている.

　砥石の成形性とその形状の持続性に最も影響を及ぼす因子の1つに,砥粒径が挙
げられる.例えば,砥石エッジの形状保全性を考えると,エッジ角度が鋭利になる
ほど,成形されたエッジ部を構成する砥粒の架橋(ボンド)数が減少することから,

その周辺の実質結合度は低下する．力学モデルの解析によると，成形砥石の形崩れに対しては砥粒径が大き過ぎても小さ過ぎても不利であり，その中間に最適な粒度が存在することが明らかにされている．鋭利に成形された砥石エッジの形崩れは，例えば，平面研削においては砥石が工作部両端の角部(edge)に接触する際の衝撃力によって大きく加速される．クリープフィード研削(creep-feed grinding)が総形研削に適用される大きな理由が，その衝撃力の緩和と衝撃回数の低減にある．

d. 超砥粒ホイールのドレッシング・ツルーイングとその原理

超砥粒は極めて高価であることからその脱落を極力抑えるため，一般砥石に比べ砥粒保持力が強化されている．しかし，研削作用に伴い超砥粒といえども摩耗し，ホイール形状にも崩れが生じる．そのため，ビトリファイド，レジノイドあるいは焼結メタルボンドの超砥粒ホイールにとってその研削性能を回復させるために，ドレッシング・ツルーイングは不可欠である．

　この工程としては，まず，ツルーイングで振れ取り(elimination of deflection)を行い，その後ドレッシングを施し切れ刃性状を整えるというように，超砥粒ホイールのツルーイングは，ドレッシングとは完全に別作業となるため一般砥石の場合とは異なり，二重の手間が必要である．

　超砥粒ホイールのドレッシング・ツルーイングでは以下に述べるようないくつかの技術課題を抱えており，このことが超砥粒ホイールの普及を遅らせてきた理由でもある．優れた超砥粒ホイールの研削特性を活用できるか否かは，ボンドに応じた適切なドレッシング・ツルーイング技術の活用いかんによるところが大である．

　ビトリファイドボンド(vitrified bond)：　ビトリファイドボンド超砥粒ホイールのドレッシングには，一般砥石の方式を基本的にはそのまま踏襲できる．ただし，ダイヤモンドホイールのドレッシング・ツルーイングにはダイヤモンド工具の使用をなるべく避けるのが原則であり，インプリドレッサ，ロータリードレッサなどは，主としてビトリファイドボンド cBN ホイールに対して用いられる(図 3.33)．ビトリファイドボンド超砥粒ホイールの成形ツルーイングは，クラッシングロール(ハイス，ダイス鋼，超硬，電着ダイヤモンドなどのロール)により行われる (図 3.34)．このようなクラッシュ法の作用原理を機構化したものが，フリー形あるいはブレーキ形クラッシングロール装置である．

　レジノイドボンド(resinoid bond)：　レジノイドボンド超砥粒ホイールは一般に低砥粒率，無気孔構造である．したがってその平滑な作業面にチップポケットを作り，切れ刃を突き出させることがドレッシングの最大の役割である．超砥粒ホイールのドレッシングに最も有効な軟鋼やブロック砥石研削法などのメカニズムは，ボンドの掘り起こし機構と考えることができる．すなわち，表 3.3 に挙げたドレッシング方式の中で，安価で粒径選択の自由度が大きいスティック(ブロック)砥石または遊離砥粒やブラストによるドレッシング方式の利用頻度が大きいようであるが，この方式では固定あるいは遊離した WA，GC 砥粒(粒度♯100〜500)によって超砥粒ホイール表層部のボンドをえぐり取ることにより，切れ刃のすくい面側にチップポケットを形成させ砥粒刃先に適度の突き出し量を与えることができる(図 3.35)．

図 3.33　インプリドレッサによる
　　　　　CBN ホイールのドレッシング

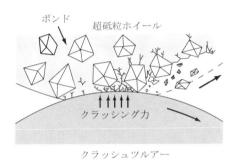

図 3.34　クラッシュツルアー方式

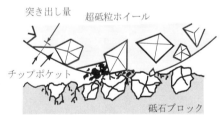

図 3.35　砥石クラッシュ方式による
　　　　　超砥粒砥石のドレッシング

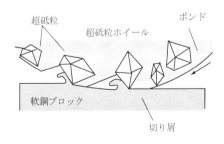

図 3.36　軟鋼研削によるドレッシング

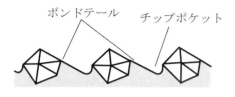

ボンドテール　　チップポケット

図 3.37　ボンドテール

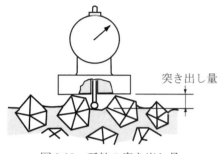

突き出し量

図 3.38　砥粒の突き出し量

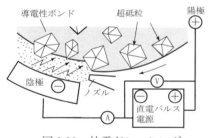

導電性ボンド　超砥粒　陽極 ⊕

陰極 ⊖

ノズル

直電パルス
電源

Ⓥ　Ⓐ

図 3.39　放電ドレッシング

軟鋼研削法(dressing procedure by grinding soft steel block)(図 3.36)は，ドレッシングとツルーイングを同時に行えるという特長を有している．すなわちこの方式では，安価な軟鋼を研削することによって砥石の形状くずれや振れを修正し，同時に排出される切りくずによってボンドを掘り起こし，砥石作業面にチップポケットが形成される．そして同時に，砥粒切れ刃を背面からボンドが支持する構造となり，高価な超砥粒の脱落を抑制する効果を高めている．このような切れ刃のボンド支持構造がボンドテール(bond tail, 図 3.37)と呼ばれている．

突き出し量(protrusion height of super-abrasive above the bond)の大きいほど砥石の切れ味は改善される反面，仕上げ面粗さが粗くなり，特に切れ刃の消耗を促し研削比を低下させる．そのため，作業目的に応じた最適な突き出し量を知ることが重要である．一般にはこの突き出し量は，平均砥粒径の25～50%(突出比)が目安である．突き出し量は接触式粗さ計やダイヤルインディケータ(図 3.38)などにより比較的簡便に計測できる．ホイール作業面の手触り感覚や加工面粗さからも，生産現場で手軽に突き出し量を評価することが可能である．超砥粒砥石のドレッシング現象は繊細なため，超砥粒ホイールの作業面切れ刃性状や突き出し量の定量的管理はいまだ十分確立されておらず，このことは超砥粒砥石の研削性能に大きなばらつきとなって現れる．

メタルボンド：　メタルボンド超砥粒ホイールに対して，機械的ドレッシング機構の適用は不可能である．そのためメタルボンドホイールにとって，放電法(EDM)や電解法(ECM)など電気・化学的作用が最も有効なドレッシング法である(図 3.39)．ELID 研削法(電解インプロセスドレッシング) (Electrolytic In-process Dressing)は，ホイールを陽極とし，ホイール作業面に対抗する陰極を設け，両極間に直流パルス電圧を供給し金属ボンドを電解溶出するインプロセスドレッシング研削法である．

　電着ボンド超砥粒ホイールは，その砥粒が単層を成しているいわゆるスローアウェイ研削工具であり，ドレッシングやツルーイングを要さないのが前提である．そのため，その製造過程であらかじめ砥粒切れ刃分布の設計，調整が十分されなければならない．

e. ドレッシング・ツルーイングの経済性

ドレッシング・ツルーイングによって，研削作業は中断を余儀なくされる．したがって生産能率向上，ドレッシング・ツルーイングの頻度をできるだけ少なくすることが望まれる．例えば，工作物 1 個当たりの加工時間 τ_u は(3.25)式で概算される．

$$\tau_u = \frac{M_W}{M_G} + \tau_W + \left(\frac{M_W}{M_t}\right)\tau_d \qquad (3.25)$$

ただし　　　M_W：工作物 1 個あたりの取りしろ(mm^3)

　　　　　　M_G：研削率(mm^3/sec)

　　　　　　M_t：砥石寿命までに除去できる取りしろ(mm^3)

　　　　　　τ_d：砥石交換及びドレッシングに要する時間(sec)

　　　　　　τ_W：工作物の交換に要する時間(sec)

ドレッシング・ツルーイング間隔 (目直し間寿命時間) (dressing/truing interval(redressing life)) を延ばして砥石寿命までに除去できる取りしろ M_t を増やし, かつドレッシング・ツルーイングに要する時間 τ_d を短縮することが, 加工能率の向上 (τ_u の減少), ひいては加工コスト低減を図る上で大きな意義を持つことになる. ドレッシングに要する時間 τ_d を削減する意図で, 作業中にインプロセスドレッシングを行うことができる装置も加工用途に応じて開発され, 実用化も進んでいる.

　一方, ドレッシング・ツルーイングによる砥石摩耗量も工具原価の上から決して無視できない因子であり [5], 加工コストの算出に当たって砥石摩耗量には十分な配慮が必要である. 例えば, ビトリファイドボンド砥石のドレッシングによる消耗量は, 研削作用による摩耗量の数十倍に達する. 高価な超砥粒ホイールにおいて, ホイール消耗コストの 65〜98% がドレッシング・ツルーイングによると言われるように, ホイール消耗費の及ぼす経済効果は著しい. ただし, 超砥粒ホイールではそのドレッシング間寿命が著しく長い (式(3.25)において M_t が極めて大きい) ことから工作物 1 個当たりの加工時間 τ_u を小さくでき, 一般砥石と比べても工具原価で十分対抗できる.

3・2・5　砥石のバランシング (wheel balancing)

研削加工において所定の研削速度 (数千 m/min) を得るためには, 砥石直径に応じて数千〜数万 rpm の主軸回転数が必要である. そのような高速回転下 (角速度 ω) では僅かな不平衡量 U_a (g・mm) が大きな遠心力 ($=U_w \cdot \omega^2$) を引き起こし, 砥石軸の振れ回りを誘発する強制振動源となる. したがって仕上げ面粗さはもちろんのこと, 作業の安全性や機械保全の上からも極力この種の外乱の抑制に努めなければならない. JISR6243 では, 砥石径 150ϕ 以上のものについて, この不平衡量 (フランジを含むいろいろな要素は均質で平衡が保たれている) U_a の許容値として (3.26) 式のような数値を指示している.

$$U_a \leq m_a \times r \qquad\qquad (3.26)$$

ただし,　$m_a = k\sqrt{m_1}$
ここで,　m_a : 研削砥石の円周上に中心をもつおもりの質量(g)
　　　　　m_1 : 研削砥石の質量(g)
　　　　　r : 研削砥石の半径(mm)
　　　　　k : 研削砥石の種類および使用法によって決まる係数
　　　　　　　(精密研削では 0.2〜0.4 程度)

　砥石のバランシング (balancing) にとって, 厳密には動バランスを考慮すべきであるが, センターレス研削盤用の広幅砥石のような例外を除けば, 砥石幅は普通せいぜい数十 mm 以内であることから, 静バランスのみで実用上, なんら支障は生じない.

　砥石バランシング装置の代表は, バランスウェイトを回転中心の回りに配置し, 不平衡量とモーメント的に釣り合わせる方式である. このときのバランシング機構には, 理論上, 図 3.40 に示す 4 つの方式が考えられる. 図 3.40-(b)(d) に示すように,

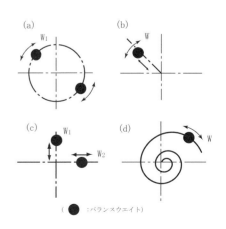

図 3.40　バランスウエイトによる
バランシングの原理

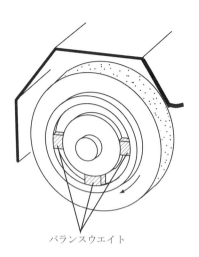

バランスウエイト

図 3.41　バランスウエイトによ
　　　　　る砥石アンバランスの
　　　　　修正

1 個のバランスウェイトでも理屈上，バランシングは可能であるが，その設計は構造的に難しい．これに対して，2 個のバランスウェイトを用いる機構(図 3.40-(a)(c))は，構造も比較的単純化でき，現実的である．今日広く行われているバランス台(平行棒形または天秤形など)を用いての砥石のバランス調整には，周知のとおりフランジ外周面に 2 ないし 3 つのバランスウェイトを備えた図 3.40-(a)の方式が採用されている(図 3.41).

　研削作業の開始に先立って砥石バランスを調整したとしても，砥石組織の不均一，厚みのばらつき，あるいは湿潤した研削液の偏りなどもあり，ドレッシング・ツルーイングの繰り返しや研削時間の経過に伴い，次第にバランスが崩れてくる．その際，フランジ外周に取り付けたバランスウェイトによるバランシング方式(図 3.41)ではいったん機械を停止し，砥石を主軸から取り外す必要があり，作業を中断せざるを得ない．生産工程において，このロスタイムはドレッシング作業そのもの以上に深刻である．研削加工(grinding process)の自動化，無人化を推進するためには，砥石を回転させたままそのアンバランスを自動修正できるオートバランサーに大きな期待が寄せられており，各種のオートバランシング装置の開発が試みられている．

3・3　研削加工における熱的現象(thermal phenomena in grinding)

3・3・1　研削エネルギー密度と研削熱源(grinding energy density and heat source)

研削における加工能率を判定する評価パラメータとして，砥石単位幅・単位時間当たりの研削除去速度(stock removal rate of grinding) Z (ここでは以後「研削率」と呼ぶことにする)が一般に用いられている．すなわち研削率は(3.27)式のように定義される．

$$Z = \frac{t \times v}{B} \quad \left(mm^3 / min \cdot mm \right) \tag{3.27}$$

　(3.27)式によれば研削率が同値だとしても，切込み深さと工作物送り速度の組み合わせは無限に存在する．前掲図 3.6 に見るように，例えばクリープフィード研削(creep-feed grinding)では切込み深さが通常研削の数十倍以上に達するが，逆に工作物送り速度"v"はそれに逆比例して小さい．したがって単純に"Z"のみから判断すれば，大きな切込みが研削能率の点で必ずしも有利になるとは限らない．クリープフィード研削の対極にあるスピードストローク研削(speed stroke grinding)(微小切込み×高テーブル送り速度)についても，まったく同様である．

　一方，砥石と工作物の接触弧内に生じる総研削エネルギー"Q"(近似的には駆動モータの消費動力(式(3.22))と等価)は，比研削エネルギー(specific grinding energy)"E_g"より(3.28)式で概算できる．

$$Q = Z \times E_g \quad \left(J / min \cdot mm \right) \tag{3.28}$$

すなわち，E_g を定数として仮定すると，「総研削エネルギーは研削率に依存し，切込み深さや工作物送り速度単独の影響によるものではない」ことを(3.28)式は示唆している．そこで例えば，一般の研削に比べてクリープフィード研削に見られる多

大な研削熱の発生理由として，その比研削エネルギー E_g が後者の場合に急増すること，および熱源移動速度の効果などが挙げられている．

　従来，研削点という言葉に象徴されるように，砥石と工作部は1点に集中作用する点(線)熱源と仮定して，格別な不都合は生じなかった．しかし，接触弧の長いクリープフィード研削についてはもちろんのこと，研削熱現象のより厳密な解析を目指す時，研削熱源を面分布として扱う方が論理的であろう．一般にこの熱源分布パターンとしては一様分布，あるいは三角分布が仮定されるが(図3.42)，もちろん節3.1.2 で導いた研削抵抗分布の概念を用いると，この研削熱源の大きさと分布パターンを次節に示すように理論的に誘導できる．

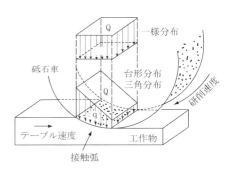

図 3.42　研削熱源モデル

3・3・2　研削熱源とその分布パターン(grinding heat source and its distribution patterns)

砥石と工作物の接触弧長さは，砥石径および切込み深さを用いて，(3.29)式のように近似できるのは，(3.1)式より明らかである．

$$l_c = \sqrt{Dt} \tag{3.29}$$

　図3.43 には，この幾何学的な接触弧 l_c の具体的な数値例を示しているが，ここに見るように切込み深さと共にその数値は急増し，切込み深さを0.5 mm としても接触弧深さは10 mm 付近まで達している．研削におけるこの大きな接触弧内での研削抵抗分布およびその分布密度という概念については，3・1・2・b(4)にて既に言及され，この概念のモデルが図3.17 に示されている．ここで研削熱源の算出に直接関わるのは，研削抵抗の接線分力密度 D_T であり，この接線分力分布により研削熱源の分布関数 $q(l_c)$ および総研削熱量 $Q\left(= \int q(L_c) dl_c\right)$ が導かれる．例えば総研削熱量は，熱の仕事当量を J とすると(3.30)式のように示すことができる．

$$Q(l_c) = J \left\{ K_0 \left(\frac{v}{V}\right) \sin\left(\frac{l_c}{R}\right) + F_{t\mu} \right\} (V \pm v) \tag{3.30}$$

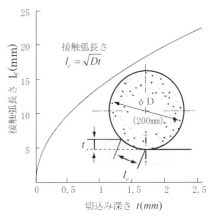

図 3.43　切込み深さと接触弧長さの
幾何学的関係

　接触弧に沿っての研削熱源分布を求めた計算結果の1例を図3.44に示す.図3.44に見るように研削熱源は，基本的には台形分布によって近似できると考えられる．同一研削率 Z の下で比較すると，接触弧が長くなるほど研削熱流束は小さく，しかし分布の面積は当然広くなり，結果として，発生する総研削熱量 Q は増大している．

　通常研削とクリープフィード研削を比較した場合，研削率 Z が同じにもかかわらず後者の総発生研削熱量 Q がはるかに大きいのは，接触弧の増大に伴って，

　　①切れ刃と工具との摩擦距離(接触弧長さ)が大きくなる．

　　②切りくずが薄くかつ長くなるため，砥粒切れ刃の食いつき角が減少し，上すべりや掘り起こし作用による摩擦熱($F_{t\mu}$ 成分)が生じやすい．

などの原因によることが推測される．言い換えると，研削抵抗の摩擦力成分などの原因による比研削エネルギー E_g の増大と解釈できる．

　もし仮に，理想的に鋭利な切れ刃状態の砥石によって研削加工が行われたとすれ

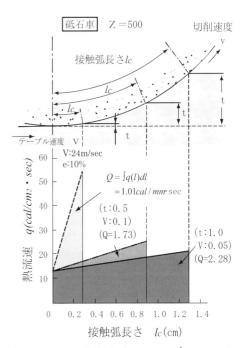

図 3.44　同一研削率（Z=0.05mm³/sec・mm）
の下での接触弧内の熱流速 q と発
生研削熱量 Q

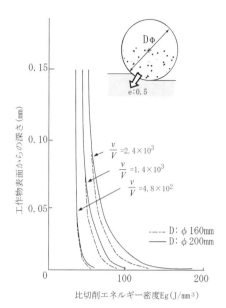

a)理論値

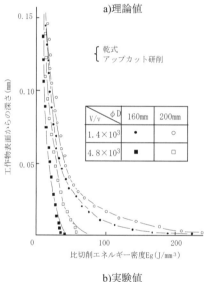

b)実験値

図 3.45　切込み深さに対する比研削エネ
ルギー密度(Eg)の分布

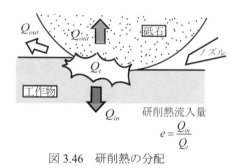

研削熱流入量
$$e = \frac{Q_{in}}{Q_t}$$

図 3.46　研削熱の分配

ば, 研削抵抗値は全て切削成分によって占められることになるから, そこでは切込み深さ(あるいは接触弧長さ)の大小によらず, 総発生研削熱量 Q は総研削率 Z のみによって確定され, 研削熱源は3角形分布を示すことになろう.

比研削エネルギー分布密度(distribution density of specific grinding energy)(=単位切りくず当たりの研削エネルギー分布／切りくず体積) E_g は, 研削熱源分布を議論する上で有効な指標となる. 研削抵抗の接線分力密度より接触弧内におけるこの比研削エネルギー分布密度は, 近似的に(3.31)式のように求められる.

$$E_g \approx \frac{V \cdot D_s}{v \cdot ds} \tag{3.31}$$

図 3.45 には切込み深さに対するこの比研削エネルギー分布密度の理論分布および実験値の1例を対比して示している. 比研削エネルギー分布密度の理論分布(図3.45-a)が実験結果(図 3.45-b)をよく言い当てているのがわかる. 式(3.29)に基づいて, この比研削エネルギー分布に関する主な特性を要約すると, 次のとおりであり, これらの特性は観察される研削現象とも一致している.

① 速度比 V/v が大きいほど比研削エネルギー分布密度は増大する.

② 切込み深さがある臨界値を超えると, 切込み深さの減少と共に比研削エネルギー分布密度は急増する.

③ 砥石径が小さい程, 比研削エネルギー分布密度は減少し, その砥石径効果は無視できないオーダである.

④ 研削方向の違い(上向きあるいは下向き研削)による比研削エネルギー分布密度の差異は, 識別できるオーダではない.

3・3・3　研削熱とその伝播(grinding heat and its transmission)

a. 研削熱とその分配

研削において発生する総研削熱量(total quantity of grinding heat) Q は, 工作物中へ流入する熱量 Q_{in} と, 研削熱などによって外部に運び去られる熱量 Q_{out} とに分配される(図 3.46). この熱分配率(distribution rate of grinding heat)を知ることによって研削熱に関わる諸特性, あるいは研削熱による冷却効果を定量的に掌握できる.

研削熱がその発熱源から工作物内部へ流入する過程は, 3次元的である. ここでは簡便のため, 平面研削においてテーブル1ストロークの途中で工作物内部への熱流れを非定常1次元流に理想化すると(3.32)式が成立し, 流入熱量の概算に利用できる.

$$\frac{\partial T}{\partial \tau} = \alpha \frac{\partial^2 T}{\partial x^2} \tag{3.32}$$

ここで,

α：熱伝導率　　　　　　　　　τ：時間

T：工作物内部温度　x：工作物表面からの深さ方向距離

図 3.47 には, 湿式研削時の工作物表面温度 T_0 および内部温度 T の典型的な過渡

変化を示す. 図 3.47 より, 工作物の内部温度のピーク値は表面温度のピーク値より時間遅れを伴う様子が観察される. なお, 図 3.47 中には研削点が温度観測点を通過直後, 工作物内部温度 T_n と表面温度 T_0 の絶対値が逆転するという現象が見られる. これは, 測定点が研削点を通過直後に外空間に開放され, そこで研削液によって急冷された結果, 工作物から外方へ熱が逆流する現象である.

表面温度の測定値 T_0 を頼りに, 工作物内部温度分布の過渡変化を式(3.32)により推定した 1 例を図 3.48 に示す. このような計算シミュレーションによっても, 工作物内部温度の過渡変化を十分推定できることがわかる.

b. 研削液による研削熱の冷却プロセス

研削加工では, 消費される動力の大部分が熱エネルギーの姿で砥石－工作物間の接触弧内に集約される. そのため研削点付近では瞬間的に 1000℃を超える高温度に容易に達し, 材料組織の変化などの熱損傷を引き起こすこととなる. 研削温度の抑制にはこの発生熱量の低減こそが, まず肝要である. もし大量の研削熱の発生が避けられないとしても, 研削液をはじめとする何らかの冷却媒体によって, 発生した研削熱が工作物中へ流入する以前に直接吸収できれば, 加工面の熱損傷に対して改善の糸口を見出すことはできるはずである. その意味で接触弧内に生じた研削熱エネルギーが周囲へ拡散するプロセスの追及が大切である.

図 3.49 は工作物外周部表面を理想的に強制水冷した場合と自然放熱(乾式研削に相当)の場合について, その定常状態における工作物温度分布を FEM 解析により予想したものであるが, この両者を見比べることによって, 工作物内部温度に及ぼすその外周表面からの間接冷却効果の有効性がわかる. ただし現実には, 理論的に期待するほど工作物外周表面での熱伝導率は大きくなく, さらに間接冷却によると過渡的には, 著しい局所温度上昇を避けがたい. このような観点からも研削温度の抑制にとって, 接触弧内部に湿潤した研削液による研削点の直接冷却が最も望ましいといえる.

通常の研削条件下での熱配分の比率は, 一説によると,

[切り屑] : [冷却液などの環境] : [工具] : [工作物]

= 1.5 : 1 : 1.5 : 6

程度と予想されているが, その数値の根拠は必ずしも定かではない. 一般的には切削あるいはベルト研削のような大きな切りくずを形成する機械加工に比べ, 精密研削では工作物への熱流入量は極めて大きく, 95%に達するとさえ言われている.

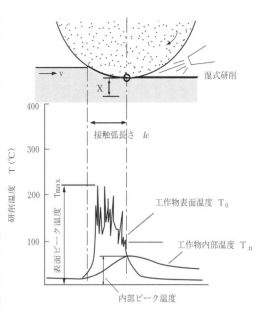

図 3.47 研削温度の測定例

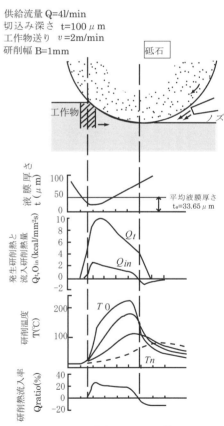

図 3.48 接触弧内部における熱配分

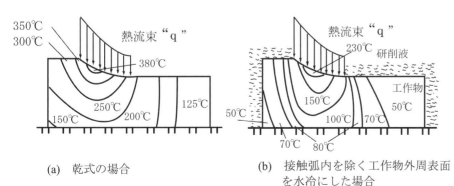

(a) 乾式の場合 　(b) 接触弧内を除く工作物外周表面を水冷にした場合

図 3.49 工作物の外周冷却効果

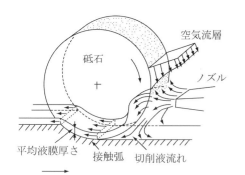

図 3.50　ノズルから供給された
　　　　研削液の研削点までの
　　　　到達プロセスと接触弧内
　　　　の液膜厚さ

c. 接触弧内の研削液とその冷却効果 [4)]

研削液の接触弧内への湿潤過程を，平均液膜厚さ(average thickness of grinding fluid film) δ で定量化する一方，工作物内部への流入熱量を工作物表面層の実測された過渡的温度変化により逆算すると，接触弧内における研削液の冷却効果を定量的に考察することができる.

　まず平均研削液の液膜厚さ δ (図 3.50)とそれに対する熱分配の関わりを追跡してみることにする. ノズルからの供給熱量 M_w が増加すると平均液膜厚さ δ は数百 μm までほぼ比例的に増大している(図 3.51). しかし研削液の湿潤率(=湿潤液量 M_t ／供給流量 M_w)はせいぜい 50%前後に過ぎないことが明らかにされている. 一方，平均研削液膜厚さ δ の増加とは対照的に工作物平均温度 T は低下しており， δ と T の相関の強さがうかがわれる.

　接触弧内部における発生熱量 Q_t ，工作物内部への流入熱量 Q_{in} ，熱流入比 e (Q_{in}/Q_t)などの推定値を，液膜厚さ δ と対比させながら示したのが図 3.52 である. 図 3.52 に見るように，熱流入比 e は研削液の供給条件に応じて 10～60%の範囲で変化している. また，図 3.52 より乾式研削(平均液膜厚さ $\delta \approx 0$)では，発生熱量の約 40～60%が工作物中へ流入していると予想できる.

　図 3.53 には切込み深さ(研削熱源の大きさに対応)と研削熱流入比 e の関係を示している. 切込み深さが大きいほど流入する研削熱の絶対量は増加するはずであるが，これに対して熱流入比が減少しているのは温度勾配の効果であり，伝熱理論から容易に理解できる現象である. 一方，研削液を供給すると熱流入比 e が 10%程度まで改善できることから，その冷却効果の有効性がわかる. ただし切込みが小さい範囲では，供給流量の相違(言い換えれば液膜厚さの相違)によらず熱流入比に顕著な相違が見られない. これは熱境界層(図 3.54)の概念によって説明される. すなわち，原理的には熱の伝達範囲外にある冷却液は冷却効果に寄与できないためであり，熱境界層以上の液膜層は冷却作用の観点で無駄な液量ということになる. さらに，ある切込み量を超えると急速に熱流入比が増加し，乾式研削のそれと完全な一致を見る. このことは，研削液の冷却効果を完全に喪失していることを意味しており，研削熱源と液膜の界面近傍に核沸騰現象が生じたためと解釈できる. したがって接触弧内での直接冷却効果に限って言えば，研削液温を下げる(冷やす)ことの有効性が十分期待される.

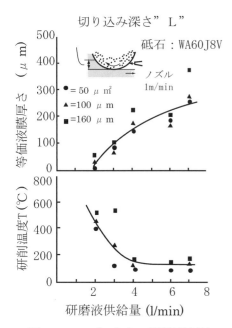

図 3.51　ノズルからの研削液流量に
　　　　対する接触円弧内の
　　　　膜液厚さと冷却効果

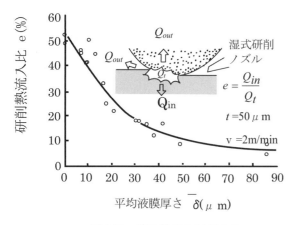

図 3.52　流入熱量を左右する
　　　　研削液膜厚さの効果

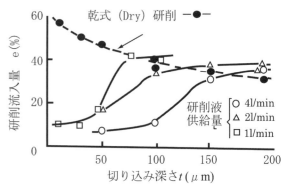

図 3.53　切込み深さと研削熱流入比の関係

d. ドライ・セミドライ研削と環境問題

研削油剤の選択や仕様基準を単に研削性能の改善の観点からだけではなく,環境や公害,作業者の健康障害の面からも見直さなければならない.通常,油剤は循環により繰り返し使用されるが,その際研削油剤品質の維持・管理,腐敗と臭気対策などの面から,あるいは廃液処理など,研削油剤の総合的な評価が必要である.例えば,亜硝酸ソーダの使用による発ガン性物質 N-ニトロアミン生成の話題は,いまだ記憶に新しい.ミスト研削(mist grinding,セミドライ研削)や研削油剤を用いないドライ研削(dry grinding)技術(冷風研削など)はこの意味で意義深く,3・3・3・cで示した研削液の冷却特性からも実用可能と判断できる.

3・3・4　研削温度(grinding temperature)

研削加工における工作物平均温度は,室温より数十度は容易に上昇し,これによる熱膨張は加工精度を阻害する元凶である.また,研削点およびその近傍の温度となると,瞬間的には数百度から優に千度を超えるほどの高温に達する.ここでは3・3・3で求めた発生総研削熱量のうち,ある一定の割合(熱流入比 e)が工作物内に伝達することを仮定すれば,台形熱源分布パターンに基づいて Jeager の移動熱源理論(theory on "moving sources of heat and the temperature at sliding contact" by J.C. Jaeger)あるいは FEM 解析の援用により,工作物および研削点近傍温度を推定することができる.その1例を図 3.55 に示す.試算によると,工作物送り速度が大きいほど砥石直下での研削温度分布の非対称度が著しくなる傾向を示す.また,マクロな研削温度特性に関して言えば,熱源分布のパターンの相違は,局所的な研削温度などには少なからぬ影響を与えるものと考えられる.

　同一研削率 Z の下で,工作物送り速度 v と切込み深さ t の各種組み合わせについて,研削点の予想温度 T_{max} を理論的に比較したのが図 3.56 である.この場合,研削最高温度 T_{max} の観点からすれば,工作物送り速度(熱源の移動速度)v が遅いほど(クリープフィードの方が)有利に見える.ただし,これは「研削率 Z = 工作物送り速度 v × 切込み深さ t」の関係よりテーブル速度の低下に反比例して増大した切込みが,熱源として局所に集中するためと考えられている.現実の平均研削温度については移動熱源効果によってむしろ逆の傾向を示す.したがって,研削焼けなど加工変質層の観点からすればむしろ,15 m/min 以上のテーブル速度が望まれる.一方,切込み深さ t を固定した場合,送り速度(熱源の移動速度)V と最高温度 T_{max} の関係を示したのが図 3.57 である.研削温度に対して熱源の強さ q と熱源の移動速度 v が相反効果を有するため,送り速度 V に関しては研削温度 T_{max} の極値が存在する.通常の研削条件範囲内では,同一切込み深さに対しては,テーブル送り速度の遅いほど研削温度が低下するのは当然である.

3・3・5　研削液の作用とその供給法(action of grinding fluid and ways of its supply)

a. 研削油剤の作用

研削油剤は機械を汚すばかりでなく,塗料の剥離と錆,腐食を助長させることが懸念される.また,作業者にとって研削点の透視を困難にする.さらに四方に飛散し作業衣に付着し,床面のスリップ事故の原因にもなる.時には皮膚炎をはじめ室内

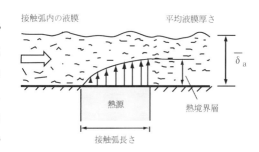

図 3.54　熱境界層の概念図

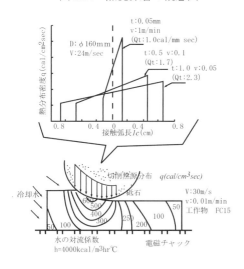

図 3.55　研削熱源の分布と工作物温度

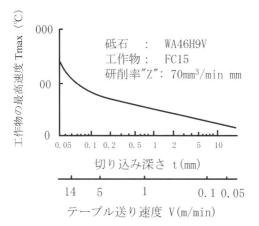

図 3.56　工作物の最高温度 *Tmax*
(同一研削率 Z に対する比較)

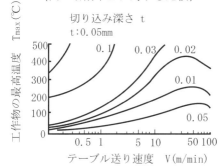

図 3.57　テーブル送り速度と工作物の
最高温度(*Tmax*)の関係

空気の汚染など人体にも直接被害を及ぼすことがあり，作業者の立場からすると極めて煩わしく，決して望まれる存在ではない．それにもかかわらず研削油剤が欠かせないのは，そのような弊害にも勝る多大な供給効果が期待されるからに他ならない．

　研削油剤を効果的に使用する前提は，まず接触弧内部まで確実に研削油剤を湿潤させ，その上で，以下の作用効果を発揮させることである．

　　　　① 冷却作用
　　　　② 湿潤作用
　　　　③ 洗浄作用

研削油剤のこれら 3 要素にとって，その組成や添加剤など化学成分はもとより熱容量，濡れ性と潤滑性(粘性など)のような物理的特性もまた，それに劣らず重要である．

(1) 冷却作用

研削の切りくずが閃光を発しながら放出されるのは，金属の酸化(燃焼)現象である．その発端は，数百度～千数百度に達する研削点温度にある．この酸化作用によって切りくずの一部は溶融，再凝固するため，球状を呈する切りくず形態も観察できる．このように高い研削点温度は砥粒切れ刃を摩耗させ，研削焼けや割れ，組織変質層などの熱的損傷を引き起こすばかりでなく，工作物やひいては研削盤自体の熱変形を生み出す熱源となり，製品の寸法・形状精度の低下をもたらす結果となる．

　そこで研削油剤にまず期待されるのは，発生研削熱の冷却作用である．研削油剤による冷却作用を効果的に発揮させるためには，熱容量の大きな水溶性研削油剤を確実に接触弧内に湿潤させ，発生した研削熱が工作物へ流入する以前に研削油剤と共に外部へ運び去ってしまうのが理想の姿である(図 3.58)．この意味では比熱が大きく，熱伝導率が高く，蒸発潜熱も大きい真水が最も優れており，したがって希釈倍率の高い方が冷却作用にとって好ましい．

　もちろん研削油剤は研削点における冷却作用ばかりでなく，研削盤各部の温度差を緩和するための媒体という役割も果たす．特に精密研削では研削盤自体の熱変形が加工精度に大きな影響を及ぼすので，このような意味で研削盤各部を循環している研削油剤の温度コントロールの効果も忘れてはならない．そのため油剤タンクの容量などにも，細心の注意が必要である．

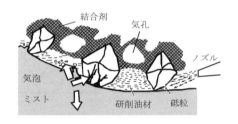

図 3.58　接触弧内における研削油剤の
　　　　　状態モデル

(2) 潤滑作用

砥粒切れ刃が摩滅(目つぶれ)し，その先端に逃げ面が形成されると．刃先が工作物に貫入しにくくなるばかりではなく，逃げ面と工作物間の摩擦作用により研削温度が上昇し，研削焼けや割れなど加工面品質低下の原因となる．ここで砥粒刃先と工作物間に潤滑剤を介在させることは砥粒切れ刃のすべり摩耗を低減させ，切れ刃の摩滅摩耗を抑制するため，砥石の寿命改善に大きく寄与できる．この潤滑作用にとって，研削油剤の粘性特性が重要となる．すなわち，砥粒切れ刃の逃げ面と工作物間の高圧かつ高速すべり接触下でも液膜切れを防ぐためには高い粘性が必要である．しかし逆に，研削油剤の粘性が高いほど，数十 μm にも満たないと思われる接触弧内の狭い間隙に浸潤させることは難しくなる．そのため粘性の低い水溶性研削

油剤に，極圧剤を添加させることも一策である．極圧添加剤(extreme pressure additive)(硫黄，燐，あるいは塩素などの元素による)は金属表面と化学反応し，金属塩の薄層(金属石けん膜)を作るが，このような化学生成膜は通常の金属溶着部に比べかなり低温度，低圧力下でも容易に流動し，そのため高圧接触面下でも優れた潤滑効果を示すと考えられる．

(3) 洗浄作用

研削作用によって生成された切りくずの一部は砥石作業面に付着し，気孔(チップポケット)をふさいでしまうため(目づまり(loading))，正常な研削作業の継続をしばしば阻害する．研削油剤はこの目づまりの抑制，あるいは目づまりした切りくずを排出するなどの洗浄機能も有している．例えば研削油剤による化学的な目づまり抑制機構として，次のような説明がなされている．アランダム(Al_2O_3)砥粒に対して酸素イオンを含む研削油剤を用いれば，砥粒表面に陽イオンの吸着膜を形成でき，したがって砥粒表面と金属イオン(切りくず)との結合を阻止できるというのである．目づまり切りくずの物理的な排出機構としては，砥石表面に浸透性の高い研削油剤を高圧で吹きつけた際の衝撃力で吹き飛ばすこと，あるいは研削油剤が研削熱によって急激に気化，膨張した際の衝撃波によって，切りくずを外部へ排出する効果も期待される．

b. 研削油剤の種類とその性状

3・3・5で挙げた研削油剤に求められる3つの基本作用を，全て満たしてくれるような理想的研削油剤は見当たらない．したがって，作業者は市販されている多数の品種の中から，研削目的に応じて適切な研削油剤を選択しなければならない．

　研削油剤はその組成をもとに，次の4種類に大別される．

　　　① 不水溶性研削油剤
　　　② エマルジョン系研削油剤
　　　③ ソリューブル系研削油剤
　　　④ ソリューション系研削油剤

表3.4には，上に挙げた4種類の研削油剤についてその作用と効果をまとめている．また，図3.59にはそれらの組成モデルを示している．以下に，これらの研削油剤の特徴について，その要点を述べる

表3.4　研削油剤の種類と作用

研磨液の種類＼作用	基本3作用			防錆性	耐劣化性	防腐性	耐起泡性
	冷却	潤滑	洗浄				
不水溶性タイプ	△	◎	△	◎	○	○	○
エマルジョンタイプ	○	○	△	○	△	△	○
ソリューブルタイプ	◎	○	◎	○	○	△	△
ソリューションタイプ	◎	△	◎	△	◎	◎	◎

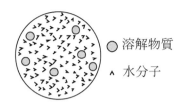
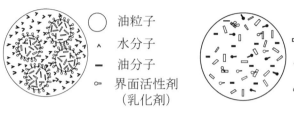
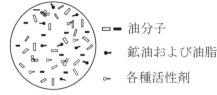

(a) ソリューション形　　　　　(b) エマルジョン系　　　　　(c) 不水溶性

図 3.59　研削油剤の組成モデル

(1) 不水溶性研削油剤(water-insoluble coolant)

不水溶性研削油剤としては鉱油（ナフテン系およびパラフィン系），動植物油など
を単体あるいは混合して用いる．この種の研削油剤は高温，高圧下でも比較的粘度
の変化がなく，浸透性も高い．特に，鉱油を基油とし動植物油を 5〜10 ％加えると
高温における濡れ性，潤滑性が向上する．不水溶性研削油剤には主として潤滑作用
を期待できるが，極圧添加剤を加えて潤滑作用をさらに増強しているのが普通であ
る．また防錆作用にも優れているが，冷却作用に関しては水溶性研削油剤に比べる
と劣っている．また臭気，腐敗による劣化，発火，作業環境の汚れなどの問題を抱
えている．砥粒加工における不水溶性研削油剤の用途は限られており，ホーニング
仕上げなどの分野において灯油をベースにした低粘度の不水溶性油剤が使われて
いる．

(2) エマルジョン型水溶性研削油剤

エマルジョン系研削油剤とは，油(鉱油，脂肪油など)を乳化剤などで水中に分散さ
せた懸濁液である．この乳化粒子径が投射光を反射するに足る大きさ(ϕ 0.05〜
0.002 mm 程度)であるため，このタイプの研削油剤は不透明な溶液で，牛乳状を呈
している．

　エマルジョン系研削油剤の特長は,冷却作用と潤滑作用を兼ね備えていることで
ある．特に極圧添加剤を加えたもの(極圧エマルジョン)は，不水溶性研削油剤に匹
敵する潤滑効果を示す．原液を水で希釈して用いるが，希釈倍率を上げるほど冷却
作用は向上する．普通，希釈率 2〜5 ％とするが，粘度は水のそれとほとんど変わ
らない．このように水で希釈して用いるので，腐敗や防錆に多少の問題は残るが，
発火性(引火，ミスト，煙など)の点では比較的安全である．

(3) ソリューブル系およびソリューション系研削油剤

この 2 タイプは，共に水溶性研削油剤である．ソリューション系は無機塩類等を水
に溶解したものであり，鉱油をほとんど含まず，また添加された鉱油もその粒子径
が非常に小さく，分子イオンの分解液と見なすことができる．油剤粒子がこのよう
に小さいことから投射光を散乱なく通過させるので，希釈液は透明である．

　ソリューブル系はエマルジョン系とソリューション系の混合溶液である．したが
って両者の特徴を併せ持っており，希釈液は半透明となる．

　この両者のタイプは，

　　　　　① 冷却性に優れている

②　加工物を透視できる

③　腐敗しにくい

④　洗浄性に優れている

⑤　作業環境を比較的清潔に保てる

など多くの利点を有しており，最も汎用されている研削油剤といえる．

　しかし，ソリューション系はやや潤滑作用に劣り，ソリューブル系は気泡性に問題がある．そのためそれぞれ極圧添加剤を加えるか，界面活性剤を添加し油剤の表面張力を下げるなどして，その特性の改善を図っている．また，これらの油剤は洗浄性が良好なため手などに脱脂や皮膚炎を引き起こし，あるいは機械表面から塗料の剥離を生じさせるなどの問題点が指摘されている．

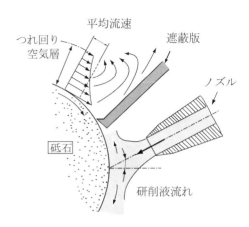

図 3.60　つれ回り空気流相と研削液の流れの干渉

c. ノズルからの研削点への研削油剤の到達過程

研削油剤の効果については，誰もが認めるところであるが，その使用に際しては供給条件など不確定影響因子の多さから，効果の再現性や信頼性には常に不安が付きまとっている．例えば，研削油剤の供給量はもちろんのこと，ノズルの形体や位置，向きなど設定条件の僅かな違いすら，その供給効果を大きく左右する．そのため合理的な研削液の供給システムを設計するには，ノズルから吐出された研削液が研削点に到達する過程を知ることが前提となる．

(1) 砥石車外周における空気流の挙動

回転中の砥石外周面は高速のつれ回り空気流層(layer of peripheral air flow around the grinding wheel)によって覆われているため，ノズルから供給された研削油剤はその空気流層によって阻まれる(図 3.60)．そのため見掛け上は研削点に向けて供給された研削油剤のうち，果たしてどの程度の量が研削点まで到達できるかが関心事となる．

　砥石外周面での空気流は，図 3.61 に示されるように 3 次元的な流れ構造である．砥石幅方向の空気流速分布は一般には両端部で速く中央部で遅い中凹状になる．一方，回転速度がさらに増大すると逆に中凸状になるのは，砥石車の回転によって生じる遠心力の増大によって多孔質構造である砥石内部から空気の吹き出しを誘起させるためであると解釈されている．

　つれ回り空気流の解析は，2 次元流れモデルによって近似的に取り扱われるのが一般である．そこでの空気流速は，砥石外周面から離れるにつれほぼ指数関数的に減少し，そのつれ回り空気流層の厚さはせいぜい数 mm 程度のものである．

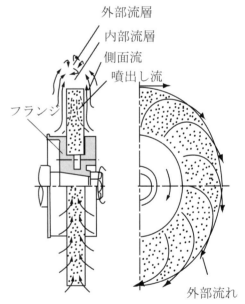

図 3.61　砥石周りの空気流構造

(2) ノズルから研削点（接触弧）に至る研削液の経路

砥石外周面のつれ回り空気流層を打ち破った研削液が接触弧内に至るには，3 つの経路が考えられる(図 3.62)．

①　供給圧によって一旦砥石内に浸透し，遠心力によって研削点に再放出される(図 3.62-A)

②　砥石表面に付着して，研削点まで到達する(図 3.62-B)

③　砥石-工作物間のくさび部から研削点へ吸い込まれる(図 3.62-C)

この中で，砥石表面への付着により研削点に到達する液量が，研削液作用の主体的

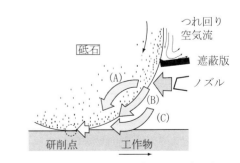

図 3.62　研削液の接触弧内への到達過程

役割を果たすものと考えられる.

(3) 研削点における研削油剤の挙動

接触弧の隙間は数十 μm にも満たない微小なものである. この狭い空間で油剤がどのような状態(液相, 気液2相あるいはミスト状)におかれているかは, いまだ想像の域を脱していないが, つれ回り空気流層を突き破ってこの接触弧内に到着した研削油剤の状態モデルを, 前掲図 3.58 に見ることができる. すなわち, 研削油剤は研削点間隙に液相で満たされ, さらに微細な砥粒亀裂内にまで浸透し, 研削熱によって膨張し切れ刃の破砕を促進させる. そして時には, 接触弧内に閉じ込められた油剤が, 接触弧に沿って進むにつれ, 研削熱によって加熱, 沸騰させられ, 2相流状態に変化する. そのため接触弧内は沸騰熱伝達の状態下におかれ, 熱伝導率が低下し, 研削焼け, 時には熱のサーマルサージ(Thermal surge)現象を引き起こすとみられている.

(4) 研削油剤の供給法と研削ノズル

通常ノズルによる研削油剤の供給方式では, 砥石車外周の高速空気流層に阻まれるため, 研削点まで油剤を十分浸潤させることは想像以上に難しいことである. そのため, 研削点まで確実に研削油剤を浸潤させることを目指して, ノズルの位置や設置角度, 各種の油剤供給方式の工夫などが試みられてきた. このようにして, 特殊設計された研削油剤の各種供給方式によって, 研削温度の冷却, 研削焼けの発生の抑制, 加工精度の向上など著しい効果の得られることも実証されている. 中でも, つれ回り空気流の遮蔽板(図 3.60 中に示す)が簡便で極めて有効な方策とされている. その他, 高圧ジェット注液法や超音波注液法など各種のアイデアに基づいて特殊設計されたノズル方式が研削加工の現場に供されている.

3・4　その他の主要な固定砥粒加工法

a. ベルト研削

ベルト研削は工具である研削(研磨)ベルトを高速回転駆動し研削を行う, 砥石に比べて比較的新しい砥粒加工法である. このための工作機械がベルト研削盤と呼ばれている[6].

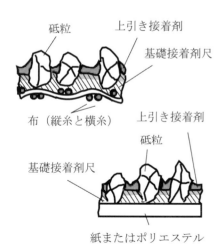

砥粒　　上引き接着剤
基礎接着剤尺
布（縦糸と横糸）　上引き接着剤
砥粒
基礎接着剤尺
紙またはポリエステル

図 3.63　研削布紙の構造

研削ベルト(abrasive belt)：研磨布紙は鋭利な砥粒切れ刃が基材面(布, 紙など)上に単層かつ垂直に接着剤(フェノール樹脂など熱硬化性合成樹脂が主体であるが, 古くはニカワのような天然接着剤が用いられた)で一様に塗装(painting)されている(図 3.63). この研磨布紙を裁断し, ベルト状に接合したものが研削(研磨)ベルトであり, スローアウェイ形砥粒工具の代表である. このような塗装砥粒工具(Coated Abrasives)はその構造上, 作業面には極めて大きなチップポケットを備えていることから目づまりしにくく, 難削材の重研削に適した利点を有している.

ベルト研削盤(belt grinder)：研削(研磨)ベルトを用いるベルト研削(研磨)盤の代表的機種としては,

　　　　　①　コンタクトホイールタイプ

② プラテンタイプ

③ スラックタイプ

④ センターレスタイプ

などが挙げられる. 古くは手磨き, ばり取りなどのための卓上ベルト研削盤(図3.64)が工場, 作業現場で広く利用されてきたが, 一方, 重研削や磨き作業の省力, 自動加工機としても活用されており, そのための専用機が多彩なのもこのベルト研削の特徴である(図3.64〜3.66).

ベルト研削盤の構造は, 図3.64〜3.66にみられるように, 次の3つの基本要素によって構成されている.

① 駆動ホイール部: コンタクトホイールとアイドラーホイール

② バックアップ支援部: バックアップホイール, プラテン, ビリーロールまたは電磁チャック

③ 工具: 研削(研磨)ベルト

研削ベルト(abrasive belt)を高速回転・走行させ, その高い研削能力と広い工具幅を利用して金属, 木材, プラスチックなど多様な材料を, 高能率に研削・研磨仕上げできるのがベルト研削(研磨)の特長である. ベルト研削加工はクールカッティングと称されているように, 重研削でも研削温度は比較的低く, ステンレスやチタン, 銅やアルミニウム合金など難削材の表面仕上げには欠くことのできない砥粒加工法である. 加工変質層は, 一般の砥石研削の十数分の一に改善されたという例も報告されている. また, ベルト研削では加工表面に圧縮残留応力の生じる傾向が強く, 引張り残留応力の発生しがちな砥石研削とは対照的である. このような圧縮残留応力特性は弾性研削工具の特徴と言われ, 機械部品の疲労強度にとって好ましいと考えられている. 航空・宇宙産業, 原子力関連などの発展と共に, 耐熱, 耐食, 耐摩耗に優れた新素材の利用が増え, 高品質かつ信頼性の高い加工面が求められるようになってきている今日, このような超難削材の仕上げ加工分野はベルト研削の活躍の場となっている. ただし, 研削性能の経時変化が大きいこと, 弾性工具であることから寸法・形状精度を保証しにくいこと, スローアウェイ研削工具であるため工具コストが高いこと, などがベルト研削の難点として挙げられる.

b. ホーニングと超仕上げ

ホーニング(honing): 中ぐり加工や内面研削, リーマ仕上げによって加工された穴内面の形状精度には, スピンドルクイルのたわみなどの影響により, 自ずとその限界がある. 主としてこのような機械加工穴の内面(時には, 円周外周面や平面にも適用)を固定砥粒工具により仕上げ研磨し, 真円度や真直度の改善を図ることを目的とするのがホーニング加工である. エンジンシリンダ内面の仕上げ加工はその代表的応用事例として知られている.

ホーニング加工の原理は図3.67に示される. ホーンと呼ばれる棒状の砥石を1個, あるいは複数個, 外周面に配置したホーニングヘッド自体が自転(回転速度V_P:20〜70 m/min)しながら軸方向に揺動(平均揺動速度V_r:5〜30 m/min)し, 穴内面を低速研磨する(平均速度10〜50 m/min). 砥石はメカニカル機構(ばね)あるいは油圧機構により加工面へ拡張加圧される. いわゆる圧力研磨方式である(砥石面圧:0.5〜3 MPa). 加工穴とツールの自動アライメント(芯合わせ)を可能とするフローテ

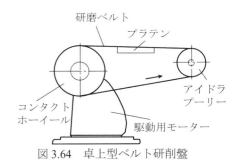

図 3.64　卓上型ベルト研削盤

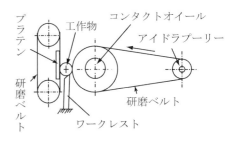

図 3.65　センターレスベルト研削盤

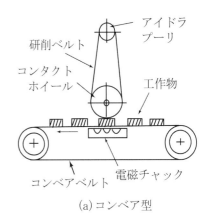

(a) コンベア型

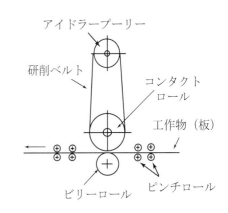

(b) ピンチロール型

図 3.66　平面ベルト研削盤

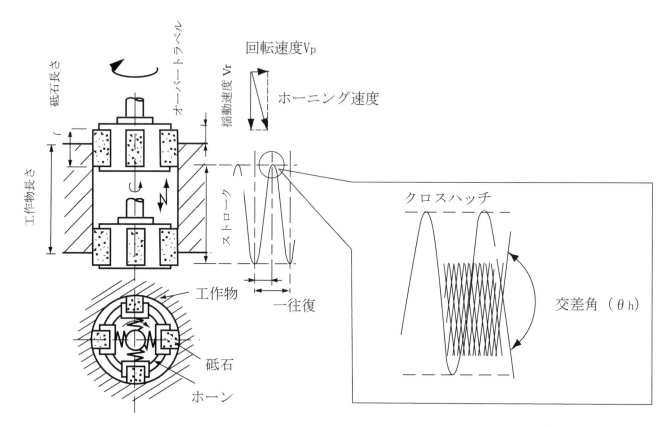

図 3.67　ホーニング加工法

ィング(浮動)構造のホーニングヘッドでは，粗さ，加工変質層，真円度の修正能力を有しているものの，真直度や円筒度の改善能力に決して多くを望めない．

　ホーニング加工により達成される仕上げ面粗さ自体はそれほど小さいものではないが，ホーンの回転と往復運動の組み合わせによるクロスハッチ(cross hatch)のテクスチャパターンが仕上げ面に形成される(図 3.67)．

　そのクロスハッチの交差角 θ_h は(3.33)式で決定される．

$$\tan\frac{\theta}{2}=\frac{V_r}{V_p} \tag{3.33}$$

クロスハッチのテクスチャパターンはオイルポケット(油溜り)として機能するなど，摺動面として有効である．研磨能率を考慮すると，クロスハッチ角 θ_h は 20°〜50°辺り($V_r/V_p \approx 1/3 \sim 1/2$)が標準的であるが，仕上げ面粗さの平滑化を図るときには，この角度をさらに大きく選ぶ．

　また，このようなホーンヘッドの連成運動は，砥石のドレッシング作用も兼ねており，切れ刃の自生を促すとされている．一方最近，ホーニング加工へのメタルボンド系超砥粒砥石の利用も増えている．

超仕上げ(super finishing)：超仕上げとは図 3.68 に示すように，超仕上げユニットなどに取り付けた超仕上げ砥石(WA，GC など，粒度♯1,200〜♯10,000)を，回転(周速 10〜50 m/min)する円筒状工作物外周に加圧(0.5〜3 MPa)し，かつ砥石に 500〜

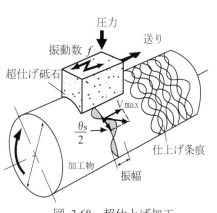

図 3.68　超仕上げ加工

1000Hz 程度の往復運動(振幅：数 mm)を付加しながら円周速度：20～100 m/min の下で仕上げ加工を施す，圧力研磨法である．その仕上げ面は微細砥粒切れ刃の調和振動軌跡の集積によって創成され，クロスハッチの最大傾斜角(3°～15°)は小さいほど，精密な仕上げ研磨となる．砥石の面圧力がボンドの強度を超えると，砥石摩耗や粗さが急増する．この臨界圧力がこの加工条件選択の１つの目安にされている．加工変質層が軽微で，方向性のない仕上げ面性状が高能率で得られることから，鏡面加工を得るための実用性の高い砥粒仕上げ法といえる．超仕上げ用砥石には，微粉の超砥粒も積極的に使用される．

c. 複合研削

砥材との化学的反応性が高い材料(チタンなど)，熱伝導性が低いため研削温度が極度に高くなりがちな耐熱金属(ステンレスなど)，高硬度・強靱性の材料(Co などが添加された工具鋼，超硬合金など)などの，いわゆる難研削材の研削加工では砥石の摩耗が激しく，そのため生産性が著しく低下するばかりか，加工品質の面でも大きな損傷を生じさせやすい．このような材料の研削には，機械的な研削作用に物理的，化学的作用を複合するのが効果的である．この複合研削の代表的な研削法が電解作用を併用する電解複合研削(図 3.69)である．この電解複合研削では電解作用により工作物を溶解除去し，表面に生成した不動体膜(酸化膜)を砥粒切れ刃が取り除き，電解作用を助長すると同時に，砥粒による機械的な切りくず形成作用も加わる複合加工法である．その原理を図 3.69 に示す．直流電圧：4～15 V，電流密度：50～150 A/cm^2 である．その他，研削速度に超音波振動などを重畳させた振動複合研削，局部電池作用を利用した電圧印加複合研削，放電作用を利用した放電複合研削などのアイデアも提案されている．

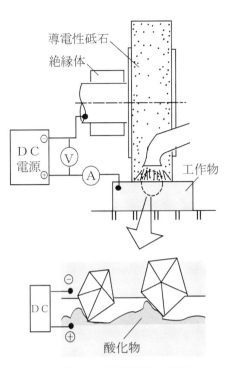

図 3.69　電解研削の原理

「演習問題」

1. Suppose you are going to finish work material by means of a file. Show some examples of work materials which can not be ground with a file and consider the reason. In the same way, discuss the grinding action of coated abrasive papers.

Hints: whether or not you can remove material with a file depends on the cutting edge of the file and whether it can cut into the material. This largely depends on the hardness of the file and the material in question. Therefore, compare the Vickers hardness of the file with that of the work material. It is also useful to refer to scratch hardness testers and touch on the measures which use the principle of indentation phenomena.

2. Suppose the surface energy of a metal material is = 100 erg/cm^2. Estimate the total surface area of the chips and the value of the grinding force based on the average area of chip surface newly generated in the grinding.

Hints: Calculate the average volume of a grinding chip, average chip length, and active cutting edge density under standard grinding condition of depth of cut, work feed grinding speed.

3. Generally, grinding is used for processing hard materials. However, it is also very useful for grinding soft non-materials (wood, plastics, rubber, etc.). Research some examples of such applications and give examples of unexpected utilization of grinding.

Hints: There are many samples of around us such as rubber rolls for a printer, grinding stones for a rice-cleaning machine and for a flour mill, and the buffed surface involved in paints or lacquer, etc…

4. Mention the grinding technology necessary for a car engine manufacturing process.

Hints: The grinding process is ordinarily required for finishing sliding portions of an engine block and the constituent elements.

(参考文献)
（1）小野浩二, 研削仕上げ　～理論とその応用～, (1962), 槇書店.
（2）谷口紀男, ナノテクノロジーの基礎と応用, (2001), 工業調査会.
（3）柴田順二・ほか 2 名, 接触面における研削抵抗分布と研削抵抗の特性, 精密機械, vol46, No.4 (1980) 395～401.
（4）穐山敏雄・ほか 2 名, 研磨液の効果的な供給法に関する研究, 精密機械, vol51, No.7 (1985) 1453～1459.
（5）Geoffrey Boothroyd, *Fundamentals of Metal Machining and Machine Tools*, McGRAW-HILL BOOK COMPANY.
（6）S.C.Salmon, *Modern gring process techinology*, (1982), McGRAW-HILL.

第 4 章

遊離砥粒加工

Loose Abrasive Process

遊離砥粒加工とは，微細な研磨材（粒径：数十 μm～数 nm）を分散させた液状，噴霧状，ペースト状スラリーなどを用いる研磨加工法の総称である．この遊離砥粒加工の双璧はラッピングとポリッシングによる仕上げ加工である．研磨の技能は三種の神器に象徴されるように古来，鏡や玉を磨く，剣を研ぐなど，文明発祥と共に始まった古い歴史を有するばかりでなく，今日でもブロックゲージ，レンズやプリズムはもとより，金型，半導体デバイスなどの製造を支える基盤加工技術の一角を担っている．現代の先端技術ではナノメートルオーダの加工精度が日常化しているが，このようなわずか数十分子層程度の加工単位の実現がいまだに，製造現場の経験やノウハウが色濃く残るこのラッピングやポリッシングの技能に頼っていることは，真に感慨深い．プロセストライボロジーの名のごとく，研磨はいわゆる摩耗現象であり，科学と技術の境界領域を占める分野といえる．

4・1　ラッピング(Lapping)
4・1・1　ラッピングスラリーとラップ工具(lapping slurry and lapping tools)

ラッピングスラリーを加工物とラップ工具のしゅう動界面に供給，介在させ，遊離状砥粒により工作物の摩耗（加工）を図るのがラッピング加工の本質である（図 4.1）．したがって，ラッピング加工を構成する 2 大要素が，ラッピングスラリーとラップ工具である．

a. ラッピングスラリー

ラッピングスラリーとは，加工液に砥材微粒子（ラップ砥材）を分散させたものである．この加工液には元来，水が用いられ，ガラス，シリコン，水晶など無機材料の研磨に供されている．しかし，水溶性スラリーを金属材料に対して適用することは，その酸化作用の理由から一般に不適とされ，そのため各種鉱物油（軽油，マシン油，スピンドル油，グリースなど）や植物油（種油など）が加工液として用いられる．更にこの加工液には各種の成分剤（界面活性剤，防錆剤，安定剤など）が添加されている．砥粒の分散濃度は濃すぎても薄すぎても研磨性能を低下させ，20～30％あたりが最適と考えられている．砥材の種類としてはダイヤモンドはもちろんのこと，酸化アルミニウム，炭化ケイ素などの一般砥材に加え，硬度はかなり低いものの酸化鉄（ベンガラ）や酸化クロム，シリカ（ケイ酸），酸化セリウム，酸化マグネシウムなどの人造砥材が常用されている．さらにガーネット，エメリーなど低硬度の天然砥材が，鏡面仕上げ用として使用されることもある．粗研磨は 200 ＃～

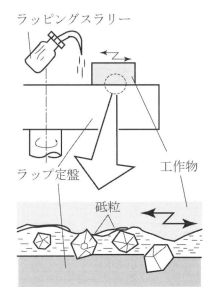

図 4.1　ラッピング機構モデル

400♯，中仕上げ研磨であれば 400♯～800♯，上仕上げ研磨なら 900♯～あたりが粒度選定にとって一つの目安である．

b. ラップ工具とラッピング加工法

ラッピング研磨法は，ラップ工具の形態によって次の 2 つのタイプに大別される．

①手ラッピング

図 4.2　手ラッピング

手(ハンド)ラッピングの起源は磨製石器にさかのぼることができるように，人類が手にした加工技術の原点であり，近代工業技術としてはヨハンソンによるブロックゲージの研磨に始まる．この手ラッピングによる研磨技術には高度の熟練を要し，今日でも，平面や円筒内外面の仕上げに，あるいは刃物や宝石，装身具などの研磨にこの技能が受け継がれている．手ラッピングでは，加工面に馴染みやすい軟質のラップ用具（材質として金属：鋳鉄，軟鋼，真ちゅう，銅，青銅，鉛，すずなど，あるいは組織が比較的ち密な木材：柳，桐，柘植，朴，木炭，竹など）に加工物を押し当て，しゅう動させ，介在する遊離状砥粒によって，加工面上の凸部から選択的に除去するのがその研磨機構である．平面の仕上げにはラップ工具として，300～1000 rpm で回転する鋳鉄円盤（ラップ定盤）を用いることで作業能率を高めている（図 4.2）．手ラッピング作業では，工作物を持つ手の温度が仕上面の平坦度精度に影響すると言われるほど過敏であり，熱の不導体（木材など）などを介して工作物を把持するなどの配慮が払われる．

この手作業によるラッピング動作を電動，空圧，超音波などによる回転や振動・揺動運動で代替した各種の手ラッピング工具が普及し，手ラッピング作業の能率向上に貢献しており，金型の仕上げ研磨作業などには欠くことのできないものとなっている．

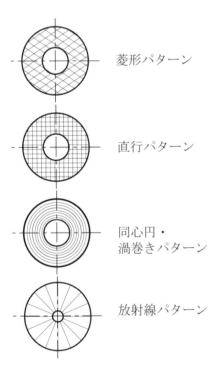

菱形パターン

直行パターン

同心円・
渦巻きパターン

放射線パターン

図 4.3　ラップ盤の各種溝パターン

②機械ラッピング

機械ラッピングでは，ラップ工具として直径 ϕ250 mm～2 m の円盤（ラップ定盤）が用いられるが，その平坦度の加工性，保持性，修正の容易さが求められることから，軟質金属（鋳鉄，すず，銅，黄銅，青銅，アルミニウム，軟鋼など）や樹脂（天然：ピッチ，蜜ろう，パラフィンなど，合成：硬質ポリウレタン，テフロン，塩化ビニルなど）が利用される場合が多い．ラッピング特性もまた，ラップ定盤の材質に大きく依存する．ラップ定盤にとって最も一般的な素材は鋳鉄（主に球状黒鉛鋳鉄）である．その理由は，加工中にカーボン（黒鉛）がラップ定盤の作業面から遊離し，潤滑効果を高め，仕上げ面の平滑作用に益するためとされている．また，ラッピングスラリーの供給効果と切りくず排出効果を促進する目的で，多様な形態の溝がラップ定盤表面に刻まれている（図 4.3）．

ラッピング速度は，研削速度に比べ遥かに低速度である（2～100 m/min）．ラッピング圧力は 5～100 kPa（0.5～10 kgf/cm^2）が一般的である．

機械ラッピングの用途として，シリコンウエハの研磨がよく知られている．ここではラップ定盤の回転，工作物の回転・揺動運動，工作物の搬送などす

べて機械化したウエハ自動ラップ盤がこの量産化を可能とし，今日の半導体生産を支える要となっている．しかしラップ定盤への平坦度の付与とその維持をはじめ，砥材，粒径，さらにラッピングスラリーなどの選択を含む研磨条件の選定がこの技術のキーポイントであるにもかかわらず，その選択基準などが，いまだ合理的に十分体系化できているわけではない．またラッピングのオペレーションにも，熟練と経験がものをいう，いまだ技能に依存する度合いの極めて高い加工技術である．

4・1・2　機械ラッピングの原理(principle of mechanical lapping)

a.　ラップ盤の構造

ラッピング作業を完全に自動化し，高い加工精度の生産を目的に工業的に利用されているのがラップ盤(lapping machine)である．その加工精度を生み出す基本原理は，機械の運動精度が工作物に転写されるという母性原理タイプの研削盤とは異なり，ラップ定盤の形状精度を加工物へ圧力転写するメカニズムである．そのため機械ラッピングの対応できる加工形状は平面，円筒，球面，円錐などの回転軸対称形体に限られる．しかし，これらの究極の幾何形状精度を選択原理という自然摂理の下で創成できることから，この機械ラッピングが果たす工学的意義は大きい．

　ラップ盤には特別複雑な運動機構を要せず，その構造はいたって単純である．すなわち，ラップ盤の主体は立型で，ラップ定盤とその回転駆動系からなり，工作物に所定のラップ圧力を与えるのにはおもり(両面ラップ盤では，上ラップ定盤がこれに相当)が基本である．特殊な構造として，心無しラップ盤などがある．

　立型平面ラップ盤には，次の2機種がある．

①片面ラップ盤

片面ラップ盤の基本構成は,回転する1枚のラップ定盤,工作物の加圧機構,工作物の保持具(摩耗リングなど)からなる(図 4.4)．加工面はラップ定盤上におもりで加圧され，回転・揺動されながら研磨スラリーを介して研磨作用を受け，それと同時に，ラップ定盤の平坦度も加工面に転写される．加工中，工作物がラップ定盤上の位置(中心距離)を移動するに伴い，両者の接触時間やラッピング速度が変化するためラップ定盤が偏摩耗し，その平坦度が次第に低下する．したがってラッピングでは作業の合間に，ラップ定盤の平坦度の修正を適宜，行わなければならない．ラップ定盤の素材として比較的軟らかい材質が用いられるのは，一つにはこの修正を容易にする意味もある．しかし逆に，硬度の高い材質によってその摩耗量を抑制し，基準面(ラップ定盤の平坦度)の保持性を上げるのも一策であり，ミーハナイト鋳鉄やパーライト鋳鉄，時にはセラミックスのような比較的硬い，耐摩耗性に優れた材料を採用する選択肢もある．さらに，ラップ定盤の全面に渡る工作物との一様なしゅう動によってその摩耗量の均一化を図り，その基準面を維持するよう努めることもラッピング作業の常識である．ラップ定盤全面に対する工作物の一様なしゅう動運動軌跡を創成するために，工作物に自転・公転運動を与える

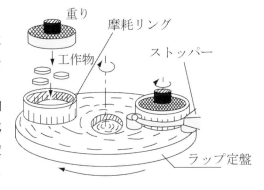

図 4.4　片面ラップ盤の構成

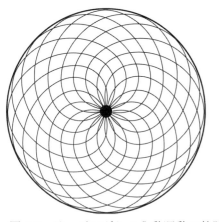

図 4.5　ラッピングしゅう動運動の軌跡

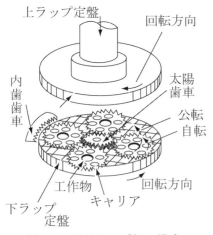

図 4.6　両面ラップ盤の構成

メカニズムに種々の工夫が凝らされている．代表的なこの軌跡パターンはトロコイドカーブの集合である(図 4.5)．このように一見，何気ないように見える工作物の配置，遊星歯車機構あるいは偏心運動機構によるしゅう動運動軌跡パターンの設計なども，ラッピング加工の加工特性にとって極めて重要な意義を持っている．ラッピングによる仕上げ面粗さ条こんのランダムな方向性は，このような研磨軌跡パターンによってもたらされる．工作物の駆動様式から分類すると，片面ラップ盤には次のような機種が普及している．

　　　A．ラップマスター方式(修正リング公転型)
　　　B．オスカー方式(偏心揺動型)

工作物の外周に摩耗(修正)リング(修正円板で代替するときもある)を配して，ラップ定盤の平坦度を加工中に修正することができるのも，片面ラップ盤の特長である．

②両面ラップ盤

両面ラップ盤では，互いに逆方向に回転する上下 2 枚のラップ定盤(上ラップ定盤：回転駆動，下ラップ定盤：自由または逆回転駆動)の間に，おもり，あるいは空圧により工作物を加圧し，回転・揺動の組合せによって遊星運動させ，両面を同時に研磨する (図 4.6)．この代表機種であるホフマン方式や 3 ウェイ方式は，シリコンウエハの両面ラッピングなどで重用されている．

　汎用型として最も普及しているのが上に述べた立型平面ラップ盤であるが，ラップ定盤に V 溝を付けたり，治具(ホルダ)を工夫することによって，円筒面や球面体の研磨にも対応できる．

　その他のラップ盤として対象とする加工物の形態に応じた，次のような各種の専用タイプが利用されている．

　　　・球面ラップ盤
　　　・センタ穴ラップ盤
　　　・鋼球ラップ盤
　　　・歯車ラップ盤

b. ラッピング機構

ラッピング加工は用いられる研磨剤の状態に応じて，次のような 2 つのタイプに大別される．これらの特徴は，表 4.1 に対比されて示される．

表 4.1　ラッピングの分類と特徴

特性 ＼ 方式	ラッピング		固定砥粒 ラッピング
	湿式	乾式	
ラッピングスラリー	研磨剤を分散したスラリーを使用する	研磨剤のみ散布，溶液を使用しない	水
ラッピング機構	遊離状の砥粒の転がりによる摩耗作用	ラップ定盤に埋め込まれた砥粒による擦過作用	固定砥粒によるマイクロ切削作用
加工量	乾式に比べ大きい	湿式に比べ 1/10 以下	研磨加工法の中では最も大きい
仕上面性状	無光沢、梨地仕上げ	光沢、鏡面仕上げ	平滑仕上げ
用途	一般のラッピング仕上げ	精密部品の仕上げ	粗および中仕上げ

　　　　　湿式法：砥粒を分散した液状スラリーを，研磨点に供給する．
　　　　　乾式法：砥粒を粉体粒状のままラップ定盤面に加工に先立って散
　　　　　　　　　布し砥材をあらかじめラップ定盤に埋め込む．

　上記いずれの方式においてもラッピングの加工現象は，工作物とラップ定
盤の間に介在する砥粒の干渉による機械的，物理的，化学的な作用の単独，
あるいは複合したものである．しかしこの砥粒のミクロな挙動を直接観察す
ることは難しく，ラッピング加工現象の理屈は多分に推測の域を出ていない．
研磨作用の本質が摩耗現象であるとすれば，ラッピングもその機構において，
次のような摩耗作用の複合現象と考えられる．

　　　① 引っかき・転がり(abrasion)
　　　② 凝着(adhesion)
　　　③ 摩擦による溶融と塑性流動 (welding and plastic flow)
　　　④ 酸化などの化学反応(tribo-chemical)

ラッピング機構について，まずその機械的作用の視点から眺めて見ることに
する．ラッピング機構の機械的作用としては，図 4.7 のような引っかき・転
がりモデルが想定されている．研磨量が砥粒粒径に比例すること，砥材硬度
が工作物硬度のおよそ 1.3 倍を越えるあたりからやはり研磨量が急増するこ
と(図 4.8，領域Ⅲ)，などの一般的ラッピング特性から判断して，このラッピ
ングモデル(図 4.7)は十分妥当なものと考えられる．すなわち，砥粒粒子はラ
ップ定盤と加工面間の狭隙において，引っかきと転がりという 2 つの力学的
作用を通じて工作物との干渉部を変形，破壊し，切りくず(chip)を生成する．
ここで，砥粒の転がりは主として湿式ラッピングにおいて生じるもので，仕
上げ面には転動きずによる梨地面が形成される．これに対して，ラップ定盤
の表面に埋込まれた砥粒による引っかき作用は，乾式ラッピングを支配する
作用機構となる．事実，乾式ラッピングによる仕上げ面は，微細なスクラッ
チの集合であり，光沢面となる．ラッピングにおいてこの機械的研磨作用を
助長し，工作物との面当たり(馴染み)を容易にし，研磨傷を抑止，緩和する
意味においても，ラップ定盤の硬度と工作物硬度の間に，「工作物硬度 $H_M \geq$
ラップ定盤の硬度 H_A」の関係が成立することが望ましい．しかし，ラップ
定盤にとって硬度が全てでないのは当然である．例えば，すずラップ定盤の
優れたラッピング性能に見られるように，ラップ定盤の材質自体もラッピン
グ特性にとって極めて大きな要因となっている．

　砥材と工作物材質間の結合力や親和性，あるいは化学反応なども，摩擦熱
によって活性化されるためラッピング工程においては，この作用がむしろ主
体となり，そこでは「工作物硬度 $H_M \geq$ 砥粒硬度 H_A」の下でも研磨が進行す
る(図 4.8，領域Ⅰ)．レンズのラッピング加工に CeO_2（酸化セリウム）や
SiO_2(シリカ)が賞用されるのはこのためである．

c.　ラッピングの研磨量特性

ラッピングにおける砥材硬度と研磨量の関係には，常に強い相関が現れると
は限らない．むしろ，その研磨量特性はスラリーへのわずかの添加剤によっ

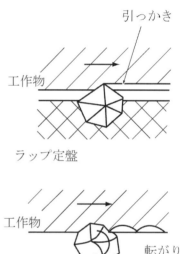

図 4.7　ラップ材による加工機構モデル

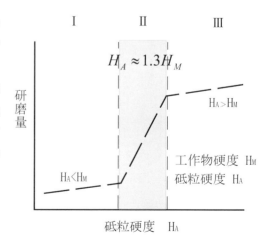

図 4.8　砥粒硬度と研磨量の関係

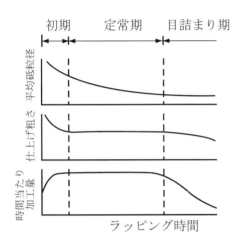

図 4.9　ラッピング特性の典型的な
経時変化モデル

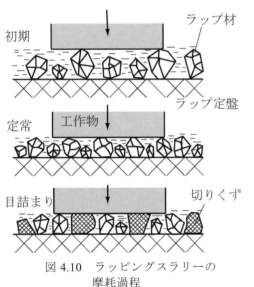

図 4.10　ラッピングスラリーの
摩耗過程

てもかなり左右されることが知られている．このことは，転がりおよび引っかきのような機械的作用に加えて，物理的・化学的作用およびそれらの相乗効果，あるいはそれ以外の不確定な因子がラッピング作用にとって大きな役割を果たしていることを示唆している．しかし，その定量評価が十分なされているわけではない．

　ラッピングの研磨量 w_G に関しては，Amontons－Coulomb の摩耗の公理「圧力 P_a ×摩擦距離 L ∝ 摩耗量 w_G」，および同義の Holm の法則(Holm's law)(摩耗量の経験則)や Preston の法則(Preston's law)(ポリッシング研磨量に関する実験式)の成立することが知られている．そして，その比例定数 H は「摩耗量‐圧力比」あるいは「比摩耗量」と呼ばれている．すなわち式(7.1)が成立する．

$$w_G = H \cdot P_a \cdot L \tag{7.1}$$

　ラッピング特性は作業時間の経過と共に，著しく変化する(図 4.9)．その主たる原因は，ラップ材の摩耗である．すなわち，スラリー中の砥粒はラッピング作用につれて粉砕された結果(図 4.10)，切りくずも加工面に混在する．そして，スラリーがこのように劣化するにつれ，そのラッピング能力を失うこととなる．したがって加工能率の低下やスクラッチ防止を考えた時，ラッピングスラリーを使い捨てるのが望ましいが，経済的制約もあって所定の期間の循環リサイクルを余儀なくされる．ただし，蒸発や飛散による消耗もあり，新しいラッピングスラリーの補給が継続的に，あるいは所定の間隔で逐次行われなければならない．

d.　ラッピングの加工精度

(1)　仕上面粗さ

完全平滑な表面を創成することが，ラッピング加工における第一の目標である．

　湿式ラッピングによる仕上げ面粗さは，ラップ剤の粒度にかなり強く依存する．一般論では，ラップ砥材の粒度が細く，そしてラップ圧力を小さくするほど仕上げ面粗さは平滑化すること，ラッピング時間の経過に伴い砥粒の粉砕効果によって仕上げ面粗さの向上すること(図 4.9)などは，ラッピングによる仕上げ面特性としてよく知られている．ラッピングによる鏡面研磨は，粒度 1500♯ 前後より可能となる．しかしラッピングが最終研磨工程の領域に入ると，砥材粒度と仕上げ面粗さの間に相関が見えにくくなる．この点，砥粒形状や粒度分布パターンが仕上げ面に転写される研削加工とは著しく異なっており．むしろ砥材の種類や作業条件による影響が仕上げ面粗さに対して目立ってくる．

　乾式ラッピングによる仕上げ面は湿式ラッピングに比べ，その粗さ自体は良好である．また，湿式では無光沢な梨地面を呈するのに対し，乾式による仕上げ面粗さは微細で，光沢鏡面が得られる．

(2) 形状精度

機械ラッピングにおける形状精度の創成原理は，ラップ定盤(基準面)の加工面への圧力転写原理に基づいている．したがって例えば，長さや平面の基準器であるブロックゲージやオプティカルフラットの平面度：0.1～0.2 μm，産業の米と言われるシリコンウエハの平面度：1～2 μm，のような高い形状精度の要求数値に対し，それより上位の形状精度をラップ定盤にあらかじめ付与しなければならない．3枚すり合わせ(whitworth)による基準用ラップ定盤の創成原理は自然摂理への順応であり，技能(キサゲ)による完全平面の確保にとって必須の技術である．なおラッピング加工時間と共に，ラップ定盤の偏摩耗は避けられず，その初期精度の維持，管理にも細心の配慮が必要である．そのため，現実のラッピング作業では工作物の配置や運動軌跡の調整，しゅう動距離の一様化，回転と往復運動を組み合わせたしゅう動軌跡パターンなどを考慮し，ラップ定盤の精度劣化を極力抑制するよう努めなければならない．摩耗リング(図 4.4)の機能は，ラップ定盤の摩耗を均一化することによってその平坦度維持，劣化の抑制を図ることにある．また，工作物や摩耗リングに重りや自重により負荷を与える重力加圧方式は，接触面圧の一様化を図るための自然摂理に適っており，その意味ではバネや油空圧などの加圧機構は先進技術的ではあるが，決して好ましいものではない．

4・1・3 固定砥粒ラッピング(lapping with fixed abrasives)

固定砥粒ラッピング(lapping with fixed abrasives)とは，ボンド型の砥粒工具をラップ定盤として用いる研磨法である．そのための砥粒工具として，ダイヤモンドペレットをはじめ，微細研磨材粒子を軟らかい結合材で成形したペレット状砥石や油砥石，可溶性ボンドで固めたスポンジ状多孔質組織の PVA 砥石などが挙げられる(表 4.2)．

表 4.2 砥石ラッピング用研磨工具

工具形態／ボンド材質	砥石・セグメント・ペレット・ステック	シート・ロール・ベルト
無機質	ビトリファイド 砥石 シリケート 砥石 マグネシア 砥石 シェラック 砥石	
有機質 ［天然樹脂 人造樹脂］	液体ボンド砥石 カシュー(殻液)ボンド砥石 ラ バ ー 砥石 PVA 砥石 セラミックボンド(無機長繊維+熱硬化樹脂) 砥石	ラッピングフィルム ［静電塗装 タイプ ロール 塗装タイプ 混練成形 タイプ］ 研磨布紙(レジノイド、グルー)
金属	DIAMOND 、 CBN ； 電着 砥石 CVD 砥石 メタルボンド 砥石	DIAMOND、CBN ； 電鋳 シート 電着 シート

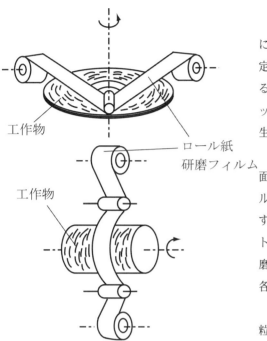

図4.11　研磨フィルムによる研磨仕上げ

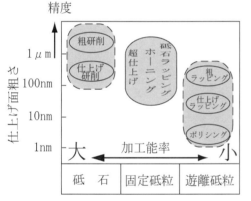

図4.12　砥粒工具の種類と
仕上げ面粗さ

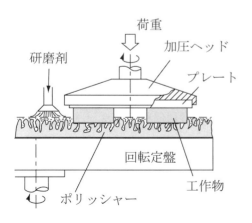

図4.13　片面ポリッシングの概念図

　この研磨方法にとっては天然砥石も捨て難く，アルカンサス砥石などは特に珍重されている．ただし，固定砥粒ラッピングは俗称であり，この正確な定義が規定されているわけではない．固定砥粒ラッピングは研磨機構からみると本来，ホーニングに属するべきものであろうが，ホーニングを越えてラッピングに比肩する高い加工面精度を志向することへの期待が，この呼称を生んだといえる．

　コーテッドアブレシブ(coated abrasive)；微細研磨材粒子を紙や綿布基材表面に塗装した研磨布紙，ポリエステルフィルムを基材としたラッピングフィルムなど)を用いるいわゆるフィルムラッピングも固定砥粒ラッピングに属する比較的新しい研磨技術である．可とう性，形態の多様性(ロール状，シート状，ディスク状)などこの研磨工具の特徴によって，特に曲面の専用自動研磨装置に活用されている(図4.11)．磁気ヘッド，クランクシャフト，カム，各種ロール，光ファイバーフェルールなどの研磨がその代表的事例である．

　固定砥粒ラッピングによる仕上げ面粗さは，一般的には研削砥石と遊離砥粒ラッピング・ポリッシングの中間に位置付けられている(図4.12)．固定砥粒ラッピングではその磨き目が干渉顕微鏡などにより容易に判別できることから，主として引っかきによる研磨作用であることが推察できる．このように固定砥粒ラッピングでは粒度番号に対応したサイズの砥粒切れ刃が加工面粗さへ転写生成されることから，各工具粒度に対応した仕上げ面あらさの下限界が存在することを示唆している(後出図5.13)．固定砥粒ラッピングで達成可能な仕上げ面粗さ下限の目安は，0.1〜0.3 μm R_z 程度である．それ以下の仕上げ面粗さを得るには,遊離砥粒による磨き工程に頼るのが普通である．

4・2　ポリッシング(polishing)
4・2・1　ポリッシングの原理(principle of polishing)

仕上げ工程の最後に加工面に光沢やつや出しなどを加え，製品の最終表面性状を決定するのがポリッシング加工の役割である．代表的な片面ポリッシング盤の構成を図4.13に示す．ここでは低速回転する軟質の各種パッド(ポリシャ：ポリウレタンやフッ素樹脂などの発砲体，セーム皮や人工皮革，織布，ポリエステルなどの不織布など)に工作物を押当て，そこに液状研磨剤の形で微細粒度(1 μm以下)砥材を供給し，ポリシャの柔軟な支持・擦掃作用により仕上げ研磨が行われる(図4.15)．ラップ定盤とは対照的に軟らかいポリシャを媒体としたこの種の磨き作用は，取り代の除去というよりは，鏡面化あるいは加工面表層のテクスチャーや材料組織を調整，操作するような役割を担っており，機械的な粗さ創成機構とはかなり趣を異にする．すなわち以下に示すように，ここでの加工メカニズムでは引っかきや転がり，衝突などの力学的作用に代わって，摩擦熱による材料の物理的挙動(材料の熱軟化や塑性流動など)，化学的な凝着作用や固相反応，電気・化学的な溶出作用などが支配的となり，さらにはこれらの交互作用も重畳する．

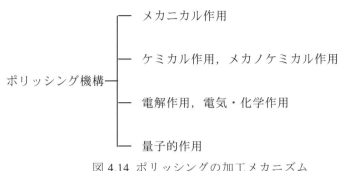

図 4.14　ポリッシングの加工メカニズム

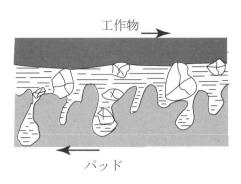

図 4.15　多孔パッドによるポリッシング
機構モデル

　このように，ポリッシング機構は多くの特定しがたい要因の複合作用に支
配されており，その研磨特性の科学的理解にはかなりの難しさが付きまとっ
ている．例えば，ハイテクの代表である LSI(Large Scale Integrated Circuit)の
製造に欠かせない CMP(Chemical-Mechanical Polishing)はポリッシングの典型
的な応用技術であるにもかかわらず，未だに現象論的技術対応が色濃く残っ
ているのはこのような理由からである．

4・2・2　加工条件と加工特性(lapping conditions and lapping characteristics)

砥材の種類をまず取り上げて見ると，常用される人造砥材(酸化アルミニウム，
酸化ジルコニウム，酸化クロム，酸化セリウム，酸化ケイ素など)に加えて，
酸化鉄(ベンガラ)やトリポリ，ガーネット，フリント，エメリー，貝殻粉な
ど硬度ではかなり劣る，いわゆる磨き専用の天然砥材も磨き・艶出しに大い
に賞用されているなど，その種類は多彩である．またセラミックスや金型磨
きなどにとってダイヤモンド砥材が必須であり，その粒径は，十数 μm ～サ
ブ μm と広範囲に及んでいる．ポリッシング加工では，これら砥材材質，粒
径に加え，油脂や添加剤，各種ポリシャ(発砲ポリウレタン，布，フェルトな
ど)の選定いかんがその成否の鍵であり，そのような加工条件の標準化はポリ
ッシングの自動化，機械化の展開に向けて，斯界の懸案となっている(表 4.3).

表 4.3　ポリッシングで一般的に利用されている砥粒およびポリシャとその組み合わせ

砥粒	ポリシャ	適用される工作物材料
酸化アルミニウム 酸化クロム 酸化鉄(ベンガラ)	合成樹脂(ポリウレタン、PMMA など) 繊維(織布：ナイロン、綿.不織布：フェルトなど)、天然皮革(セーム皮)	金属
酸化セリウム 酸化珪素(シリカ) 酸化鉄(ベンガラ)	天然樹脂(ピッチ、タールなど) 合成樹脂(硬質気泡ポリウレタンなど)	光学ガラス Si ウエハ
酸化珪素 酸化ジルコニウム ダイヤモンド	合成樹脂(発泡ポリウレタン、テフロンなど)、不織布繊維(ウレタン樹脂含浸ポリエステル繊維など)	半導体材料 ファインセラミックス

例えばシリコンウエハのポリッシングについてその具体的数値例を示すと，
ポリッシング速度：十～十数 m/min ，ポリッシング圧力：1～8 N/cm^2，ポ
リッシング能率：0.1～1 μm/min　の下で,表面粗さ：数十 Å を達成している.

剛体の支持プレート(ラップ定盤)を用いるラッピングに対して，ポリッシングでは加工面が柔軟なパッド材を介して砥材と弾性的に接触することから，平滑な表面の創成，特に曲面の仕上げにも有効である．しかし，この支持パッドの柔軟性が逆に，前加工された形状・寸法精度の維持・改善を難しくし，うねりや端面ダレの発生を助長するという二律背反の加工特性を有している．そのため，ポリッシングに入るための前工程で，工作物の形状・寸法精度を確保し，ポリッシング工程では表面品質の付与のみを目指すのが定石である．もしこれが不適切な場合には，ポリッシング工程の負担を増し，その能率低下を招き，所定の表面品質を得ることもできないばかりか，せっかく確保しておいた形状・寸法精度を崩してしまう結果を招くことになる．

4・3　その他の主要な研磨法(other main polishing methods)

a. バフ研磨

バフ研磨(buffing)ではポリシングパッドに代えて，軟質のバフ車(木綿布，麻布，サイザル麻布やフェルトなどの素材を積層して縫い綴じ，あるいは繊維で補強したもの；①ばら(オープン)バフ，②とじバフ，③バイアスバフ，などがある)と呼ばれる馴染み性に富む円盤状に成形した布基材(図 4.16)を支持体としている．研磨剤はコンパウンド(compound)と呼ばれる固体研磨剤である．砥材(標準的な人造砥材の他，酸化クロムやコランダム，エメリー，ベンガラなどの天然砥材が推奨されている)を油脂(獣脂，ステアリン酸，ワックス，鉱物油など)によって固め，棒状に成形したものであり，古くから研磨現場で馴染み深い青棒，赤棒などはこの種のバフ研磨剤である．まず作業に先立ちバフにコンパウンドを塗りつけ，2〜3 mm の深さまで研磨剤油脂を含侵，付着させることによってバフに研磨能力を与える．当然，研磨時間の経過と共にバフ面の研磨剤は次第に消耗し，その研磨能力が低下する．したがって適宜，コンパウンドを手持ちで押当て，または自動塗布装置で定期的(10〜20秒間隔が標準)に補充して，その研磨能力の回復を図らなければならない．

バフ盤は軸端にバフ車を取付け，これをモーターで高速回転させるという簡単な構造である．一方工作物は手持ちで行う手作業が主体となるが，ジグやテーブルなどの押付け機構を備えた自動バフ盤も活用されている．砥粒を加工液に分散させた液状のバフ剤をスプレーガンなどで供給する液体バフ仕上げも，研磨仕上げの自動化のために貢献している．バフによる研磨速度はラッピングやポリッシングに比べかなり高速(1500〜3000 m/min)である．

バフ研磨は，各種の軟質材料(銅合金，アルミニウム，ステンレス，チタン合金，鉄およびその合金，合成樹脂など)部品の表面研磨，メッキ面などの光沢・艶出しなどが主たる用途である．バフ研磨特性にとって，バフ車基材の柔軟さ(腰の強さ)が重要な作業因子であり，粗，中，上仕上げそれぞれの加工目的に対応して調節される．バフ車の腰の強さには繊維材質やその織り，補強，重量(遠心力)などが関わり，その選択には経験に頼るところが多い．角・端面のだれや仕上げ面のうねりを生じ易いなど，形状精度を崩しやすいという磨き加工特有の欠点は免れない．

図 4.16　オープンサイザルバフ

b. バレル研磨

かくはん容器(バレル(barrel))に，工作物，砥材(バレルメディア)，コンパウンド，加工液を一緒に挿入し，低速度で長時間(数時間～数十時間)回転させる(図 4.17)．このバレル内でのかくはん運動によって工作物と砥材の衝突，相互擦掃が生じ，工作物のばり，スケールなどが最初に除かれる．さらにこのかくはん運動の継続によって，工作物の角部(edge)の丸み付け(rounding)や表面平滑化によって仕上げ磨きが進行する．このようなバレル研磨は，多彩な材質(金属，ガラス，プラスチックス，木材など)に適用でき，小物で複雑かつ多様な寸法・形状の工作物の自動・量産研磨に適した仕上げ加工法である．

図 4.17　傾斜型バレル研磨機

メディア(media)：　遊離状態の砥粒，無定形あるいは多様な形状(多角形，円筒，球，他)に成形された砥石(粒度 80～400♯)，天然石塊(花こう岩，砂岩，石灰岩，石英など)，砂，ショット(金属球)，天然有機質(木材やおがくず，竹，胡桃の殻)，プラスチックなどがバレルメディアとして供される．容器内の体積混合比は，メディア：工作物＝3：1～6：1である．

コンパウンド：　水(錆などの懸念から硬水は不可)や水溶液の他，軽油，グリセリン，乳化剤なども利用される．潤滑作用，衝突に対する緩衝性，洗浄性などの効果が期待される．仕上げの加工目的に応じて，コンパウンドの pH(酸性，中性，アルカリ性)を使い分ける．

バレル：　バレル研磨機の種類(回転バレル，振動バレル，遠心バレル，流動バレルなど)に応じて，バレルの形体は異なる．回転バレルは一般に多角形(6～12 角)であるが，丸形もある．バレル内部には加工物相互の衝突を避けるための隔壁が設けられている．バレル内部での工作物の運動は図 4.18 に見るように，①→②→③→④のプロセスを経る．この研磨運動のプロセスを理想的に行わせるうえで，バレルの容積に対する内容物の比率(充填比)が重要である．

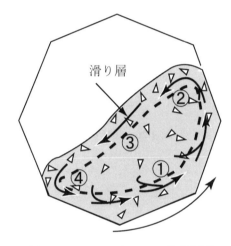

図 4.18　バレル内での工作物運動モデル

c. 噴射加工

(1) ブラスト(blasting)と液体ホーニング(liquid honing)

噴射ノズルからガス(空気)に乗せて噴射(噴射速度：30～120 m/sec)される微粒子砥材を加工面に衝突させ，この力学的な衝突エネルギーにより，切断(アブレシブジェットカッティング)や表面研磨，研掃(砂落としやスケール除去)，ばり取り，クリーニング，メッキの下地加工，梨地仕上げなどの表面加工を行うのがサンドブラスト(sand blast)である(図 4.19)．マスキングによって彫刻，模様付けにも応用できる．ガラス，シリコン，ゲルマニウム，セラミックスのような硬脆材料の加工において，その威力を発揮する．砥材に代えてショット(微小な硬球やガラスビーズ)やグリッド(ショットを粉砕)を利用する場合もある(ショットピーニング(shot peening))．

　昨今はパウダービーム(powder beam)加工機が開発され，ドライエッチング(dry etching)など微細加工へ応用できるまでこの加工技術は発展している．こ

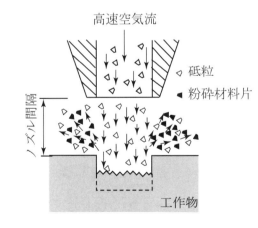

図 4.19　サンドブラストの加工機構

こでは，ノズルからビーム噴出される平均粒径が数μmのセラミックス微粒子(パウダー)を数十g/min，噴射速度 100～200 m/sec で加工面に衝突させ，マイクロメートルオーダの精密加工を実現する．このパウダービームはイオンビームエッチングに比べ，数十～数百倍の加工能力を有している．

　これに対し，噴射ノズルから放出する高速液体流に乗せた砥材を加工面に衝突させ，その衝撃力により加工を行うのが液体ホーニングである．加工液による切りくず等の洗浄作業を同時に行うことができる．噴射速度は 300～1000 m/min である．微粉砥材(粒度 3000♯)を用いることによって，平滑な梨地面を創成できる．複雑な形状を有する工作物表面の平滑研磨に特に有効である．0.1～1 mm の細かいノズルから高圧(200～400 MPa)で研磨材を混合した水を噴射して切断加工を行うアブレシブジェット加工(abrasive water jet machining)もこの種の加工法に属している．

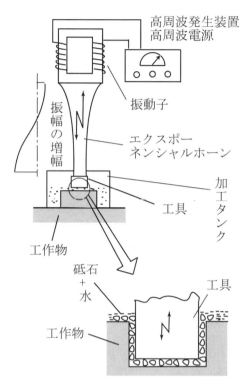

図 4.20　超音波加工の原理

(2) 超音波加工とワイヤ切断加工

超音波加工(ultrasonic machining)；　高周波発生装置により生じた高周波電源(20～30 KC)を磁歪コイル部に入力し，発生した機械的な振動振幅を振動子(円錐や指数曲線形状のホーン)によって増幅する(振幅；数十μm)．この振動子(ホーン)の先端と工作面との隙間にスラリーを供給することによって，そこに介在させた砥粒(200～600♯)が工作面を叩き，この衝撃力で物体を微量ずつ破砕，除去して行くのが超音波加工の原理である(図 4.20)．加工速度は，50～200 mm³/min である．スラリーはポンプによって循環される．硬脆物質(ガラス，シリコン，サファイア，カーボン，セラミックスなど)の穴あけ，溝加工，座ぐりや模様の彫刻などに応用されている．

ワイヤ切断加工(wire sawing process)；　高速(200 m/min)で走行するピアノ線(径：φ0.2 mm 前後)を工作物に押付け，接触点にスラリー状の遊離砥粒を供給し，この砥粒の転がりや引っかき作用により切断加工する．加工能率にやや難はあるが，大口径のシリコンインゴットなど硬脆材料の切断に活用されている．

　ダイヤモンド砥粒をニッケル電着やレジノイドボンドでコーティングしたダイヤモンドワイヤによるワイヤ切断加工法が開発されている．このダイヤモンドワイヤによる切断(ワイヤカット)は，加工速度に優れている．

(3) EEM とフロートポリッシング

EEM(elastic emission machining)；　加工部を動圧軸受け状態になして微細研磨材(0.1～0.01 μm)を分散させたスラリーを高速流動させる．流動スラリーと加工面の界面において，研磨材の工作物面との偶発的な衝突あるいは化学結合を期待することによって，砥材粒子の運動量を物質の破壊に利用するのがEEM(図 4.21)である．物質の破壊は分子レベルの弾性破壊となることから，加工単位は分子・原子オーダとなり，機械的な加工法としては究極の物質除去単位(切りくずの大きさ．加工の分解能とも言える)が可能となる．また，無じょう乱な加工面が得られるとされている．スラリーの流動は高速回転す

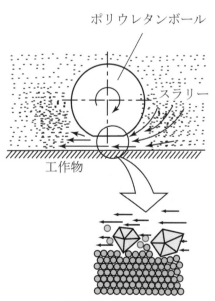

図 4.21　EEM の原理

るボール状の弾性工具(ウレタンボールなど)を NC によって加工面を走査させることによって実現されている.

フロートポリッシング(float polishing)；　EEM 原理の応用とも言えるフロートポリッシングは,研磨定盤と加工面の間に形成された流体膜の流動に乗った研磨材の衝突エネルギーやケミカル作用により微細な材料除去を行う,いわゆる非接触研磨法である. 具体的には,表面に細かいら旋溝を形成したすず製の研磨定盤を高速回転させながら研磨剤(SiO_2 などの微粒子懸濁液)を供給し,この液膜の動圧効果によって平面工作物を定盤面と接触させることなく,高精度に研磨加工する. 研磨盤の主軸にエアスピンドルなどを用いた高速かつ高い回転精度が求められるなど,従来の研磨盤とはやや異質な構造と特性を要するといえる. この研磨法によって加工変質層のない,数Åオーダの完全平面を実現できる.

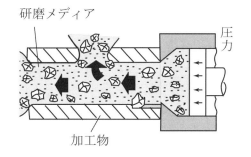

図 4.22　エクスツルードホーンの加工プロセス

d. 流動砥粒研磨

(1)エクスツルードホーン(extrude hone process)

エクスツルードホーンでは,ダイヤモンドや一般砥粒などの研磨粒子が混練された流動性に富む粘弾性媒体(シリコンゴムなど)を研磨メディアとする. このチューインガムのような流動メディアを加工部に高圧注入,流動させ,メディアと接する壁面やエッジ部,あるいは出入り口の角部などに含まれる砥粒によって研磨作用を与えている(図 4.22). この研磨法は工作物の硬度や材質の別なく適用でき,加工による温度上昇が少なく加工変質層が生成しにくいなどの特長を持つ. とりわけ,既存の研磨工具を使用しがたい個所(例えば,微細穴深部,交差穴あるいは屈曲した穴内面など)の磨きやばり取り,複雑な形状部品(航空機や油・空圧機器の部品など)の磨き,艶出し,ばり取り,面取りなどに重用されている.

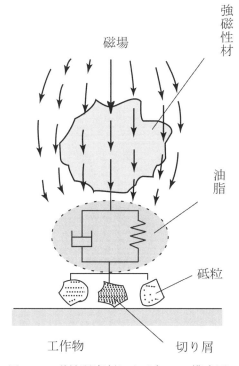

図 4.23　磁性研磨剤による加工の模式図

(2)磁気研磨(magnetic abrasive finishing)

強磁性材と研磨材からなる研磨メディア(粒度：数 μm 〜数百 μm)を磁気力の研磨圧によって加工面に押付けながら加工する,流動砥粒研磨法の一種である(図 4.23). 工作物あるいは磁極(工具)には回転運動や往復・振動の相対運動が与えられ,磁性研磨メディアを構成する研磨材が加工面を繰返ししゅう動し,この摩擦効果によって表面研磨が進行する. 加工面に磁場を作り出すため磁極の形体などに工夫や設計を要するが,平面,円筒内・外面,複雑形状部品の表面仕上げに効果的に利用できる.

e. 電解複合研磨(electrolytic abrasive polishing)

電気めっき(electroplating)の逆現象,すなわち濃度分極効果などにより金属表面の突起部から優先的に電解液中に溶出させるのが電解作用の原理である. 電解複合研磨法では,電極と加工面の間にスペーサとして弾性体(研磨不織布やフェルトなど)を装着することによって適切な電極間距離を保持し,電解作用を発揮させる一方,この弾性体を研磨布として研磨作用に利用する(図

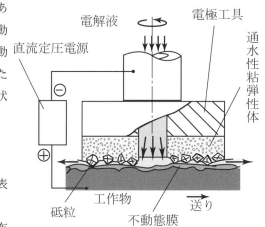

図 4.24　電解複合研磨の原理

4.24). 研磨剤(SiO$_2$の微紛など)は不織布タイプ研磨パッドなどにコーティングされるか，電解スラリー液(硝酸ナトリウム水溶液など)と共に遊離状で供給される．加工面に生成される不導体層を砥粒の研磨作用によって機械的に除去することで，電解作用が促進され，高能率な鏡面，高輝面仕上げを実現できる．鎖など複雑な装飾曲面や金属箔，あるいは反射鏡などチタンやステンレス，タングステンなどの金属(導電体)の表面研磨にその威力を発揮している．またベルビー層など加工変質層の無い無じょう乱加工面の創成を期待できるが，反面，仕上げ面にうねりが生じやすいため，形状精度を低下させがちである．

「演習問題」

1.　研磨作用を磨耗のメカニズムと比較して見よ．
（ヒント：トライボロジーや表面工学関連の文献，資料を参照せよ．例えば，下に掲げた本章参考文献（1）など）

2.　Examine the components of toothpaste and discuss how a toothbrush polishes teeth.
(Hint: Toothpaste contains both polishing agents and medical components. Discuss the physical properties of the polishing particles and tooth materials, including both enamel and ivory.)

3.　球体（ボールベアリング，ボールレンズ，ボールペン先など）の研磨方法を調べて見よ．
（ヒント：球体を仕上げ研磨する基本原理は，団子を掌で丸める動作と同じである）

4.　An eraser contains ceramic powder that is combined with rubber material through kneading. What is the role of the ceramic powder in erasing?
(Hint: An eraser contains plastic (or rubber), plastic agents and ceramic powder. Using these components, discuss the mechanism of an eraser and explain why the ink from ballpoint pens cannot be erased with an eraser.)

参考文献
（1）バウデン・テイバー(曽田範宗), 固体の摩擦と潤滑, (1961), 丸善.
（2）柴田順二, 曽根一秀, 砥粒加工学会誌, **36**-4 (1992), 223.
（3）研磨布紙加工技術研究会編, 実務のための新しい研磨技術, (1992), オーム社.
（4）Edited by I.D.Marinescu, H.K.Tönshoff and I.Inasaki, *HANDBOOK OF CERAMIC GRINDING AND POLISING*, (1998), NOYSES PUBLICATION.

第5章

特殊加工
Advanced Machining Processes

これまで学んできた切削加工や研削加工のような機械加工では，機械的な力・エネルギーにより工作物から不要部分を切りくずの形で除去する．しかし，以下のような場合には機械加工の適用が不適もしくは困難であり，また経済的でないことがある．

1) 要求される表面仕上げや寸法の精度が機械加工の達成レベルより高い場合

2) 加工中に生じる工作物の温度上昇や残留応力生成が望ましくない場合

3) 工作物の機械的強度や硬度が高い，または工作物がもろい場合

4) 3)とは反対に工作物の強度や硬度が低い，または変形しやすく，切削・研削抵抗や工作物の保持力に耐えられない場合

5) 複雑な形状に成形したり，非常に細い穴をあけたりするなど，通常の機械加工での対応が困難でコストが高くなる場合

これらの問題に対処するため，化学的作用，電気・光のエネルギーなど機械的力・エネルギー以外の手段を利用した加工法が考案されてきた．そこで，第5章では化学・電気・光のエネルギーを利用した加工法を概観する．これらのエネルギーは単独で利用されるほか，複合して利用されることもある．また，工作物の不要部分の除去とともに，要求される機能を有する材料を付加する場合にも用いられる．以下，電気・化学加工，粒子ビーム加工，レーザ加工，表面処理，微細加工の順で述べる．

5・1 電気・化学加工(electrical/chemical processes)

近くに置いた2つの電極に電圧を印加する．低い電圧では電流は流れないが，電圧を高くすると電極間に存在する分子や原子が電離(ionization)してイオンや電子を生じ，これらの粒子が衝突することで絶縁状態が破壊されて電極間に大きな電流が流れる．これは放電(discharge)と呼ばれ，放電によって電極は損耗する．気体中ばかりか，絶縁性の高い液体中でも放電は起こる．電極の一方を工作物としてその損耗を制御することで加工法となり，放電加工(electrical discharge machining)と呼ばれる．

水に2本の電極を立てて電圧をかける．電圧を上げていくと陰極では水素，陽極では酸素が発生する．これにともなって，電極材料の種類によっては陰極で析出が，陽極で溶出が起こる．この析出や溶出を制御することで加工法となり，前者を電気めっき，後者を電解加工(electrochemical machining)と呼ぶ．

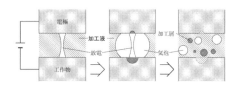

図 5.1　放電加工の原理

図 5.2　型彫り放電加工機外観

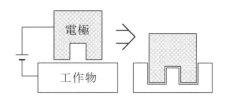

図 5.3　型彫り放電加工の模式図

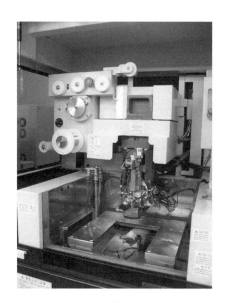

図 5.4　ワイヤ放電加工機外観

　これらは電気を加工のエネルギーとして供給することから電気加工と呼ばれる．このほかに，電気エネルギーは供給しないが，化学的なポテンシャルによる化学加工がある．

　本節では，放電加工，電気めっき，電解加工，および化学的除去加工について述べる．

5・1・1　放電加工(electrical discharge machining: 略記 EDM)

a.　放電加工とは

放電加工は，導体材料間の間隙に発生する放電による加熱現象を利用して工作物を溶融除去する加工法である．放電加工の加工原理を図 5.1 に示す．工具となる電極と工作物の間には，通常，絶縁性の加工液が満たされている．電極と工作物の距離を近づけていくと，ある距離で絶縁破壊が起こり電極と工作物の間に放電が発生する．放電により発生した熱が工作物を溶解させると同時に加工液が気化し，このときの圧力により溶けた工作物が飛ばされて除去される．

　放電が一点に留まっていてはその箇所だけが除去されてしまうので，間欠的に電気エネルギーを供給する．次のパルス電圧が加えられたときには，放電は工具電極と工作物間の距離が近いところで発生するので，前回とは異なった箇所で放電が発生する．このように放電点が移動することによって工具電極形状が転写されていく．

　1940 年代から開発研究が活発に行われるようになった加工方法であるが，金型製造には不可欠の加工方法としてその地位を確立している．

b.　放電加工の種類

放電加工は，加工形態から，型彫り放電加工(die-sinking EDM)とワイヤ放電加工(wire EDM)の 2 種類に大別できる．型彫り放電加工機の外観写真を図 5.2 に示す．

　型彫り放電加工は，通常，鉱物油中に工作物を浸して液中で行われる．油槽の上方に位置する電極駆動部は工具電極を所望の位置に制御するもので，従来のボールネジ駆動に代えて最近ではリニア駆動が組み込まれた機械もある．切削加工のように工作物に直接力を加える加工法ではないが，放電により生成された気体や金属ガスの圧力で大きな力が発生する場合もあり，大きな工作物を扱う放電加工機は十分な剛性が必要となる．

　型彫り放電加工の模式図を図 5.3 に示す．電極を工作物に近づけ放電加工を進めていくと，工作物が電極の凹凸を反転した形状に加工される．型彫り放電加工によって得られる形状は工具電極形状に依存するので，工具電極の消耗は好ましくない．このようなことから，工具電極には銅やグラファイトが，加工液には鉱物油が使われ，工具電極を陽極に工作物を陰極にする．

　ワイヤ放電加工機の外観写真を図 5.4 に示す．ボビンに巻かれたワイヤは連続的に繰り出され，ガイドで給電されるとともに張力を与えられる．工作物は下方に位置するステージに固定される．放電点にはノズルから加工液が噴射されたり，放電点を加工液の中につけたりした状態で加工が行われる．

終夜運転して使われる場合が多く，ワイヤ工具が破断した場合にはこれを自動的につなぐ機能を備えた機種もある．ワイヤ放電加工の模式図を図 5.5 に示す．

　ワイヤ工具には直径 0.03〜0.3 mm 程度の細い真ちゅうやタングステン線が使われる．電極は放電によって消耗するため，常に新しいワイヤを送りながら加工を行う．糸のこで材料の切抜きを行うことに似ている．ワイヤを斜めにすることによりテーパー加工も可能である．型彫り放電加工(die-sinking EDM)では油が加工液として使われるのに対し，ワイヤ放電加工では冷却性などの点から電導度を低く調整したイオン交換水が使われる．ワイヤ放電加工では，工具電極を陰極，工作物を陽極にする場合が多い．

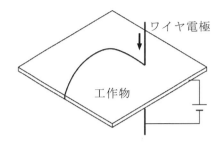

図 5.5　ワイヤ放電加工の模式図

c. 放電加工の特徴

放電加工は特殊加工に分類されることが多い．電気を加工のエネルギーとし，工具と工作物が接触することなく加工が進行する．しかし，明確な工具形状を有しないレーザ加工とは違って，形のある工具を用いて工作物を加工する点では切削加工と似ている．放電加工の特徴を挙げると，

・放電による熱加工であるため，硬くて切削が困難な材料や加工硬化しやすい材料の加工に威力を発揮する．

・電極の全方向に対して加工が行えるため，電極の形状，送りの方向の自由度が高く，複雑な形状の加工に適している．

・加工に要する力は切削加工に比べて非常に小さい．したがってアスペクト比の大きい長い工具電極によって小径深穴加工ができる．

・加工速度が小さいことが欠点である．

d. 放電加工条件

放電加工は電極にパルス電圧を印加することによって行われる．定常アーク放電(arc discharge)となって放電集中による局所的な加熱除去を避けるためである．コンデンサ放電回路やトランジスタ放電回路などのパルス放電回路が使われる．図 5.6 にトランジスタ放電回路とこの時の放電電流の時間変化を示す．

　ここでピーク電流(peak current)，放電持続時間(discharge duration)，休止時間(quiescent time)を調整することにより，様々な加工速度，加工面粗さ，電極消耗(electrode wear)が実現できる．ピーク電流を放電持続時間で積分した値が投入エネルギーとなり，この値が大きいほど加工速度は大きくなるが，加工面は粗くなる．また休止時間を短くすれば単位時間あたりの放電回数が増えて加工速度は向上するが，短すぎると電極と工作物間の絶縁が回復する前に次の放電が起こってしまい，放電が安定しなくなる．したがって安定して加工できる範囲で極力短い休止時間を選ぶ必要がある．

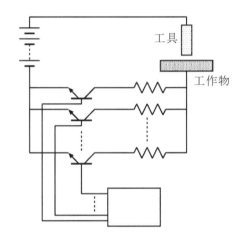

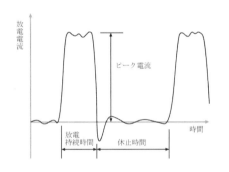

図 5.6　トランジスタ放電回路と放電電流の時間変化

e. 加工事例

　1)　精密加工(precision process)

焼入れ鋼や超硬合金のような硬い材料を加工できることから，金型加工は放

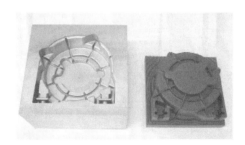

図 5.7　放電加工で作製したダイカスト型（左が焼入れ鋼金型，右はグラファイト電極）

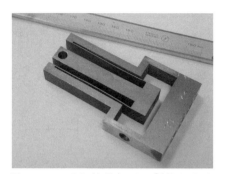

図 5.8　ワイヤ放電加工で製作した力センサ本体

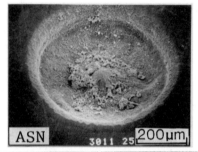

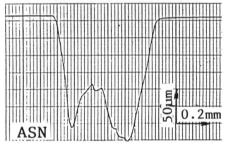

図 5.9　セラミックスの穴加工例

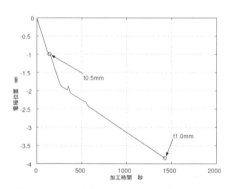

図 5.10　細穴加工時の加工進行状況

電加工が最も威力を発揮する分野である．図 5.7 はグラファイト電極を使って作製したダイカスト(die casting)用の金型である．工作物の焼入れ鋼にグラファイト電極の形状が転写されている様子がわかる．

　また，通常の加工では工具が入り込めないような細部の加工もできる．ワイヤ放電加工により製作した平行板バネ型力センサの外観を図 5.8 に示す．これは 1 枚のステンレス鋼板から一筆書きするようにして余分な部分を抜き取ったものである．板バネ部分を高精度に加工できていて，これにひずみゲージや変位測定素子を組み込むことによって力センサとなる．

2) セラミックスの放電加工

セラミックスは硬くてもろいことから加工が困難な材料の代表である．通常電気の不導体であるが，放電加工が適用できれば切断も容易になる．このようなことから放電加工できるセラミックスも開発され，市販されている．

　ダイヤモンドや立方晶窒化ホウ素(cBN)は極めて硬い材料であり，これらの微粉を金属で固めたものが切削工具などに使われている．このような材料の切断に放電加工が適用されている．材料中の金属部分で放電が持続することで切断加工を実現できる．

　また絶縁性の加工液ではなく，電解液，例えば KNO_3 水溶液を入れた容器に工作物のセラミックスを浸し，電解液容器と工作物に接触させた針との間に電圧を印加する．電圧を徐々に上げていくと電気分解によるガスが発生するようになり，やがて放電が起こる．その結果，工作物と針の接触部周辺の加工液が活性化されて，図 5.9 に示すような穴をセラミックスにあけることができる．このような手法は，レーザ加工が普及するまではダイヤモンドの穴あけに使われ，ダイヤモンドダイスの製造に使われていた．

3) 細穴加工

放電加工では機械加工に比べて加工反力が小さいことから，アスペクト比の大きい加工ができる．すなわち，ドリルによる穴あけでは，通常，ドリル径の 10 倍の深さを目安とするのに対し，より深い穴を実現できることを意味する．例えば，直径 30 μm のタングステン電極を使って，厚さ 1 mm のステンレス鋼に穴をあけることができる．

　細穴加工の際の加工時間と電極消耗も含めた電極送り距離との関係の 1 例を図 5.10 に示す．深さ 0.5 mm 程度までは加工時間に比例して加工が進行するが，穴の深さが 1.0 mm 程度になると加工速度は小さくなる．この時の加工穴断面を観察すると，切りくずの排除が十分でなく，放電は切りくずを介して半径方向にも進んでしまい，結果として加工の進行が著しく低下する．ドリルによる穴あけと同様，放電加工でも切りくず排除が重要であることを示している．

4) 表面改質

放電加工面には，加工液として使われる鉱物油の熱分解による浸炭や，電極材料の移動によって母材と成分や組織の異なる層の形成が生じることが知られている．このような現象を積極的に利用することで表面改質を行うことも可能となる．例えばチタン電極を使って加工液成分の炭素と反応させて工作物表面を炭化チタンで被覆させることもできる．

5・1・2　電気めっき(electroplating)と電解加工(electrochemical machining)

図 5.11 は，電解質水溶液中で直流電圧を印加している状態を示している．電解質水溶液中の金属イオンを陰極表面に金属として析出させることができる．例えば，ニッケルを陽極としニッケルイオンを含む電解質水溶液を使用することで，陰極表面をニッケルで覆うことができる．この様な手法を電気めっきと言い，自動車部品，電子機器用部品の製造に使われている．

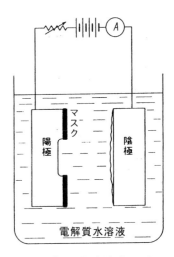

図 5.11　電解質水溶液中で電圧を印可している状態

めっきの進行にともなって電解質水溶液中の金属陽イオンは消費されるが，これを補うように陽極は溶出する．陽極では陽極材料がイオン化するからであり，溶出する箇所，溶出量を制御することで除去加工(removal process)になる．この様な手法は電解加工と呼ばれる．電解作用を利用して金属表面を研磨する手法に電解研磨(electrolytic polishing)がある．

電解研磨は，陽極の溶出速度より溶出した金属イオンの拡散速度が小さく，溶出イオンが凹部に留まって凸部がより多く溶出することで進行する．この様なことから電解研磨液には粘性の大きい液や溶出物が作る塩の粘性が大きい液が使われる場合が多い．

電解研磨では加工変質層(damaged layer)を有しない表面を得ることができるが，幾何学的形状を付与する機能を持たない．そこで電解作用と他の加工法とを複合して使われる場合が多く，電解研削(electrolytic grinding)，電解砥粒研磨(electrolytic abrasive polishing)などの方法が実用化されている．

めっきは電圧を印加して行うものと考えがちであるが，溶液中の金属イオンを化学的に還元することができれば，電圧を印加することなくめっきできる．このように還元剤を使用して化学的に金属を析出させることを，電気めっきに対して無電解めっき(electroless plating)または化学めっき(chemical plating)と言う．プラスチックへめっきすることもできることから，導電性，耐摩耗性，耐食性などを付与でき，とりわけニッケル無電解めっきは機械部品や電子部品に広く使用されている．

5・1・3　化学的除去加工(chemical removal processes)

化学的除去加工は，化学物質がさまざまな材料，特に金属材料に作用して腐食させる現象を利用した方法である．酸・アルカリ性の溶液をエッチング液(etchant)として用い，エッチング液の化学的な溶解作用により工作物の表面を少しずつ除去する．エッチング液は，工作物の材質に応じて，適したものが選択される．化学的除去加工は，特殊加工の中では最も古くから利用され，金属や石に文字・模様を刻んだり，ばり(burr)や鋭端部を取り除いたりするために使われてきた．そして，最近ではプリント回路基板やマイクロプロセッサなど，マイクロエレクトロニクス素子を作製する際にも利用されている．

a. ケミカルミーリング

ケミカルミーリング(chemical milling)は，一般に部品重量の減少を図るため，板，鍛造品，押出加工品などの表面に浅い溝・くぼみなどを形成するのに利用される．この方法は多種多様な金属材料に対して適用され，深さ方向の除

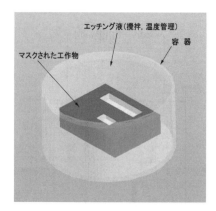

図 5.12　ケミカルミーリングの様子

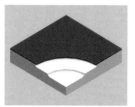

図 5.13　ケミカルミーリングによる
段付き部の加工手順

去量は 10 mm に達する場合もある．工作物表面の被加工領域を選択的にエッチング液(etchant)により腐食するには，以下の 2 つの方法が利用される．ひとつは，エッチング液に工作物を部分的に浸す方法である．もうひとつは，マスキング剤(masking reagent)と呼ばれる材料を用いて，工作物の腐食を要しない部分を覆い隠す層を形成した後，エッチング液に浸す方法である．

エッチング液としては，例えば，アルミニウムには水酸化ナトリウム溶液，鋼には塩酸と硝酸の溶液，ステンレス鋼には塩化鉄溶液が用いられる．マスキング剤には，エッチング液に対して耐腐食性を有し，工作物の腐食除去後に容易に取り除くことのできることが要求され，架橋した天然ゴムや合成ゴムのような弾性の顕著な高分子物質であるエラストマー(elastomer)やポリ塩化ビニル，ポリエチレンなどのプラスチックが用いられ，テープや塗料の形で適用される．ケミカルミーリングの様子を図 5.12 に示す．

一般に，ケミカルミーリングは次のような手順で行われる．

①残留応力の解放

　前加工された部分に残留応力が存在するとケミカルミーリングした後に変形するため，残留応力をまず解放させる．

②工作物表面の清浄化

　密着性の高いマスク層を形成するため，工作物表面を十分に脱脂，洗浄する．また，熱処理した工作物については酸化被膜も除去する．マスク層の密着性が低いと，エッチング液がマスク層と工作物表面との間に浸透するためである．

③マスキング剤の被覆

　工作物表面をマスキング剤で覆う．

④マスキング剤の除去(1)

　被加工領域を覆っているマスキング剤をはがして取り除く．

⑤被加工領域の腐食

　露出させた工作物表面をエッチング液で腐食，除去する．深さ方向の除去量を均一にするためには，エッチング液の温度制御と攪拌が重要となる．

⑥工作物の洗浄

　所望の除去量に達した後，加工領域を完全に洗浄する．これは，エッチング液が残留していると，工作物表面の腐食・除去がさらに進んでしまうためである．

⑦マスキング剤の除去(2)

　腐食させない領域を覆っていたマスキング剤を工作物表面から除去し，工作物を洗浄，検査する．

⑧後加工

　腐食，除去された部分を，必要であれば後加工する．

段付き部など，さまざまな形状の輪郭を形成するには，図 5.13 に示すようにマスキング剤で覆われる領域を変化させ，④〜⑥の手順を繰り返す．

ケミカルミーリングは航空宇宙産業でよく利用され，部品の軽量化に役立っている．例えば，図 5.14 に示すように，航空機を構成する巨大部品であるアルミニウム合金製外板パネルは，板材から不要部分を薄い層をはがすように除去して作製される．この工程において，エッチング液を溜めて部品を浸すための容器の大きさは 5 m×15 m にも達し，アルミニウム合金の表面は厚さ方向に 1～1.5 mm/h の速さで除去される．

ケミカルミーリングでは，部品表面に損傷が生ずることがあるので注意が必要である．例えば，溶接部やろう接部をケミカルミーリングすると，不均一に表面が除去されることがある．これは，粒界腐食(intergranular corrosion)に代表されるように，材料の欠陥部分が選択的にエッチング(etching)されるために起こる．鋳物のケミカルミーリングでは，鋳物に存在する空げきや不均一な組織により，平坦でない表面が形成されやすい．また，エッチング液は工作物に対して垂直方向にも水平方向にも腐食をするため，マスキング剤の下部でも腐食が進むことに注意すべきである．

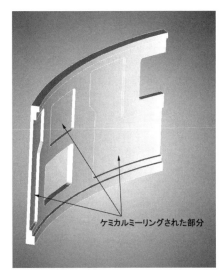

図 5.14　アルミニウム合金製航空機外板パネルの例

b. ケミカルブランキング

ブランキングは輪郭線の閉じた形状を素材の厚さ方向に貫通させて分離する加工法であり，ケミカルブランキング(chemical blanking)では，工作物はせん断力ではなく化学的溶解作用によって除去される．そのため，金型を用いたせん断力による打抜きでは困難な，非常に小さい部品を作製することができる．また，箔のような薄い材料やもろい材料にも適用できる．ケミカルブランキングの典型的な応用例は，プリント回路基板のバリなしエッチング，装飾パネル・金属薄板へのスタンピング(stamping)のほか，リードフレーム(lead frame)，磁気ヘッド(magnetic head)支持用板バネ，CRT ディスプレイのシャドーマスク(shadow mask)など複雑形状や微小寸法を有する部品の製作があげられる．

ケミカルブランキングのひとつであるフォトケミカルブランキング(photochemical blanking)は，フォトエッチング(photoetching)とも呼ばれ，写真の技術を応用した方法である．厚さ 3 μm ほどの薄い金属板からでもバリのない複雑形状を貫通除去して得ることができる．そして，近年，この手法はマイクロマシンや半導体デバイス製造に不可欠な微細加工法に成長している．フォトケミカルブランキングは次のような手順で行われる．

①部品設計図の作製

　製作される部品を 100 倍程度に拡大した設計図面を作製する．そして，写真のネガフィルム上に実際の部品寸法に縮小する．原図は 100 分の 1 程度に縮小されるため，原図上の製作誤差は同程度に縮小される．

②感光材の被覆

　型抜きされる板材の表面に浸せき(dipping)，吹きつけ(spraying)，ローラ塗布(roller coating)などの方法により感光材(photoresist)を被覆し，加熱炉中で乾燥させる．

③露光(exposure)

　　感光材(photoresist)を被覆した板材の上方にネガフィルムを置き，紫外線を照射する．この工程を露光という．ネガ型の場合，紫外線にさらされた領域の感光材は硬化し，硬化した感光材はマスクとしてはたらく．

④現像

　　露光されなかった部分の感光材を溶解，除去し，板材表面に現像する．

⑤被加工領域の腐食

　　板材をエッチング液に浸すか，エッチング液の噴霧にさらし，感光材に覆われていない露出した領域を腐食除去する．

⑥マスキング剤の除去および工作物の洗浄

　　マスクである感光材を取り除くとともに，残っているエッチング液を完全に除去するために洗浄をする．

　フォトケミカルブランキングでは熟練者の技能が必要であるが，作業コストは低く，工程は自動化することが可能なため，中～大量生産には経済的である．一方，化学的除去加工全般にいえるが，化学薬品を取扱うため，作業者が液・霧状または揮発した薬品にさらされないように特別な予防措置と安全管理が必要である．さらに，工程中の化学反応で生成する副産物を処理しなければならない．

5・1・4　ま　と　め

本節では，電気・化学エネルギーを利用する加工法を中心に述べた．これらの方法は，物理的な力による除去ではないため，切削加工や研削加工で難削材と呼ばれる工作物も容易に除去できる場合も多い．また電解作用や化学作用によって行う除去加工では力の影響がないため，厚さの小さい製品にも対応でき，母材と同等の品位を有する表面を得ることができる．このような特徴を理解して加工方法を選ぶ必要がある．

問題：

1. Damaged layers are usually formed on the surfaces of workpieces that are processed by such as cutting, grinding and polishing. Examine the structure of the damaged layer.

2. 放電加工でも切削加工のように切りくずを生成しながら加工が進行する．放電加工のメカニズムから，どのような形状，性質の切りくずが生成するか考えよ．

3. 放電加工により得られた表面と電解加工あるいは化学加工で得られた表面はどのようになっているだろうか．そのメカニズムから想像せよ．

4. Recently, reduction of the burden on global environment has widely been dealt with. Discuss the features of the processing methods presented in this section from the viewpoint on the environment-related issues.

5・2　粒子ビーム加工(particle beam processes)

質量を持った粒子が固体に衝突すると，衝突した部分をはね飛ばして除去したり，局部的な変形を起こしたり，表面あるいは表面近くに留まって固体の性質を変化させたり，局部的に加熱したりすることができる．このようなことができそうな粒子には電子，イオン，原子，微粒子などがある．これらの粒子はそれぞれ異なった性質を有するが，いずれも質量と大きさを持った粒子であり，このような粒子が表面に作用する現象を粒子ビーム加工(particle beam processes)と呼び，本節では電子ビーム加工，イオンビーム加工，微粒子噴射加工について述べる．

5・2・1　電子ビーム加工(electron beam machining)

電子(electron)は直径 5.6×10^{-15} m，質量 9×10^{-31} kg，電荷 1.6×10^{-19} C を持った粒子である．電荷を持っていることから，電界と磁界を使って運動を制御できる．電子の特徴のひとつは，比電荷が大きいことにあり，ビームの制御性に優れることである．この電子を加速して材料に当てると，材料の原子格子より遙かに小さいことから材料内部に入り込むことができる．このようにして内部に入り込んだ電子はやがてエネルギーを失うが，失ったエネルギーは熱に変わる．したがって電子を加速し，また多数の電子を限られた場所に照射することで局部的な加熱や溶解をすることができる．

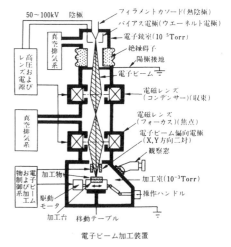

図 5.15　電子ビーム加工装置の構造

　図 5.15 に電子ビーム加工装置の構造を示す．電子銃から放出された電子は，数百 kV に加速され，収束されて工作物に照射される．加速された電子が気体分子と衝突してエネルギーを失うことがないように，通常は真空容器内で加工される．この技術は微小部品を接合する電子ビーム溶接(electron beam welding)として実用化されている．

　電子を材料に照射すると図 5.16 に示すような2次的な粒子等が放出される．2次電子は材料の表面情報を有しており，この2次電子の放出量を像として捕らえるシステムが走査型電子顕微鏡(scanning electron microscope，略記：SEM)である．最近は誰でも手軽に使えるものが普及している．この電子顕微鏡も見方によっては電子ビーム加工機である．高い温度で安定でないプラスチック材料を高い加速電圧で観察すると照射された電子ビームによる局所加熱が起こり，表面が溶融する場合もある．このほかにも反射電子，オージェ電子，X線などは材料の表面形状，組成，結晶性などの情報を有しており，表面の評価(characterization)に利用されている．

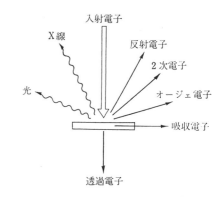

図 5.16　材料表面に電子が衝突することで放出される電子やX線など

　走査型電子顕微鏡が進化したものに電子ビーム露光装置がある．電子の制御性の良さと高い分解能から，電子ビームを電子感光材のレジストに照射して化学変化をさせる露光技術である．半導体製造に使われるマスクの作製には，この電子ビーム露光技術が使われている．

5・2・2　イオンビーム加工(ion beam machining)

原子から電子をはぎ取ることでイオンが得られる．雰囲気中に自然に存在する電子やフィラメントで作り出した熱電子を運動させ，これを気体分子と衝突させることで気体分子を解離(dissociation)させ，電子をはぎ取ってイオン

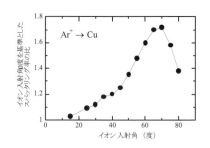

図 5.17　イオン入射角度と除去の関係

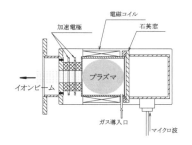

図 5.18　ECR 型イオン照射装置

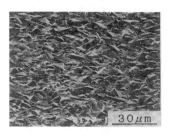

(a) イオン照射前

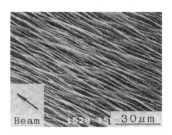

(b) 3 時間照射後

図 5.19　アルゴンイオン照射によるダイヤモンドの研磨過程（イオン入射角 80°）

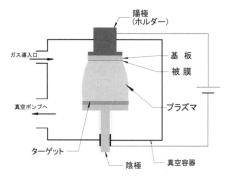

図 5.20　直流 2 極スパッタリング装置

を生成する．先に述べた電子と同様，イオンの流れをつくり，これを材料に照射することで加工ができる．加工の形態は種々あるが，これらをイオンビーム加工(ion beam machining)と呼ぶ．

イオンビーム加工には，原料が入手しやすく，質量が大きく不活性なアルゴンイオンがよく使われる．アルゴンイオンの質量は 6.7×10^{-26} kg，その直径はおおよそ 10^{-9} m 程度である．

イオンを材料にぶつけた場合にどのようなことが起こるであろうか．電子に比べて大きいことから材料の表面原子の格子をすり抜けることは難しく，原子と衝突する．電子に比べてイオンは質量が大きいので，材料表面の原子を叩き出すことができる．このように材料表面より原子を叩き出すことをスパッタリング(sputtering)という．

このスパッタリングには 2 通りの使われ方がある．ひとつは材料除去を目的とするものである．もうひとつは，表面から除去された原子を別に用意した基板上に堆積させることを目的とするもので，スパッタデポジション(sputter deposition)とよばれ，物理的な薄膜作製法の一手法として多用されている．

前者のような除去加工について見てみよう．アルゴンイオンの入射角度を変えて銅に照射したときのイオン入射角度と除去量の関係を示したものが図 5.17 である．この場合の銅のように，イオンが照射される対象物をターゲット(target)と呼ぶ．また一般に入射角度は，ターゲット面に立てた法線とイオン入射方向のなす角度で表現される．除去量はイオン入射角によって異なり，60〜70°程度で最大を示す．ところで，照射イオン 1 個に対する除去原子の個数をスパッタ率(sputtering yield)と呼び，スパッタ除去の容易さの目安となる．

イオンによる除去作用を利用し，凹凸の激しいダイヤモンド膜にアルゴンイオンを照射してスパッタリングすることで平滑化することができる．図 5.18 に示すイオン照射装置を使って，マイクロ波プラズマ法で合成したダイヤモンド膜に入射角度 80°で照射すると，図 5.19 に示すように 3 時間程度で表面の凹凸は除去される．極めて硬いダイヤモンドでもアルゴンイオンの照射によって除去できる．イオンは電荷を持った粒子であり，これが不導体に照射されると電荷がたまってしまう．したがってこのような場合には，電子を供給するなどの手法を用いて電荷を中和することもある．

このほかにも，ダイヤモンド圧子の先端にアルゴンイオンを雨のように降らせることによって，先端を鋭く尖らせる技術も開発されている．このような加工方法は，工具形状を持たない粒子による加工であることから工具形状を転写することはできない．

続いて，後者のスパッタデポジションについて見てみよう．スパッタリングは水面に石を投げたときに水が飛び散る現象に例えられる．スパッタデポジションはその際飛び散った水を基板の上に堆積させるようなものである．このようにすることで基板を薄膜で覆うことができる．薄膜の作製法は種々あるが，この手法では被覆物質を溶解して蒸発させるものではないために，ターゲット組成に近い膜が得られること，高融点材料の成膜にも適用できるなどの特徴がある．

　図 5.20 に直流 2 極スパッタ(dc-diode sputtering)デポジション装置の概略を
示す．装置は，真空排気系，ガス導入系，直流高圧電源，真空容器から成っ
ており，真空容器内にはターゲット(target)が陰極上に，基板が陽極上に置か
れている．通常，ターゲットを陰極にする．真空容器内を 10 Pa 程度のアル
ゴン雰囲気とし，電極間に数 kV の直流を印加すると，グロー放電が発生す
る．この放電によりアルゴンプラズマが生成し，プラズマ中のアルゴンイオ
ンが電界で加速されて陰極上のターゲットをスパッタリングして，ターゲッ
ト材料により基板が被覆される．この方式は薄膜作製法の最も基本的なもの
で，例えば電子顕微鏡観察用試料に導電性を付与するための金薄膜作製用に
実験室でよく見かけるものである．現在では種々の手法を採り入れたスパッ
タデポジション装置が開発されている．

　パソコンの液晶ディスプレイに注目してみよう．このような液晶表示体に
は人間の目には見えにくい透明導電膜が被覆されていて，これに電圧が印加
されることで液晶が配向して表示が行われる．この電極材料は ITO(indium tin
oxide)膜と呼ばれるもので，インジウムがドープされた酸化スズである．こ
の ITO 膜はスパッタデポジション(sputter deposition)で製膜される．イオンを
ITO 膜の組成に沿って成分調整された固体のターゲットに照射して基板に堆
積させる．この際，ターゲット組成と得られた ITO 膜の組成は必ずしも一致
するものではないが，イオンの照射方式，製膜条件に相応しいターゲット組
成が決定される．

　イオンを材料に照射すると，図 5.16 に示した電子の場合と同様，種々の粒
子が生成される．これによって得られた粒子から材料の情報を得ることもで
き，例えば 2 次イオン質量分析装置(secondary ion mass spectroscopy, 略記：
SIMS)は試料表面にイオンビームを照射しながら少しずつ材料を除去し，こ
れによって放出される 2 次イオンを質量分析して極表面層の元素分布の評価
に使われる．

　上述の手法は材料表面原子と照射イオンとの衝突を利用する手法であっ
た．イオンも電子と同様に材料内部に潜り込ませることも可能であり，イオ
ン注入(ion implantation)と呼ばれる．半導体への不純物ドーピングや材料の表
面改質として利用される．5.4 節で詳しく述べる．

5・2・3　微粒子噴射加工(fine-particle beam processing)

電子やイオンは質量のある粒子ではあるが，肉眼で確認できる大きさではな
い．ところがサブミクロンからミクロンサイズの粒子になると，肉眼での認
識も可能になる．このようなものを微粒子と呼び，それらは金属であったり，
セラミックスであったりする．通常，微粒子は電子やイオンと異なり電荷を
持たないので，電界や磁界で加速，制御することはできない．したがって，
圧縮気体で加速させたり，減圧することで引き込んで加速したりする．

　このように粒子を加速して材料表面に吹き付けるとどのようなことが期
待できるだろうか．イオンよりも大きな形状であり，電子のように格子をす
り抜けて材料内部に潜り込ませることではなく，表面に付着したり，表面を
除去したりすることが期待できる．

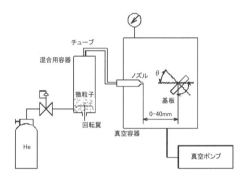

図 5.21　微粉噴射装置の概略図

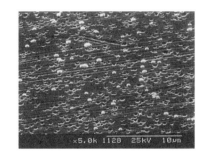

図 5.22　ニッケル微粉を吹き付けた銅基
板の変化

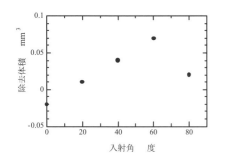

図 5.23　アルミナ噴射による材料除去
の角度依存性

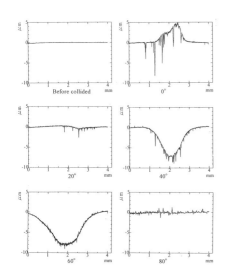

図 5.24　アルミナ噴射による断面形状の
変化

図 5.25　デジタルアブレシブジェットで
ガラスに描かれた像

（東北大学厨川先生のご厚意による）

　図 5.21 はミクロンサイズの微粒子を気体に乗せて真空容器内に引き込んで吹き付ける装置の概略図である．この装置で粒径 0.5 µm のニッケル粒子を銅基板に吹き付けた時の基板表面の変化を図 5.22 に示す．まず銅基板にはニッケル微粒子の衝突によるくぼみが形成され，やがてこのくぼみにニッケル微粒子が固定される．固定されるニッケル微粒子が基板全体に広がることで銅基板はニッケルで覆われる．

　ニッケルのような軟質金属ではなく，硬質微粒子，例えばアルミナの微粒子を焼入れ鋼に吹き付けるとどうなるであろうか．入射角度を変えた場合の単位時間当たりの焼入れ鋼の除去量を図 5.23 に示す．入射角度が 0°では鋼表面にアルミナが堆積する．入射角度を大きくしていくと除去が始まり，入射角度 60°で除去量が最大を示す．この時の鋼表面の形状変化の断面曲線を図 5.24 に示す．

　硬質微粒子をガラスのような硬脆材料に吹き付けることで，ガラス表面を微小破壊させることができる．微小破壊される領域は吹き付けられる硬質微粒子の量に依存することから，噴射時間で除去量を制御することができる．例えば，写真の濃度を階層に分け，それに対応するように噴射時間を制御して噴射ノズルをプリンタのように走査すると，写真の像をガラス表面に描くことができる．図 5.25 はこの手法による作品例で，細かな濃淡まで再現されている．

　多くの場合，硬質微粒子の加速媒体には気体が使われているが，媒体に液体を使用することもできる．加圧した水をノズルで絞りプラスチックや木材に吹き付けると，その衝撃作用により容易に切断することができる．この手法をウォータジェット加工(water jet machining)と呼ぶ．水を使っていることから切断面が熱的ダメージを受けることが少ない．また，合板やプラスチック板などを自由な形状に切り抜くことができる．この方法による切断例を図 5.26 に示す．水媒体に硬質粒子を乗せて高速で噴射させる方法はアブレシブウォータジェット(abrasive water jet machining)と呼ばれる．400 MPa 程度に加圧した水とともに硬質微粒子を噴射するもので，加工能率は大きく向上する．振動を発生することなく壁をくり抜くことができることから集合住宅，病院などの工事に使われる．

5・2・4　ま　と　め
電子，イオン，微粒子を粒子としてまとめて取り扱うとの観点から，粒子を利用した加工法について概観してきた．いずれも工具形状を持たないという共通点を有するが，その使われ方は様々であり，また本書で記述されている他の加工法との共通点も多い．

問題：

1. Both of electrical discharge machining and electron beam machining are the processing technologies that utilize electrons as a energy source. Examine the differences between these two processes.

2. 電子の供給源となるフィラメントにはどのような材料が使われ，それぞれ

の特徴はどこにあるか，比較しながら説明せよ．

3. イオンや電子の流れの密度を測る手法を考えよ．

4. 粒子ビーム加工に使われる粒子について，その大きさ，質量，形状，実用
例を調べよ．

図 5.26 ウオータジェットの一筆書き
で"寿"を切り抜いた合板
（東北大学厨川先生のご厚意による）

5・3 レーザ加工(laser processing)

小学生の頃，太陽光を虫眼鏡で集光して黒い紙を燃やした経験があると思う．凸レンズで太陽光のエネルギー密度を高め，太陽光を吸収する黒い紙に照射した結果，照射点の温度が高くなり，やがて空気中の酸素の助けを借りて紙は燃え始める．レーザ加工の原理もこれによく似ている．太陽光や電球などの照明光とレーザ光では，レーザ光が単色性，平行性に優れ，高いエネルギー密度の光が得られる点で異なる．レーザ光を照射して材料を除去，付加，変形させることができ，これらをレーザ加工(laser processing)という．

レーザ加工のほかにもエネルギーの流れを操って加工する手法としてイオンビーム，電子ビームを使った加工法があるが，他のビーム加工では質量を持った粒子がエネルギーを伝達するのに対し，レーザ加工では粒子は存在しない．この点で大きく異なる．

可視域(波長：400～800 nm)以外のレーザ光は肉眼で見ることができない．しかし，加工点での発熱やプラズマ(plasma)の生成による気体の発光などにより，肉眼で照射点を観察できる．また，レーザ光は直進する光であるため，可視域のレーザ光でもレーザ光を直接目に入れない限り見ることができない．しかし，大気中には多くのほこりが浮遊しており，このほこりによってレーザ光は散乱されるため光路が観察できる．当然，真空中など光を散乱させるものが存在しない場合には，光路は全く観察できない．舞台演出用にレーザ光を使う場合には光路を見やすくするために炭酸ガスを使って散乱しやすくしている．

本節は，虫眼鏡によるいたずらを思い出しながら読み進んでもらいたい．

図 5.27 レーザ加工機の外観写真

5・3・1 レーザ加工機
a. レーザ加工機の構成

レーザ加工機の1例としてCO_2レーザ加工機の外観写真を図 5.27 に示す．レーザ加工機は発振器，光学系，加工用ステージから成る．後に述べるように，レーザには多くの種類があり，これにより得られるビームの波長が異なること，加工対象が異なることから，その大きさ，光学系の組み方，ステージの大きさや精度などが異なる．

b. レーザ発振の原理

図 5.28(a)に示すように，ある特定の波長の光を入射するとその波長の光を増幅して出力する媒体（光増幅媒体）があるとする．この媒体を2枚の鏡の間に挟むことで増幅した光を反射させ，光増幅媒体を何度も通過させて増幅し，強い光を得ることができる（図 5.28(b)）．一方の鏡をハーフミラーなどに変

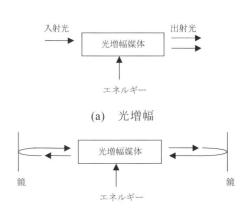

(a) 光増幅

(b)連続的な光増幅

図 5.28 光増幅の模式図

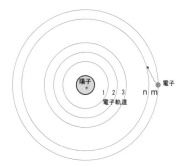

図5.29　水素原子の電子軌道

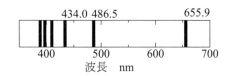

図5.30　バルマー系列発光スペクトル

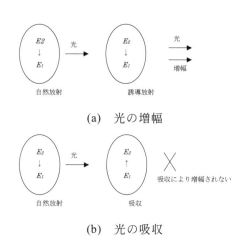

(a)　光の増幅

(b)　光の吸収

(c)　光増幅に必要な準位

図5.31　光増幅媒体の性質

えることによって増幅した光の一部取り出すことができ，これがレーザ光である．

　通常，原子・分子は様々なエネルギー状態を持っており，エネルギー状態が変化した時，吸光あるいは発光する．このような例として水素原子の発光を取り上げて考えよう．

　水素原子は図5.29に示すように，陽子(proton)の周りに1つの電子(electron)が回っている．その電子の回る軌道は量子条件を満たす必要があり，飛び飛びのエネルギーを持つ．この軌道 n（$n=1,2\cdots$）を回る電子のエネルギーE_nは $E_n=Rhc/n^2$（$R=1.097\times10^7\mathrm{m}^{-1}$：リュードベリ定数，$h=6.63\times10^{-34}\mathrm{J\cdot s}$：プランク定数，$c$：光速）と表される．ここで，軌道 m から n に電子が移動すると，エネルギーの差に相当する波長λの光が放出され，λは以下の関係を満たす．

$$hc\frac{1}{\lambda}=E_m-E_n=Rhc(\frac{1}{m^2}-\frac{1}{n^2}) \tag{5.1}$$

　このように原子，分子はある特定の波長の光を吸収，発光することができる．水素をプラズマ状態にすると赤味がかかって観察される．この時の発光スペクトルを分光器(spectrometer)で調べると，図5.30に示すような一群の発光が確認できる．このスペクトルはエネルギー状態の変化に対応したものである．このような現象を利用した身近なものに，ネオンサインや炎色反応がある．また，このように取りうるエネルギーの値をエネルギー準位(energy level)と呼ぶ．

c.　発振器

ところで，光を増幅するためには，以下の条件を満足する媒体を必要とする．今ここで，E_0，E_1，E_2のエネルギー準位を持つ分子を考える．ある1つの分子が $E_2\to E_1$ に遷移して光を放出したとする（自然放出(spontaneous emission)と呼ばれる）．この光がエネルギー準位 E_2 の励起状態にある別の分子に入射すると，この光をきっかけとして"誘導放出(stimulated emission)"と呼ばれる現象がおこり，$E_2\to E_1$ に遷移して光を増幅する（図5.31(a)）．また，もしこの光が，E_1 の準位の分子に入射すると，$E_1\to E_2$ に遷移して光を吸収してしまう（図5.31(b)）．

　光を増幅するためには，E_2 の準位の分子数 N_2 が E_1 の準位の分子数 N_1 よりも多いことが必要となる．しかし，自然界ではボルツマンの法則により，$N_2<N_1$ であるため，外部からエネルギーを加える必要があり，このことをポンピング(pumping)と呼ぶ．ポンピングの手法には，光による方法，放電による方法，化学反応による方法などがあり，$N_2>N_1$ の状態，すなわち反転分布を実現している．（図5.31(c)）

　いくらポンピングしても $E_2\to E_1$ が容易に自然放出してしまっては反転分布を維持できない．そのため，E_2 の準位が安定（寿命が長い）かつ E_1 の準位が不安定（寿命が短い）であり，すぐに E_0 に移行する性質をもつ媒体を選ぶ必要がある．

　レーザの名称は主にこの媒体によるもので，CO_2 レーザでは CO_2 分子，

He-Ne レーザでは Ne 原子, Nd:YAG レーザで
は Nd^{3+} イオンが増幅媒体である.

　レーザ光の波長はレーザ媒体の種類によ
って決まり, 真空紫外域～遠赤外域まで様々
な出力波長のレーザがある. レーザによって
は複数の発振線を持つものもあり, 設定によ
ってすべての発振線を出力したり, 特定の発
振線のみを出力したりすることができる.

表 5.1　レーザ発振器の種類

名称	波長	発振形態	出力
CO_2 レーザ	9~11 μm	連続・パルス	数 10 kW
Ar イオンレーザ	351~528 nm	連続	数 10 W
エキシマレーザ	193~351 nm	パルス	数 J/pulse
Nd:YAG レーザ	1.064 μm	連続・パルス	数 kW

d.　レーザの種類

レーザ加工に使われる発振器を表 5.1 に示す. レーザの種類により波長, 発
振形態, 出力が異なる.

　CO_2 レーザは発振効率が 10%程度とレーザの中では高く, 数 kW クラスの
大きな出力が得られ, 金属板の切断などに使われる. CO_2 レーザが発する光
の波長は 10.6 μm であり, 人間にとって透明なガラスや水はこの波長の光を
吸収する. 従って, レンズ材料にはゲルマニウムや ZeSe の結晶が使われる.

　Nd:YAG レーザは発振効率が CO_2 レーザに比べて低いものの, 得られる波
長 1.06 μm の光は多くの金属に対して CO_2 レーザ光よりも吸収率が高く, 発
振媒体が固体であることからメンテナンスの点で有利である. またガラスを
透過するので光ファイバによって導くことができる. 最近では, 基本波を非
線形光学結晶と呼ばれる素子を通すことで波長を $1/n$ (n は整数) に変換し,
これによって得られる短波長の光を利用することも行われる.

　エキシマレーザ(excimer laser)は紫外領域での代表的なレーザである. 発振
用ガスの種類によって出力波長が異なる. 連続発振(continuous oscillation)は
できず, パルス発振(pulse oscillation)のみである. 紫外光のため, 他のレーザ
光に比べて焦点を小さくできること, 照射条件を選ぶことにより高分子材料
の直接分解が期待できることから, ポリイミドの穴あけや微細加工に適用さ
れている. アルゴンとフッ素の混合ガスをレーザガスとして得られる 193 nm
の光は空気中の酸素に作用してオゾンを発生させる. したがって光路を長く
すると減衰してしまう. この程度の波長になると光学部品にはガラスでなく
蛍石(CaF_2)が必要となる.

e.　発振波長

レーザ加工では工作物に吸収されやすい波長のレーザ光を用いる必要がある.
アルミニウムと銅の反射率を図 5.32 に示す. CO_2 レーザの波長域 10.6 μm と
Nd:YAG レーザの波長 1.06 μm ではアルミニウムの反射率はそれぞれ, 約98%,
約94%であり, 共に反射率が高いものの Nd:YAG レーザの方が吸収率が高い.
吸収率を高めるために表面処理を施す場合があり, それにはブラスト処理
(blasting)やリン酸被膜処理(phosphate coating)などがある.

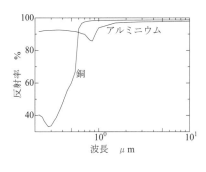

図 5.32　金属の反射率

f.　発振形態

発振形態には, 出力が時間的に一定な連続発振と, 発振・停止を繰り返すパ

ルス発振がある．そして，パルス発振にもパルスの波形により様々な種類がある．代表的なパルス発振には，単純ポンピングのオン，オフを繰り返すノーマルパルス(normal pulse)と，レーザ発振器の内部にシャッターの役割を果たす Q スイッチ(Q-switch)と呼ばれる素子を入れ，ポンピングをしつつ，発振を止めることでより大きな反転分布を形成し，シャッターを開けた瞬間に大きな出力をごく短時間の間出力できるようにした Q スイッチパルス(Q-switched pulse)がある．

　連続発振とパルス発振の違いを簡単にイメージしよう．バケツに水を入れ，この水の量をエネルギーとして，このエネルギーの放出方法を2通り考える．前者はバケツに小さな穴を明け，この穴から連続的に水を流し出す方法で，後者は穴を明けずにバケツをひっくり返して短時間に水を流し出す方法である．前者は連続発振に似ていて，後者はパルス発振に似ている．

5・3・2　レーザ加工(laser processing)の特徴

レーザ加工のメカニズムは熱加工(thermal processes)と光化学加工(photo-chemical processes)とに大別される．熱加工はレーザ光が工作物に吸収されて熱となり，工作物を溶融・蒸発もしくは昇華することで進行する．電子ビームやイオンビームによる加工と異なり，真空を必要としない．したがって好みの雰囲気を選ぶことができる．工作物が加熱されて高温になる結果，金属では酸化が起こる．この酸化は発熱反応を促進して加工速度の向上に寄与する場合もあるが，酸化を嫌う場合にはアルゴンガス等を吹き付けるなどして酸化を防止する手段が取られる．

　光化学加工は，光子(photon)エネルギーの大きな紫外のレーザ光を照射することにより，工作物の原子間の結合を直接切断する方法である．加工部周辺への熱の影響が小さいことが特徴としてあげられる．一般的には熱加工を伴うことが多いが，半導体製造におけるレジスト(resist)露光，光 CVD(optical CVD)，光造形法(stereolithography)などがある．

　レーザ加工の特徴を列挙してみよう．

・機械的な加工の難易とは異なり，硬い材料でも容易に加工できる．ダイヤモンドはその典型的な例である．

・非接触加工であり，加工には力の作用がほとんどなく，変形が少ない．また照射エネルギーによる加熱領域は照射点近傍に限られ，加工ひずみや熱変形など周辺部への影響が小さい．従って，箔のような薄い材料，細い線材の加工に適す．

・切削工具のような損耗はない．しかし深さ方向の作用量を制御しづらい．

・光学系によって照射面積，焦点位置などを高速かつ容易に変化させることができる．

・エネルギー密度，照射時間を制御することで，穴あけ，切断，表面改質など多様な加工ができる．

・レーザ光のエネルギー密度は大きく，また紫外や赤外のレーザ光は肉眼では見えないこともあり，レーザを使用するに際しては図5.33に示すように眼鏡を着用して反射光や散乱光が目に入らないように注意する必要がある．

図 5.33　レーザ加工実験の様子

・透明体の壁を越えての加工が可能であり，例えば電球の中のフィラメントにレーザ光を作用させることができる.

・レーザ光の吸収特性を利用することにより選択的な加工ができる.

・溶融，気化した材料が再付着することもあり，加工品位を低下させたり，加工の進行が止まる原因となる.

・レーザの照射方式には焦点を工作物の表面に合わせる方法と，あえて焦点をずらして加工する方法がある.

5・3・3　レーザ加工の事例

a.　穴あけ

レーザ光を1点に照射することによって，照射部の材料を溶融，蒸発あるいは昇華させることで除去し，穴をあけることができる. アルゴンイオンレーザによる窒化ケイ素の穴あけ例を図5.34に示す. 大気中，真空中，水中と雰囲気を変えることで大きな違いが現れる. 大気中では穴の周囲にいちど除去された窒化ケイ素が再付着している. そして真空中では付着物(built-up edge)が広範囲に認められる. これに対し，水中では付着物は認められない. これは，水と窒化ケイ素が反応したり，水による対流によって速やかに付着物が除去されたためである.

　レーザ加工は光の吸収から始まる. 材料によるレーザ光吸収率の差を有効に利用した例として多層プリント基板の穴あけがある. 多層プリント基板は図5.35(a)のように絶縁膜と配線パターンを積層して多層化したものである. この層間の導通を取るためのビアホールの形成にCO_2レーザが使われる. ガラスエポキシ（絶縁膜）に比べて銅（配線パターン）の反射率が高いため，銅箔の表面で加工の進行が止まる. その結果，絶縁膜のみが除去されて配線パターンが残る. 図5.35(b)は基板の穴の底面に焦点を合わせて観察した写真である. ガラスエポキシが除去されて銅の金属光沢が観察できる. 市販されている専用機では，このような穴を1秒間に1000個以上あける能力を有するものもある. CO_2レーザの波長は通常10.6 μmであるが，先に述べた選択性をより大きく引き出すために，これより短い波長の光が使われることも多い.

b.　切断

穴あけ加工のビームを表面に沿って移動させると切断加工となる. 図5.36にNd:YAGレーザ光によるダイヤモンドの切断例を示す. ダイヤモンドは地球上で最も硬い物質であるが，レーザ光を照射することで容易に切断できる. ダイヤモンドは光透過性に優れNd:YAGレーザ光をほとんど透過するが，ダイヤモンドに含まれる不純物や欠陥などにレーザ光が吸収されることによって加工が始まる. 加熱された部分が炭酸ガスなどとして気化して除去が進行する結果，再付着による品位の低下はそれほど大きくない.

　切断と同様の目的ではあるが，ガラスにレーザ光を照射して熱応力を発生させることで亀裂を走らせてガラスを切断できる. 切りくずを出さずに材料を分割する方法であり，割断と呼ばれる.

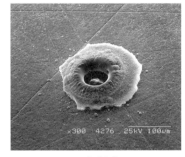

(a)大気中

(b)真空中

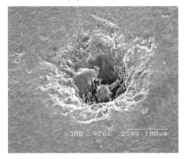

(c)水中　　　　100μm

図5.34　窒化ケイ素の穴あけ

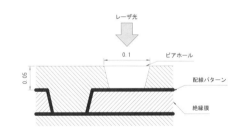

(a)穴の断面構造

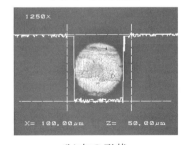

(b)穴の形状

図5.35　多層プリント基板の穴あけ

c. 溶接

局部的に溶解，凝固することで溶接ができる．レーザ光は小さい面積に絞れることから，他の方法では接合が難しい小さいもの，薄ものに対して威力を発揮する．図5.37は細い鋼線の接合例である．体積が小さい材料の溶接では入熱量の制御が重要で，入熱量が少なければ溶けず，わずかでも大き過ぎれば溶断してしまう．レーザ溶接は入熱量の制御が容易であり，かつ微小な範囲のみ加熱できる点で優れる．この様な金属の接合では溶接部の酸化を防ぐために，雰囲気調整した容器内で接合したり，不活性ガスを吹き付けながら溶接したりする．

容易に高温が得られるため，金属だけではなく，セラミックなどの接合も可能である．ガラス上に金属粉末を載せ，ガラスを通してアルゴンイオンレーザ光を照射する．ガラスはレーザ光を透過するが，表面にある金属粉がレーザ光を吸収することでガラスも加熱されて金属粉をガラスに接合できる．この金属粉末を様々な大きさでガラス上に付着させ，ガラスの装飾を行ったものが図5.38である．

d. 光造形法(stereolithography)

光造形法は積層造形法(layer laminate manufacturing)と呼ばれる3次元造形法の一種である．積層造形法では，図5.39(a)に示す3次元CADデータを各層に切断して図5.39(b)に示す2次元スライスデータを生成し，この2次元スライスデータをもとに各層の薄いシートを作製する．そして，これらシートを順次積層することで，3次元CADデータと同じ立体形状を作製する．光造形法とは，紫外光を照射することで硬化する光硬化性樹脂(photopolymerizable resin)と呼ばれる液体状の樹脂を用いる手法であり，紫外光源のひとつとしてレーザが利用される．

レーザを利用した光造形法の加工手順を図5.40に示す．最下層のスライスデータの形状に基づいてレーザ光を照射し，光硬化性樹脂表面に硬化層を形成する（図5.40(a)）．次にテーブルを下降させて，未硬化樹脂を硬化層の上に流動させる．第2層のスライスデータに基づいてレーザ照射し，第2硬化層を形成する（図5.40(b)）．この手順を順次繰り返すことで，成型物を得る（図5.40(c)）．

この積層造形法には光造形法のほか，さまざまなものが提案されている．特にレーザを使ったものに，粉体原料をレーザ光により焼結して積層造形を

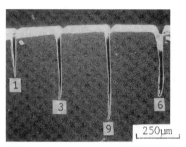
図5.36　Nd:YAG レーザ光によるダイヤモンドの切断

図5.37　細い鋼線の溶接

図5.38 ガラスの金属による装飾

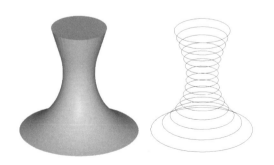
(a) 3次元CADデータ　(b) 2次元スライスデータ
図5.39　積層造形法における工作物の例

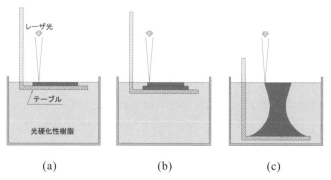
図5.40　レーザによる光造形法の加工手順

行う粉末焼結法(sintering)，金属板や紙のシート材料をレーザにより切断して
積層するシート積層法(sheet lamination)がある．

e.　マニピュレーション

光が屈折などによって運動量が変化すると，その反力として光放射圧が生じ
る．この放射圧により微粒子を拘束して動かすことができる．図 5.41 は直径
8.5 μm シリカ球をレーザマニピュレーションにより組み上げて作った三角錐
で，最後の 1 個を空中で運んでいる様子である．生体材料も含め微小物体の
操作に適用が期待されている．

図 5.41　レーザマニピュレーションでシリ
カ球を積み上げている様子
（埼玉大学池野先生のご厚意による）

5・3・4　ま と め

以上レーザ加工について述べた．ここでは金属やセラミックなどの工業材料
についても述べたが，医学的見地から生体への適用例も多い．光はフレキシ
ブルな工具と考えられ，まだまだ新しい適用法が提案，実現されると思われ
る．さんさんと輝く太陽光に感謝しながら，新しい光の利用法を考えてみる
ことも良いかもしれない．

問題：

1. Explain the reason why Nd:YAG laser beams can be transmitted with optical
   fibers but CO_2 laser beams are not.

2. 図 5.33 で使用しているレーザはエネルギー2J，パルス幅 10 ns のパルス発
   振 Nd:YAG レーザである．パルスの出力が矩形と仮定してピークの出力を
   計算しなさい．この出力の大きさがどの程度か，同程度の出力の装置を探
   してイメージしなさい．例えば，柏崎刈羽原子力発電所 7 号機の出力 135.6
   万 kW と比較して考えよ．

3. Laser beams have been widely applied to medical treatments. Provide practical
   applications and explain why lasers are employed.

4. レーザを使う際に注意すべきことを列挙せよ．

5. レーザの特徴を理解して，将来適用できそうな対象を考えよ．

5・4　表面処理(surface treatment)

材料はその表面で外部環境と接しており，擦られたり，荷重や温度の変化に
さらされたり，化学的作用を受けたりする．そのため，多くの場合，表面か
ら内部へ向かって摩耗や傷，変形が生じたり，腐食したりして損傷する．表
面の損傷は，部品の寸法・形状に誤差を生じさせるだけでなく，強度をはじ
めとする材料自身の機械的特性を低下させるため，機械の精度や寿命に大き
な悪影響を及ぼす．したがって，表面に損傷が生ずるのを防ぐことで，部品
ひいては機械の寿命を延ばすことができる．

　そこで，材料表面の物理的性質や化学的性質を向上させる加工を施す方法
が採られている．例えば，部品に対して以下のような特性の改善が望まれる
場合，要求特性を確実に発揮するように，機械加工の後，さらにその表面が
加工される．

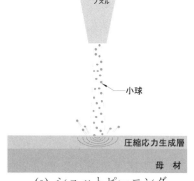

(a) ショットピーニング

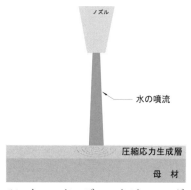

(b) ウォータージェットピーニング

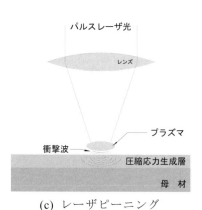

(c) レーザピーニング

図 5.42　ピーニングのいろいろ

・摩耗，浸食，押込み荷重に対する抵抗強化（軸，ロール，カム，歯車など）
・疲労特性の向上（ベアリングやすみ肉部を有する軸など）
・摩擦の制御，潤滑特性の改善（工具，型，ベアリング，案内など）
・耐腐食・酸化性の向上（自動車・船舶の外板，ガスタービン部品など）
・高温強度の向上（ジェットエンジンやロケットの部品など）
・生体適合性の付与（人工関節，ステントなどの医療用具）

　これら要求される特性をさまざまな種類の材料の表面に付与するため，いろいろな表面加工法が用いられている．それらは総称して表面処理と呼ばれ，材料表面に耐摩耗性，耐食性，耐熱性，潤滑性，断熱性などの性質を付与することを目的に，表面の構造・材質を変えたり，金属やセラミックスで被覆したり，高分子材料で塗装したりする方法である．

　本節では，表面に所望の特性を付与するため，部品表面の構造・性質を変化させるのに利用されている表面処理の手法について以下の順で説明する．まず，部品材料表面自体の微細構造を変化させるひとつの方法として，塑性変形による残留圧縮応力層の形成について述べる．次に，熱処理により表面の化学組成を変化させずに微細組織を変化させる方法について述べる．そして，同じく表面微細構造を変化させる方法のひとつであるが，部品表面層から材料内部にさまざまな元素を添加することにより化学組成を変化させる方法について述べる．最後に，部品材料以外の物質で部品表面を覆う表面被覆の方法について述べる．

5・4・1　塑性変形による圧縮残留応力(residual stress)層形成

前加工された金属製工作物の表面特性を改善するため，物理的エネルギーにより表面に塑性変形を生じさせる方法が利用されている．塑性変形が生じることで，加工硬化が起こったり，圧縮残留応力層が形成されたりして表面の物理的特性が変化する．主な方法について，以下に述べる．

a.　ピーニング

ピーニング(peening)とは，金属表面を均一にたたいて衝撃を与えることによって表面の機械的強度を高める処理方法である．ピーニングは表面への衝撃の与え方によって区別され，代表的なものにショットと呼ばれる鋼などの小さな硬球を吹き付けるショットピーニング，高圧水の噴流を吹き付けるウォータジェットピーニング(water jet peening)，パルスレーザを用いて発生する衝撃波を伝播させるレーザピーニング(laser peening)がある．これらの方法の模式図を図 5.42 に示す．

1)　ショットピーニング(shot peening)

ショットピーニングとは，部品表面に多数の鋳鋼，ガラスまたはセラミックス製小球を高速度で衝突させることにより繰り返したたく，一種の冷間加工である．部品表面はたたかれることによって塑性変形する．このとき部品厚さ方向の塑性変形量が一定しないため，多数の圧こんが生成し，表面はそれらの重なり合った形状となる．用いられる小球の直径はふつう 0.125〜5 mm で，形成される圧こんの最大深さは 1.25 mm 程度である．部品表面には圧縮残留応力が生じて，部品の疲労寿命が改善される．この加工法は，例えば軸，

歯車，バネ，油井掘削用ドリルやジェットエンジン部品を対象として用いられている．

2)　ウォータジェットピーニング(water jet peening)

ウォータジェットピーニングは比較的新しい方法であり，400 MPa にも達する高圧の水の噴流を部品表面に吹き付けて圧縮残留応力を生じさせ，ショットピーニングと同様に表面および表面下を硬化させる方法である．この方法は鋼およびアルミニウム合金に対して有効であることが明らかになっている．水の噴流圧力，噴流速度のほか，ノズル形状，ノズル－工作物間距離などの加工条件を制御することにより，過度の表面あらさ増加や損傷をさけながら，表面の機械的強度を高めることができる．

3)　レーザピーニング(laser peening)

1990 年代初頭に開発されたレーザピーニングは，高出力パルスレーザにより工作物表面直上で発生させた衝撃波を工作物表面層に伝播させる方法である．この方法では，約 1 mm 以上の深さまで圧縮残留応力層が形成される．レーザピーニングはジェットエンジンファン翼やチタン合金，ニッケル合金などの材料でつくられた部品に有効利用されている．ただし，パルス幅数十 ns で 100～300 J/cm² 程度の高エネルギーのレーザ光が必要とされ，現在のところ工業的に高コストであるため利用は限られている．

b.　バニシ仕上げ

バニシ仕上げ(burnishing)とは，工作物表面に平滑で硬い工具を押し付けて滑らせ，工作物表面部分の塑性変形を生じさせ，表面の機械的特性を向上させるとともに，面を平滑にして仕上げ状態を改善し，さらに所定寸法に仕上げる加工法である．研削，ホーニング，ラッピングなどと組み合わせて適用される．また，硬質，軟質を問わず，多くの金属材料に対して有効な方法である．

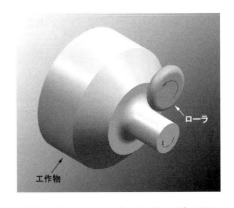

図 5.43　ローラバニシ仕上げの例

　工作物表面を硬く平滑なローラにより冷間加工する方法をローラバニシ仕上げ(roller burnishing)という．概略を図 5.43 に示す．この方法は，工作物の平面部だけでなく，円筒面部や円錐面部にも適用される．工作物表面の傷や加工模様，くぼみが除去されて表面形状が改善されるとともに，腐食性の生成物・残留物が閉じこめられ，耐腐食性も改善される．シール，バルブ，スピンドル，軸の面取り部など，流体機械要素の製作によく利用されている．

　円筒内面は，ボールバニシング(ball burnishing)と呼ばれる方法によりバニシ仕上げされる．この方法では，円筒内径よりわずかに大きい平滑な球を穴の軸方向に押し込む．

c.　その他

工作物表面に張り付けた爆薬層が爆発するとき生じる瞬間的な高圧力を利用して，表面の引張強度，硬度，降伏点，疲労強度などを高める方法が爆発硬化(explosive hardening)である．35 GPa に達する圧力が 2～3 μs 作用することにより，例えば表面硬度が 5%以下の形状変化を伴って増加する．比較的深い位置まで硬化させることができる．

5・4・2　熱処理(heat treatment)による表面層組織変化

熱処理とは，金属や合金を加熱・冷却することで望ましい性質・状態にする方法であり，工業的に非常に有用な加工法である．通常，工作物全体を電気炉などで加熱することにより熱処理が行われるが，表面層のみを加熱することによって表面特性を改善することができる．熱処理により改善される表面の性質には，押込み・浸食・腐食に対する耐性，摩擦摩耗特性，硬さなどがある．以下に，一般的な方法を述べる．

a．炎焼入れ

炎焼入れ(flame hardening)とは，酸素とアセチレンまたは他の燃料ガスの炎を材料表面にあてて加熱し，表面層が焼入れ温度に達したときに加熱を止め，急冷し，焼入れ(quenching)する方法である．設備や運転にかかるコストが安く，作業が手軽で，連続的に処理を行うことができるため，多品種少量生産に向いている．また，大きな寸法の工作物でも取り扱うことができるが，薄肉部品には不向きである．

b．高周波焼入れ

高周波焼入れ(induction hardening)とは，高周波誘導電流によって材料表面を急速に加熱し，その後，急冷して焼入れする方法である．誘導加熱コイルには銅製のパイプを使用し，渦電流密度が材料表面で大きくなるようにパイプと材料表面のすきまを極力小さくして高周波電流を流す．電流が流れる際の抵抗熱で工作物の表面温度が上昇する．薄い加熱層を得るには，電力密度および周波数を高くし，短時間に加熱する必要がある．高周波による加熱の様子を図5.44に示す．

　高周波焼入れした鋼は，その他の方法によって焼入れしたものよりも表面硬度が高く，残留圧縮応力が生じるために疲労強度も高い．また，表面層を短時間に加熱するため変形も少ないという特徴がある．

c．レーザ焼入れ

レーザ焼入れ(laser hardening)とは，高エネルギー密度のレーザビームを部品の表面に照射して加熱したのち，冷却して硬化させる方法である．レーザ焼入れに用いられるレーザ発振装置には炭酸ガスレーザがよく利用される．レーザビームの径を絞ってエネルギー密度を高めて照射するため加熱速度は非常に高く，冷却剤は用いず自己冷却で焼入れがなされる．したがって，短時間に局所焼入れができ，ひずみの発生も少ない利点がある．

d．電子ビーム焼入れ

電子ビーム焼入れ(electron-beam hardening)とは，真空中で電子ビームを工作物表面上に照射し走査しながら加熱し，自己冷却によって焼入れする方法である．真空中でしかできないプロセスであるが，比較的熱効率が良く，酸化，脱炭などの影響のない焼入れができる．

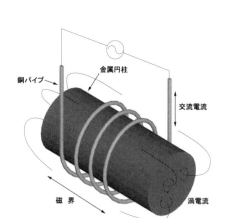

図5.44　高周波誘導加熱の様子

5・4・3　元素添加による表面層化学組成変化

表面層の化学組成を変えて表面の特性を変化させる方法で，添加する元素と
して用いられるものに炭素，窒素，ホウ素，硫黄，亜鉛，アルミニウム，ク
ロム，ケイ素など，多くの種類がある．

a．拡散浸透法

拡散浸透法(diffusion processes)とは，拡散(diffusion)と呼ばれる物理現象に基
づき，母材と異なる金属あるいは非金属元素を工作物表面から内部へ混合さ
せ，その結果として表面特性を変化させる方法である．固体金属中へ原子が
拡散する経路には，図 5.45 に示すように，原子が(a)金属表面を移動する表面
拡散(surface diffusion)，(b)結晶粒界を移動する粒界拡散(grain boundary
diffusion)および(c)金属結晶格子内を移動する格子拡散(lattice diffusion)の 3 種
類がある．原子が格子拡散する場合には固溶体(solid solution)が形成される．

　基本的な工程は以下のとおりである．炭素，窒素，ホウ素など所望の元素
が含まれる雰囲気中で，電気や燃焼のエネルギーを利用して工作物を加熱す
る．拡散させる元素は，固体，液体または気体の状態で供給され，高温下で
工作物の表面から内部に拡散する．その後，工作物を急冷する．この方法は
拡散させる元素によって各々固有の名称で呼ばれており，例えば拡散元素が
炭素，窒素の場合，それぞれ浸炭(carburizing)，窒化(nitriding)という．

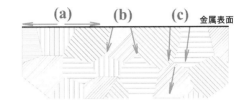

図 5.45　固体金属への原子の拡散経路

b．イオン注入(ion implantation)

イオン注入とは，付加する元素を気相中でイオン化し，そのイオンをビーム
状にして工作物表面に照射し，表面近傍層へ打ち込む方法である．イオンは，
工作物表面から深さ数μm まで進入できる程度に電界を利用して真空中で加
速される．イオン注入により表面の硬さを増加させ，摩擦・摩耗・腐食に対
する耐久性を改善することができる．この方法では，添加するイオンのエネ
ルギーや量などが正確に制御できるとともに，イオン注入が不要の部分には
マスクをして必要な部分のみ選択的に元素を打ち込むこともできる．

　イオン注入は，アルミニウム，チタン，クロム，ステンレス鋼，工具鋼，
ダイス鋼，炭化物などの材料の表面特性を改善するのに特に有効であり，切
削工具，総形工具，型などから人工関節のような金属製義肢まで，さまざま
な部品の表面改質に利用されている．また，半導体素子作製のプロセスでは
ドーピング法(doping)として，シリコンのような半導体材料に微量の元素を添
加し，電気特性を変化させる目的で利用されている．

5・4・4　異種材料の表面被覆

これまで述べてきた塑性変形，熱処理および元素添加による表面特性の改善
法は，部品材料自身の性質を変化させるものであり，当然ながらその性質の
変化はある範囲に限られる．しかし，これから述べる異種材料を工作物表面
に被覆する方法は，工作物材料自身とは全く異なった性質を付加できる点で，
さらに有効な方法である．この節では機械的被覆法，塗装，溶射および気相
合成法を取り上げるが，このほか異種材料被覆法として重要な電気めっきに
ついては第 5・1・2 節を参照されたい．

a. 機械的被覆法

機械的被膜法のひとつとして，ローラやその他の工具を用いて圧力をかけることで，工作物とは異なる材料の薄板を工作物表面に被覆ないしは密着させる方法がある．典型的な応用例はアルミニウムのクラッディング(cladding)であり，耐腐食性アルミニウム合金がアルミニウム合金基材に被覆される．また，鋼に対してステンレス鋼もしくはニッケル合金を被覆する場合がある．

　機械的エネルギーを利用して被膜を形成するほかの方法として，衝撃めっき法(impact coating)がある．ゴムで内張りしたバレル(barrel)に工作物，ガラスビーズ，水，化学薬品および原料金属粉末を入れ，バレルを回転させて攪拌し，被膜を形成させる方法である．バレル回転による機械的エネルギーがガラスビーズを介して金属微粒子に与えられ，工作物表面に固着される．この方法は常温で行われるため加熱冷却に伴う基材の変形や硬度低下が起こらず，電気めっきの工程で生ずる水素脆化(hydrogen embrittlement)の影響もないという特徴がある．

b. 溶射

溶射(thermal spraying)とは，酸素・アセチレン炎，アーク，プラズマなどの燃焼または電気のエネルギーにより，各種金属，合金，炭化物，セラミックスを加熱もしくは溶融して工作物表面に吹き付け，被膜を形成する方法である．図 5.46 に(a)溶線・棒式フレーム溶射(wire/rod flame spraying)，(b)粉末式フレーム溶射(powder flame spraying)および(c)プラズマ溶射(plasma spraying)の概略を示す．

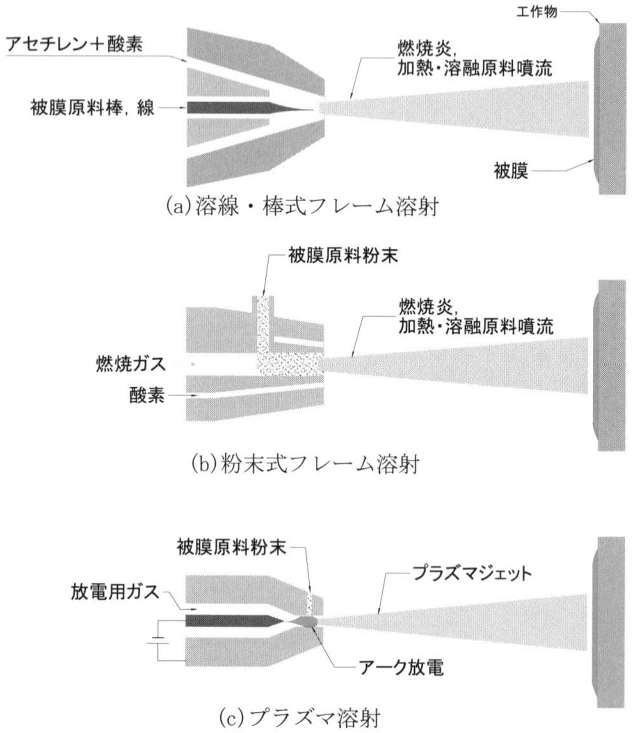

　被膜材料はワイヤ，棒，粉体の形でスプレーガンに供給され，その加熱粒子や溶滴が工作物表面に速度 100～1200 m/s で衝突する．形成される被膜は層状構造であり，膜厚が数百マイクロメートルまでのものが工業的に広く利用されている．被膜の付着力を増すため，はじめに工作物表面は洗浄され，傷付け加工(scratching)が施される．被膜中には，空気の混入による空隙や高温プロセスで生じる酸化物粒子が含まれやすく，多い場合には 20% 程度に達する．そのため，溶射後の後処理として，溶射被膜の開口気孔に封孔剤を浸透させて気孔を密閉し，被膜の物理的・化学的性質を改善する封孔処理(sealing)が施される場合がある．

　大気中でスプレーガンを移動させながら被膜形成を行うことができるため，溶射は大型の部品にも適用可能である．典型的な応用例として，航空機のエンジン部品や構造体，貯蔵タンク，ロケットノズルのほか，摩耗や腐食に対して高抵抗が要求される部品があげられる．

(a)溶線・棒式フレーム溶射

(b)粉末式フレーム溶射

(c)プラズマ溶射

図 5.46　溶射のさまざまな手法の概略

c. 気相合成法

気相合成法(vapor deposition)とは，被膜原料の原子・イオン・原子団，活性種

などの存在する気相中に工作物を置き，工作物表面に所望の材料の被膜(coating)を付着，堆積させる方法である．被膜原料は主に固体もしくは気体の状態で供給され，気体分子との衝突，熱，放電などにより，常圧もしくは低圧下で解離，励起される．気相中や工作物表面で原料の化学反応を伴う場合もある．

　気相合成法(vapor deposition)では金属，プラスチック，ガラス，紙などを工作物とし，その上に金属，合金，炭化物，窒化物，ホウ化物，酸化物など非常に多くの種類の被膜を形成することができる．被膜厚さは，通常，数マイクロメートルの程度であり，機械的被覆法や溶射に比べて非常に薄い被膜が形成される．所望の機能を表面に付与するには，被膜の組成，厚さ，密度など構造の制御が重要となる．気相成長法の典型的な機械的応用としてはコーティング切削工具があげられる．その他，光学部品の反射・保護・波長選択膜，食品容器用高分子フィルムへのアルミニウム抗菌膜，半導体デバイスの酸化シリコン絶縁膜の形成など，さまざまな分野で成膜技術として利用されている．

　以下，物理気相合成法と化学気相合成法とに分けて述べる．

　1)　物理気相合成法(physical vapor deposition，略記：PVD)
物理気相合成法の基本的手法は3つあり，それらは(a)真空蒸着法，(b)スパッタリング法および(c)イオンプレーティング法である．これらの方法は，高真空中，固体で供給される被膜原料を蒸発させ，工作物の表面に膜を堆積させるものである．

　a)　真空蒸着法(vacuum evaporation)
真空蒸着とは，被膜原料を10^{-2} Pa以下の真空中で加熱することにより蒸発させ，室温もしくはそれよりやや高い温度の工作物表面に付着させる方法である．被膜材料の加熱には抵抗加熱(resistance heating)または電子ビーム加熱(electron beam heating)が利用される．

　抵抗加熱を用いた装置の構成は非常に簡易であるが，タングステンやタンタルの高融点金属で作られたフィラメントや板状容器が用いられるため，被膜にこれらの材料が混入する．また混合物を原料とすると，ある温度で個々の元素の蒸気圧が異なるため，被膜の組成を制御することが困難である．これらの欠点は電子ビームを利用した加熱に置き換えることで改善され，工業的に広く利用されている．電子ビーム真空蒸着装置の概略を図5.47に示す．

　真空蒸着法により形成される膜の特性には，基板表面の状態，基板温度，蒸着材料の純度，真空圧力と清浄さ，蒸着速度などが影響を及ぼす．

　b)　スパッタリング(sputtering)
スパッタリングとは，図5.48に示す原理図のように，気相中に存在するイオンの衝撃により固体物質の構成原子が表面から叩き出され，気相中に飛散する現象である．技術的には，電界により不活性ガス（通常，アルゴンガス）をイオン化させ，生成した正イオンを固体の被覆原料に衝突させることにより，被膜原料の原子を表面から叩き出す．叩き出され飛散したスパッタ原子が工作物表面に付着することにより薄膜が形成される．図5.20にすでに示した平行平板型の電極を配置し，直流電界を利用した直流二極スパッタリング

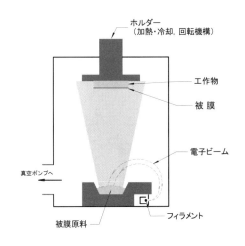

図5.47　電子ビーム真空蒸着

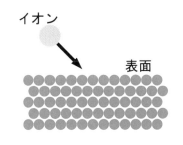

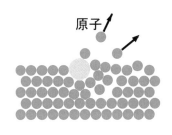

図5.48　スパッタリングの原理

法は，代表的なスパッタリング法である．真空蒸着に比べて蒸発粒子のエネルギーが高く，工作物表面はスパッタ原子以外の高エネルギー粒子の衝突も受けるため，緻密で付着力の高い膜を形成することが可能であるが，スパッタ原子の量を多くすることが困難であるため成膜速度は一般に低い．

　イオン化させる不活性ガスとともに酸素のような反応性ガスを反応容器内に供給することにより，スパッタ原子が酸化されて酸化物の被膜ができる．これを反応性スパッタリング(reactive sputtering)といい，炭化物や窒化物の薄膜も堆積させることができる．

　c)　イオンプレーティング(ion plating)
イオンプレーティングとはプラズマ中で真空蒸着する方法であり，被膜材料の蒸発装置と放電によるプラズマ生成装置を兼ね備える．直流や高周波放電を用いて生成したプラズマを利用して，蒸発させた原料粒子の一部をプラズマ中でイオン化し,工作物に負電位を与えることにより加速して付着させる．加速されたイオンの衝撃作用により工作物表面を清浄化する作用も加わり，付着力の優れる被膜を形成することができる．

　2)　化学気相合成法(chemical vapor deposition: 略記 CVD)
化学気相合成法とは，被膜材料の構成元素を含む化合物または単体のガスを反応容器内に供給し，熱やプラズマ，光のエネルギーにより活性化して気相あるいは基材表面上で化学反応を生じさせ，所望の材料の薄膜を形成する方法である．図 5.49 にその概要を示す．

　この方法では金属，非金属に限らず多くの種類の膜が形成できる．被膜の厚さはガス流量，成膜時間および温度に依存して変化するが，一般に成長速度は速く，被膜厚さは物理気相成長法で得られる被膜より厚くすることができる．化学反応を生じさせるのに高温が必要とされる熱 CVD に対し，プラズマ CVD やレーザ CVD では低温化が実現され，工作物材料の選択の幅が広がっている．

　典型的な応用例は，切削工具への窒化チタン（TiN）コーティングである．工具は真空容器内のグラファイト製トレイの上に置かれ，大気圧または減圧の不活性ガス中で 950～1050°C に加熱される．そして，四塩化チタン，水素および窒素ガスが供給され，化学反応を通じて窒化チタンが工具表面に形成される．炭化チタンをコーティングする場合には，窒素ガスの代わりにメタンガスを供給する．また，化学気相合成法のプロセスは，ダイヤモンドの合成にも利用されている．

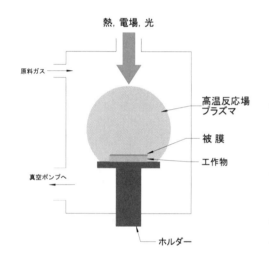

図 5.49　化学気相合成法

d.　塗装
塗装(painting)とは基材の表面に塗料の膜をつくる方法である．耐環境性，低コスト，適用の容易さ，色の豊富さなど機能性と装飾性の特徴から，塗装は表面被覆法として工業的に広く利用されている．

　塗料は，塗膜をつくる油脂や樹脂などの主成分に塗膜を着色し強靱にする顔料(pigment)を加え，そのほか溶剤(solvent)，可塑剤(plasticizer)，乾燥剤(desiccating agent)などから成る．例えば，エナメルは，細かく粉砕した樹脂を含む油性の顔料着色塗料であり,溶剤の揮発を主たる塗膜形成機構として，

平滑で光沢のある塗膜を形成する．塗料の選択は仕様に依存し，機械的な要求としては耐摩耗・衝撃・屈曲性が，化学的な要求としては耐酸・アルカリ・溶剤・洗剤・燃料・染色性などがある．

一般的な塗装法には浸せき(dipping)，はけ塗り(brushing)および吹きつけ(spraying)がある．工業的には，自動化，省力化，塗料節減など能率や経済性の向上を図るため，電着塗装(electro deposition)や静電塗装(electrostatic coating)が利用されている．電着塗装とは，水性塗料を満した容器に浸した導電体工作物と電極との間に直流電圧を印加することによって，水中に分散している塗料の微粒子を電気的な力によって工作物表面に引き寄せ，凝集，析出させて塗膜を形成する方法である．また，静電塗装とは，工作物を陽極，塗料噴霧装置を陰極にして直流の高電圧を印加し，帯電させた塗料を工作物表面に静電気力により吸着させて塗膜を形成する方法である．単なる吹付け塗装では塗料の損失が多いときには70％に達するが，静電塗装では10％以下に減らすことができる．

問題：

1. List the products or components of which surfaces are processed to improve the properties, and consider the purpose of each surface treatment.

2. 残留圧縮応力層が表面に形成されることにより，なぜ表面の特性が向上するのかを考察せよ．

3. Describe the differences between the films that are formed by spraying and vapor deposition.

4. メガネには気相合成法で形成された膜が多用されている．どの部分にどのような用途で利用されているか調べよ．

5. What are the properties required for paints for a car body?

5・5 微細加工(mico/nano-scale processes)

微細とは通常意識される事物に比べて非常に細かいこと，もしくはきわめて小さいことを意味する言葉である．そこで，一般的な大きさの部品と比較して寸法の非常に細かい，もしくはきわめて小さいものを作製する手法は「微細加工」と呼ばれている．

微細加工の例を従来の精密加工(precision process)の分野からあげると，光学部品の作製があてはまるだろう．例えば回折格子(diffraction grating)には，ルーリングエンジン(ruling engine)と呼ばれる高精度の工作機械を用いて，1 mm あたり1000本にもおよぶ正確な溝形状の刻線が高精度に形成されている．レンズや反射鏡では，サブミクロンの表面粗さは常に達成されている．これらの例をみると，表面における加工に関する限り，微細加工といっても特別に目新しいわけではない．

しかし，機械の微小化の要求から，3次元的に寸法の微小な立体形状を作製する必要性が生じている．そして，3次元形状の微細な部品をつくろうとすると，従来の加工法をそのまま適用しても工作物の大きさは1 mm 程度が限界であるとされている．例えば，現在作製されている最も小さい歯車は，

(a)

(b)

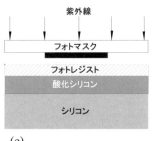

(c)

(d)

(e)

(f)

図 5.50　フォトリソグラフィの工程

プラスチック製であるが，直径約 0.8 mm である．そこで，従来機械加工の高度化，高エネルギービームの利用，半導体デバイス作製法の応用などから，ひとつひとつの原子・分子を素材の単位として積み上げナノメートル領域から構造物をつくることまで，さまざまな研究・開発がなされている．

　この節では，寸法が数百マイクロメートル以下の 3 次元構造体を作製する微細加工法として，半導体集積回路を作製するためのプレーナ法，高度機械加工法および材料堆積法を取り上げ，それらの概要について述べる．

5・5・1　プレーナ法(planar process)

電子回路を構成するトランジスタ・ダイオード・抵抗などの素子を，1 枚のウェーファー(wafer)上に同時に多数作製して，複数の集積回路をつくる加工法をプレーナ法という．平面上での処理だけで加工が進められることからこう呼ばれる．半導体材料として単結晶シリコンが通常用いられる．プレーナ法はシリコンの酸化(oxidation)，フォトリソグラフィ(photolithography)，エッチング(etching)，不純物原子の拡散，成膜(film deposition)など多くの工程からなる．

　プレーナ法は微細加工法の中でも数十年間にわたり工業的に実用され，また回路の集積化が著しい速さで進展していることから，精度の点でも高度化された方法である．2004 年現在の半導体製造ラインでは，最も込み入った部分に引かれた配線の中心間最短距離は 90 nm に達している．プレーナ法のもう一つの特徴は，個々の部品をつくってそれらを組み立てるという機械製作法とは異なり，材料をつくって不要部分を除去するのを繰り返しながら製品を作製する点である．ここではプレーナ法の工程のうち，フォトリソグラフィおよびエッチングを中心に述べる．成膜については 5・4・4・c 項を参照されたい．

a.　フォトリソグラフィ

フォトリソグラフィとは紫外線・遠紫外線を光源としてフォトレジスト(photoresist)と呼ばれる感光性樹脂の膜を露光(exposure)し，現像してパターンを形成する手段であり，写真の印写技術に類似の方法である．フォトリソグラフィの工程を断面図で描いたものを図 5.50 に示す．

　まず，図 5.50(a)のように，酸素の存在する雰囲気中で基板であるシリコンウェーファーを 1000°C 程度に加熱して，シリコン表面に酸化シリコンの層を形成する．この層は絶縁層としての役割のほか，シリコン表面の保護層としてはたらく．つぎに，酸化シリコン層表面にフォトレジストを薄く均一に塗布し，乾燥させる（図 5.50(b)）．その後，半導体集積回路のパターンが印刷されているフォトマスクをフォトレジスト表面の直上に近接させて位置合わせをし，フォトマスク上方から紫外線を照射してフォトレジストを露光する（図 5.50(c)）．フォトマスクにより露光されないフォトレジストを洗浄・除去する（図 5.50(d)）ことにより，回路パターンを現像する．なお，フォトレジストには，このように露光されたフォトレジストが残るポジ型(positive pattern)と，露光されない部分が残って回路パターンを現像するネガ型(negative pattern)の 2 種類がある．

　回路パターンを現像した後，シリコン基板をフッ酸（フッ化水素の水溶液）にさらすと，フォトレジストに覆われていない酸化シリコン層は腐食され溶解し，シリコンの表面が露出する（同図(e)）．最後に，酸化シリコン層の保護膜であるフォトレジストを除去する（同図(f)）ことにより，シリコンと酸化シリコンにより回路パターンをした凹凸形状が得られる．

b.　エッチング(etching)

液相または気相中でなされるエッチングは，湿式または乾式エッチングとも呼ばれ，フォトレジストにより覆われていない表面層を除去するのに利用される．用いられる化学物質には，除去層の材質に応じて適切なものが何種類か存在するが，フォトレジストに対して除去層をより選択的にエッチングするものが望まれる．

　1)　湿式エッチング(wet etching)

酸化シリコン層を化学的に液相中でエッチングするにはフッ化水素を含む溶液が一般に用いられ，シリコンウェハはその中に浸される．室温でフッ化水素溶液が酸化シリコンをエッチングする速度は，フォトレジストやシリコンをエッチングする速度より非常に高く，溶液の濃度や酸化シリコン層の密度にも依存するが，25°C で 10～100 nm/min である．エッチング速度は温度に依存するため，精密な温度管理が行われる．

　湿式エッチングでは，エッチングが等方的に，すなわちエッチング液(etchant)に触れているすべての表面の垂直方向に進行する．このエッチング形態を等方性エッチング(isotropic etching)という．図 5.51(a)に，酸化シリコン層に細い溝を等方性エッチングにより形成した結果を示す．酸化シリコン層の厚さと同じだけフォトレジストの下部にもエッチングが進行する様子が描かれている．これはアンダーカット(undercutting)と呼ばれ，線幅が酸化シリコン層と同程度になるにつれて重要な問題となる．

　2)　乾式エッチング(dry etching)

気相中の活性粒子や高エネルギー粒子を利用することにより，湿式エッチングにみられるアンダーカットが起こるのを低減させ，図 5.51(b)に示すように，フォトレジストで形成したマスクの線幅と等しい幅で酸化シリコンをエッチングすることができる．エッチングが深さ方向にのみ進行することから，等方性エッチングに対する用語として異方性エッチング(anisotropic etching)と呼ばれる．乾式エッチングには，おもにプラズマエッチング(plasma etching)，スパッタエッチング(sputter etching)およびこれらを複合した反応性イオンエッチング(reactive-ion etching)がある．

　プラズマエッチングとは，真空容器中で高周波放電などにより生成されたプラズマにウェハをさらし，プラズマ中の活性粒子との化学反応によりエッチングをする方法である．酸化シリコンをエッチングするには，フッ素や塩素のイオンを含むプラズマが用いられる．

　スパッタエッチングとは，高エネルギーの不活性ガスイオン，通常の場合アルゴンイオンをウェハ表面に衝突させ，イオンとウェハ表面原子との間の運動量の交換により，ウェハ表面原子をウェハ表面から物理的に叩き出して

(a)等方性エッチング

(b)異方性エッチング

図 5.51　エッチング領域の断面

エッチングをする方法である.ウェハ表面に垂直にイオンを照射することで,非常に異方性高く,単一の方向にエッチングが可能であるが,エッチングする材料の選択性に劣るのが欠点である.そのため,マスク材料の選定に注意する必要がある.

　反応性イオンエッチング(reactive-ion etching)とは,プラズマエッチングとスパッタエッチングを組み合わせたもので,プラズマ中で生成した化学的反応性に富むイオンを加速してウェハ表面に衝突させることによりエッチングをする方法である.運動量の交換という物理現象と化学反応が複合された過程をとおしてエッチングが進行する.

c. 応用例

プレーナ法はシリコンを対象材料として半導体デバイス作製のために開発された加工法である.その後,微細・微小な機械要素の作製にも適用され,直径 100 μm と髪の毛の太さほどの回転子が作製されている.さらに,微細機械要素と電気・電子デバイスを集積化したマイクロシステム(micro electro mechanical systems, 略記 : MEMS)が提唱され,プレーナ法の適用材料や応用範囲が広がっている.ここでは,その一例として,気相合成ダイヤモンド膜(chemical vapor deposited diamond film)を材料とし,プレーナ法により微細加工をした例について述べる.

　図 5.52 は厚さ 2 μm のダイヤモンドマイクログリッパーである.基本的には 5・5・1・a および b 項で述べたフォトリソグラフィとエッチングの技術,およびダイヤモンドの気相合成技術を利用してつくられたものである.機械的な動きをさせるデバイスであることから,半導体デバイス作製のプロセスとは異なり,基板から分離した可動部分を形成する必要がある.そのため,ダイヤモンド合成の下地とした薄膜材料をエッチングで除去し,可動部分となるダイヤモンド製構造体を分離して残す方法が採られている.

　プレーナ法は平面的な加工には有効であるが,3 次元的な立体の構造体を得るには工夫が必要である.ひとつの方法は,あらかじめ作製部品の 3 次元形状を形成した基板を型として用い,その上に材料を成膜して型形状を転写するものである.この方法を利用して作製された気相合成ダイヤモンドの原子間力顕微鏡(atomic force microscope, 略記 : AFM)プローブを図 5.53 に示す.プローブ先端に底辺 70 μm の四角錐のチップが形成されている.

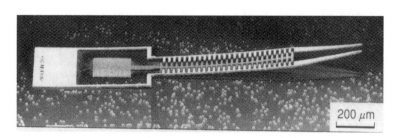

図 5.52　ダイヤモンド膜製マイクログリッパー
（茨城大学柴田隆行助教授のご厚意による）

図 5.53　ダイヤモンド膜製 AFM プローブ
（茨城大学柴田隆行助教授のご厚意による）

5・5・2　トップダウン型(top-down processes)とボトムアップ型 (bottom-up processes)

この節ではプレーナ法とは別の，微細・微小な3次元構造体を作製する2つの手法について述べる．ひとつは，大きな素材をだんだん微小化していくトップダウン型であり，もうひとつは原子・分子単位で材料を積み上げていくボトムアップ型である．

a.　トップダウン型

ふだん手にする大きな素材から数十マイクロメートル程度の大きさの微細・微小な3次元構造体を作製するため，素材の不要部分を除去して，すなわち切りくずを生成して加工する方法として，従来加工法である切削および研削を高度化して適用する方法について概観しよう．

　切削あるいは研削加工は，一般的に加工力が大きく，微細な構造体の加工には不向きであると考えられていたが，工作機械に精密な運動制御や計測機能を付与したり，精密な形状の加工工具の作製技術が進展したりするとともに，サブミクロンの加工が行えるようになってきた．

　図5.54は，超精密加工機によるアルミニウム合金の切削加工例である．ナノメータの位置決め分解能を有する4軸NC超精密加工機とダイヤモンド単結晶工具を用いることで，先端の直径が10 μmの段付き円筒が得られている．また図5.55は，小型空圧式スピンドルを有する加工機で直径5 mmのダイヤモンド電着砥石を高速回転させ，工作物のジルコニアの周囲を徐々に研削除去して得られた直径30 μm，長さ2 mmの円柱である．これらの例から，金属，セラミックスと材料に限らず，微小な三次元構造体が作製されることがわかる．

b.　ボトムアップ型(bottom-up processes)

バルク材料から不要部分を除去していくトップダウン型の微細加工法に対して，原子・分子を積み重ねて望みのものを作製する方法をボトムアップ型という．ボトムアップ型技術の究極は，走査型トンネル顕微鏡(scanning tunneling microspope，略記：STM)や原子間力顕微鏡により，原子・分子をひとつずつ直接操作する方法であり，実際に原子を並べての描画が試みられている．ここではそのほかの方法として，炭化水素ガスを原料とし，高エネルギービームを利用して炭素で構成される3次元微細構造体を作製する方法について述べる．

　図5.56に，レーザビームを利用して炭素原子を堆積させて3次元構造体を作製する方法について示す．炭化水素ガスの雰囲気中に置かれた基板上にレーザビームを集光させると，炭化水素ガスが焦点部で加熱されて炭素と水素に分解した後，炭素が基板上に析出する．レーザビームの焦点をX, Y, Zの3方向に走査することにより炭素の三次元構造体が作製される．その一例を図5.57に示す．レーザビームのスポット径を変化させることにより，棒の径を変化させ，先端では直径15 μmまで細くなっている．

　レーザビームのスポット径は，レーザ光の波長と光学系に依存し，直径100 nm程度が限界であるため，作製できる構造体の大きさや形状の細かさに限

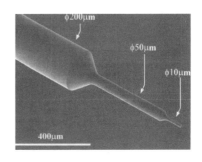

図 5.54　旋削により作製されたアルミニウム合金製段付きシャフト
（理化学研究所　山形豊氏のご厚意による）

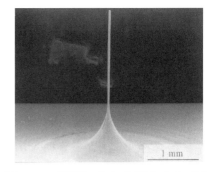

図 5.55　研削により作製された直径30 μmのジルコニア製ロッド

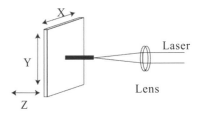

図 5.56　レーザビーム照射による炭素の堆積法

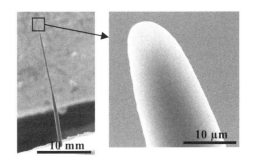

図 5.57　レーザビーム照射により堆積した炭素のロッド

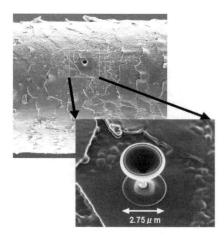

図 5.58　髪の毛の表面に形成された炭素製ワイングラス

（兵庫県立大学松井真二教授のご厚意による）

界が生じる．そこで，さらにスポット径の小さいイオンビームを利用し，ナノメートル領域で炭素の堆積を制御して微小な 3 次元構造体が作製されている．図 5.58 は，炭素でできた外径 2.75 μm のワイングラス形状の構造体である．この約 2 万分の 1 の大きさのワイングラスは，原料の炭化水素ガス中で，10 nm 程度に集束したガリウムイオンビームをナノメートルレベルの精度で立体走査することにより実現されている．ビームの立体走査は，3 次元 CAD データを利用し，計算機で制御される．この方法では，集束イオンビームで誘起された表面反応により，原料ガスによって定まる材料で 100 nm 以下の微細な立体構造体が作製可能である．

問題

1. Explain the procedure of the photolithographic process with giving drawings.

2. 異方性エッチングを生じさせるための条件を述べよ．

3. 微小な 3 次元構造体を形成するのに適する材料を，トップダウン型およびボトムアップ型の加工法を適用する場合に分けて考察せよ．

第 6 章

砥粒加工面の形態と品質
Surface Characteristics and Quality
Processed by Abrasives

製品の機能・性能にとって形状精度の果たす役割の重要性については論を待たない．機械部品の形状精度といえば，平面度，円筒度，真円度，寸法公差など幾何学的精度が第 1 に取り上げられる．一方，表面の凹凸や形状も製品機能・性能にとって少なからず重要であり，時には機械の寿命，接触剛性，摩擦・摩耗，馴染みや運動特性などに決定的な役割を果たすことさえあるという認識は誰でも有している．それにも関わらず，この表面設計に関する具体的，定量的な言及は従来，必ずしも十分とは言い難い．加工面を評価する視点は統計的，物理的，材料的，力学的，感性的などなど多様であり，立つべき視点によって，表面は全く異なる実体として現れてくる．機械技術が成熟するにつれ，技術者の経験，感覚に頼りがちな製品機能と表面機能の関わりを IT 化するなど，表面をより具体的に捉える必要が徐々に増している．

6・1　サーフェステクスチャとサーフェスインテグリティの概念
(concept of surface texture and surface integrity)
加工面は，次の 2 つの視点から評価されるのが一般である（表 6.1）．

　　　　　① 　サーフェステクスチャ(surface texture)
　　　　　② 　サーフェスインテグリティ(surface integrity)

　サーフェステクスチャとは研削面粗さや表面トポグラフィ，ヘヤライン，つや，質感，むしれ，空孔など，加工面の凹凸，局部的な損傷・欠陥などを形態的に評価する概念である．サーフェステクスチャの代表である表面粗さの定義や評価法は JIS や ISO で規格化され，加工表面の品質評価にとって，最も馴染み深い．

　これに対し，サーフェスインテグリティとは加工変質層など，加工面内部の特性や品質を評価する概念である．例えば機械加工面の内部層は母地の材料特性とはかなり異質であり，表面から X 線による結晶構造の解析，あるいは横断面の顕微鏡による観察によってその直接評価が可能である．一方，残留応力の評価になると，回復歪量などの間接測定に頼らなければならない．いずれにしても加工面の内部層は外観から認識しにくいだけに，その実体と重大さがとかく見逃がされがちである．

表 6.1　加工面の特性・品質

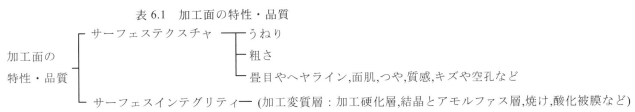

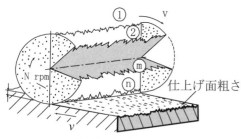

砥石作業面粗さの重ね合わせ

砥石トポグラフィ

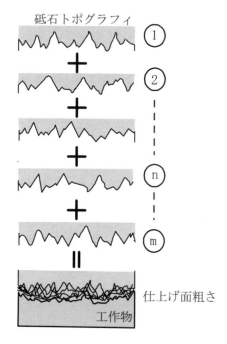

仕上げ面粗さ

工作物

図 6.1　プランジ研削における
　　　　粗さ創成モデル

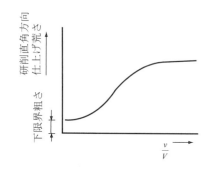

図 6.2　平面研削における(v/V)と
　　　　仕上げ面粗さの定性的関係

6・2　砥粒加工面のサーフェステクスチャ　(surface texture processed by abrasive tool)

6・2・1　砥粒加工面粗さの生成プロセスとその特徴 (generation process of ground surface-topography and its characteristics)

a. 切れ刃分布の転写と研削加工面粗さ生成モデル

(1) プランジ研削(plunge grinding)

砥石作業面の切れ刃トポグラフィが加工面に転写されるとするのが，研削仕上げ面創成の基本モデルである．この意味で，砥石作業面の切れ刃分布とそれを左右するドレッシング条件が研削面粗さにとって重要であることがわかる．現実には，上滑り(rubbing)や弾性復元，盛上がり，構成刃先，むしれ，硬脆材料の場合にはクラックの発生など，切りくず生成に際しての材料の変形・破壊現象によって，この転写精度が乱される．

研削面の粗さは一般的に方向性を呈する．当然ながら，研削方向に直角方向の粗さが最も大きく，研削方向粗さが最も小さくなる．そのため，粗さを論じる時には，研削方向に直角方向の粗さが取り上げられることが多い．

理想的な転写モデルの下でのプランジ研削粗さは，砥石車外周（研削速度V）における軸方向断面の切れ刃分布波形を重ね合わせた時，その最外側の包絡線に相当する（図 6.1）．ただし厳密に言えば，この重ね合わせに際し工作物テーブル送り（または回転）速度Vだけその方向にわずかながら砥石移動が生じる訳で，このずれ量がゼロに近いほど粗さは小さくなる．そこで理屈上は，このずれ量がゼロの時（速度比の逆数$v/V = 0$）にその加工条件下での下限界粗さとなる（図 6.2）．この下限界粗さをその砥石切れ刃分布における極小値として切れ刃分布の評価に用いることができる．

研削粗さを取り扱う上で至極簡便な思考モデルとしては，砥粒切れ刃による最大切込み深さgを算出し，その値を最大高さ粗さの手掛かり（関数$f(g)$）とする考え方がある．なお，最大切込み深さgは，前出式(3.2)より次のように表される．

$$g = 2l_g\left(\frac{v}{V}\right)\sqrt{t\left(\frac{1}{D}+\frac{1}{d}\right)} \tag{6.1}$$

精密研削では工具-工作物間に生じたマイクロメートルオーダの微振動（角振動数ω）ですら，びびりマークとして仕上げ面に影響を及ぼすはずであることがその最大切込み深さgの絶対値から判断できる．しかし，臨界送り速度v_c（平面研削：$v_c = \omega\sqrt{D\delta/2}$）以下では，砥石外周面（研石直径$D$）の幾何学的干渉効果によって，転写されたびびりマークの高さΔRが砥石の振幅δより大幅に減衰されるという，研削加工特有の利点が発揮される(図 6.3)．

(2) トラバース研削(traverse grinding)

研削加工の多くは上述のプランジ切込みにテーブルのトラバース運動が重なるため，その仕上げ面粗さは前述した砥石作業面粗さ合成モデル（図 6.1）から推論すると，限りなく小さくできるはずである．しかし現実には，このトラバース運動は研削面に送りマーク（砥石エッジ部による転写マーク）を残しやすく，生産現場をしばしば悩ます種となる．

b. 遊離砥粒加工と表面あらさ

ラッピングの一般論によれば，砥粒の引掻き作用と転動作用による力学的材料除去機構がその研磨機構の主体と考えられている．前者は乾式ラッピングにおけるように，ラッププレート面に埋め込まれた砥粒が工作物面を擦過することによって生成され，その仕上げ面は鏡面光沢を呈する．後者は湿式ラッピングにおける自由砥粒の転がり運動によるもので，その仕上げ面には微小なディンプルが形成され，梨地状の鈍い光沢面となる．いずれにせよ，切れ刃の加工面への機械的転写メカニズムによる粗さ創成であり，砥材粒度(#)と仕上げ面粗さの間には強い相関が存在する．

　一方，ラッピングやポリシング用砥材は必ずしも高硬度なものだけに限られたわけではない．むしろ工作物より軟質な砥材が使用されがちで，このようなケースではその材料除去機構も力学的作用以上に，材料物性的，化学的作用が支配的になるケースが多い．したがって，そこでは仕上げ面粗さと砥材粒度の間には，必ずしも強い相関が生じるとは限らない．このような研磨作用下ではむしろ，砥材材質，ポリシャーの物性，あるいは研磨軌跡などの研磨条件によって仕上げ面の性状が大きな影響を受ける．

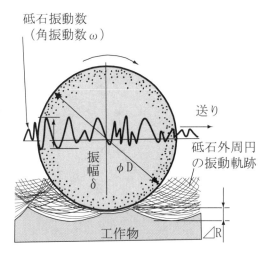

図 6.3　砥石の微小振動と砥石外周面の
仕上げ面上への転写

6・2・2　粗さ曲線とその評価　(roughness curve and its evaluation)

研削加工面は基本的には個々の砥粒切れ刃によるスクラッチ条痕の集合（テクスチャ）である．このテクスチャの溝振幅や形，間隔，方向性などが表面のトポグラフィを形成し，多様な表面機能（摩擦・摩耗，馴染み性，気密性，光学特性，光沢，質感，装飾性など）を生み出している．

　研削加工面のトポグラフィ(topography)は，2次元的あるいは3次元的粗さ波形として記録〔図6.4〕，評価される．その際記録の便宜上，縦倍率は横倍率よりはるかに大きく（数十～数百倍）設定されるのが普通である．このように，実際のトポグラフィが横方向に極度に圧縮された歪んだ波形で表示されることから，真実の姿が見失われがちである．現実の表面トポグラフィは記録された粗さ曲線に比べ，はるかに平坦な様相であること，触針式粗さ計のダイヤモンド触針には数 μm 前後の先端曲率半径が存在するため，この触針曲率による物理的ローパスフィルタを通して表面トポグラフィの粗さ情報は記録されること，などに注意すべきである（図6.5）．

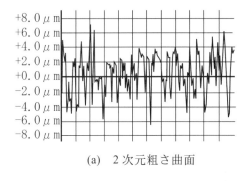

(a)　2次元粗さ曲面

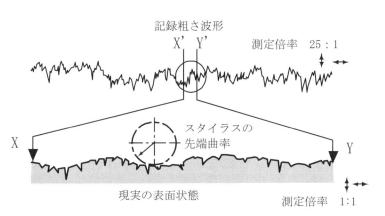

図 6.5　記録される表面粗さ波形の特性

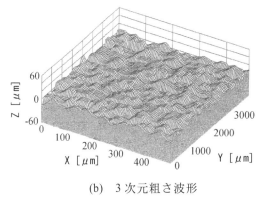

(b)　3次元粗さ波形

図 6.4　2次元粗さと3次元粗さの測定例

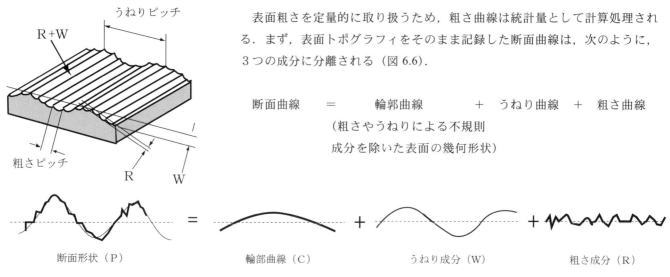

図 6.6　断面形状の粗さ成分とうねり成分

表面粗さを定量的に取り扱うため，粗さ曲線は統計量として計算処理される．まず，表面トポグラフィをそのまま記録した断面曲線は，次のように，3つの成分に分離される（図 6.6）.

断面曲線　＝　　輪郭曲線　　＋　うねり曲線　＋　粗さ曲線

　　　　　　（粗さやうねりによる不規則
　　　　　　成分を除いた表面の幾何形状）

JIS や ISO では所定の基準長さ l（$\geqq$ カットオフ値 $\lambda_c \times 5$）の断面曲線を，位相補償型高域フィルタ（周波数帯域幅のガウシアンフィルタ(Gaussian Filter), カットオフ 50 ％ ハイパスフィルタ）を通すことによって，形状・うねり成分を除去した出力波形を得，粗さ曲線 $f(x)$（図 6.7）と定義する．そしてその数値化が統計処理によって図られている（図 6.8）．そこでは例えば，その入力信号の算術平均：$(1/L)\int|f(x)|dx$ を算術平均粗さ (arithmetical mean deviation of the assessed profile) R_a，谷から山頂までの最大値は最大高さ粗さ (maximum height of the profile) R_z と呼ばれ，粗さ評価の簡便な尺度となって広く利用されている．その他，平均値に対する中心積率（およびその無次元量）などが粗さの評価に用いられている．

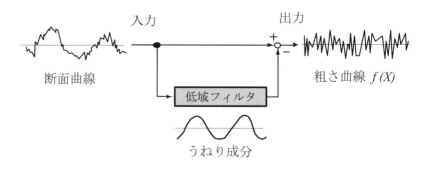

図 6.7　粗さ曲線の信号処理

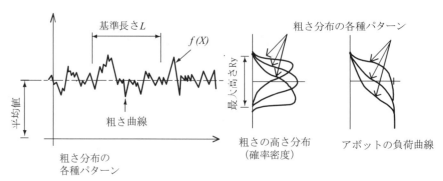

図 6.8　粗さ定義の概念図

2次の中心積率（二乗平均(mean square)）：$s^2 = (1/l)\int x^2 f(x)dx$

3次の中心積率（歪度(skewness)）　　：$\alpha_3 = S^{-3}(1/l)\int x^3 f(x)dx$ $\left.\begin{array}{c} \\ \\ \\ \\ \end{array}\right\}$ (6.2)

4次の中心積率（尖度(kurtosis)）　　：$\alpha_4 = S^{-4}(1/l)\int x^4 f(x)dx$

しかし，現実の表面凹凸を高さ情報の算術平均粗さ R_a や最大高さ粗さ R_z などで表現しようとすることには限界があり，より完全な表面トポグラフィの定量的評価（キャラクタライゼーション）には波形のパワースペクトル(power spectrum) $G(\omega)$ による周期情報，波形の分布パターン（その代表にアボットの負荷曲線がある）などを併用することが必要である．

　このようにキャラクタライゼーション手法の発展によって，表面の有する諸機能，例えば摩擦・摩耗特性，気密性などを設計する工学体系，すなわち表面工学が確立されつつある．

　加工面をガスの吸着や液体の濡れ性など，表面科学の視点から考察するには，原子・分子オーダの表面（マイクロラフネス(micro-roughness)）を眺める必要がある．このオーダの表面測定には STM や AFM などプローブ型粗さ計が適用される．今日，フラクタルシミュレーションなどによって，マイクロラフネスの世界も次第に明らかにされつつある．

6・2・3　表面性状　(surface texture)

工業製品にとって艶，鏡面，梨地，筋目（スクラッチパターン）などが，表面品質の代表である．一般の研削加工面は"畳目"と称される短いスクラッチの集合で構成されている．意匠性を求められる研削面，例えばステンレスの化粧板などには連続した長いスクラッチ（ヘアライン(hair line)）が賞用されている．その他，光沢や質感などを求める装飾加工面もあり，そのような感性的表面品質は多彩な砥粒工具の選択や加工条件の組合せによって実現される．異常な研摩条痕（傷）は仕上げ面が鏡面に近づく程目障りになるため，鏡面仕上げや意匠表面にとって鬼門である．切りくずや埃，砥粒の不揃いなどがその原因となるが，前加工工程において形成された仕上げ面粗さの深い谷を次工程で取り切れず残存したケースも見逃せない（図6.9）．工作物の材質的なばらつきが硬度の不均一さを生み，黒色や無光沢な斑点を仕上げ面に発生させることもある．

　偶発的に生じる特異な表面品質（表面欠陥の場合が多い）もある．例えば，ラッピング加工で遭遇するオレンジピールである．オレンジピール(orange peel)とは，みかんの表皮のように見える研磨面の性状を示す呼び名である．研磨加工において加工面に生じた無数の比較的丸みを帯びた窪みの凹凸模様が原因であり，主として，研磨布を用いるポリシングにおいて砥粒が転動運動することによって生じるとされている．研削焼け(grinding burn)は表面欠陥の典型であり，仕上げ加工面の価値を論じる上で，この発生などは全く論外である．

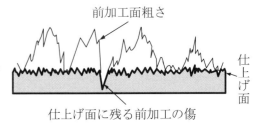

前加工面粗さ

仕上げ面

仕上げ面に残る前加工の傷

図6.9　研磨行程で生じる前行程による傷

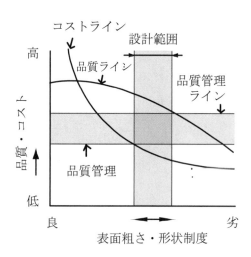

図 6.10　加工精度の管理モデル図

6・2・4　仕上げ加工の生産性と研削・研磨サイクル
(grinding・polishing cycle and productivity of surface finishing)
a. 研削サイクル

加工技術の使命は高品質の製品を高い能率で生産することにある．しかし一般に，加工品質と生産性は相反する要求である．すなわち一般には，加工面の品質を高めようとすると逆に，その生産性の低下を招くことになる．したがって生産性（経済性を含む）と加工面の品質との適度なバランスを保つためのある妥協領域を見出すことが，現実的な戦略となる（図 6.10）．例えば，研削面の品質から言えば，小さな切込み，低いテーブル送り速度の下で時間をかけて加工することが望ましいのは当然として，生産業務としては加工能率・製造原価を無視する訳にはいかない．そのため，粗研削から仕上げ研削まで多段の工程に取り代を配分するのをはじめ，砥石の摩耗特性とドレッシング間寿命，さらにはリサイクルや工場環境などまで総合的に配慮して，研削加工の工程設計がなされなければならない．円筒プランジ研削の典型的な研削サイクルを図 6.11 に示す.研削サイクル；①早送り → ②研削開始 → ③粗研削 → ④仕上げ研削 → ⑤スパークアウト，によって生産能率の向上と共に，形状・寸法精度，表面品質などの保証に務めている.

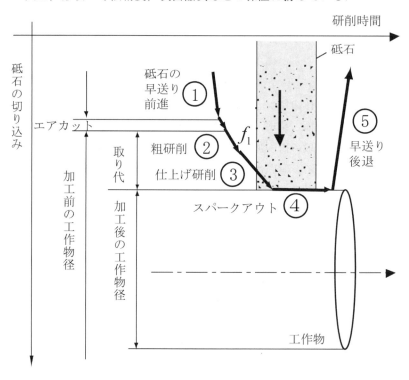

図 6.11　円筒プランジ研削における研削サイクル例

b. 研磨のサイクルとその最適化・標準化
仕上げ研磨工程に至るまでには，次のような多くの機械加工による前工程を経なければならない.

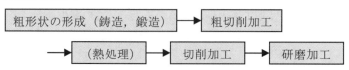

　加工面品質が最終的には仕上げ研磨工程において決定されることから，研磨工程には前加工工程による品質の履歴を一手に背負わせることになる．それだけに細心の配慮がこの最終工程では払われなければならず，機械加工時間および加工コストの中で磨き工程の占める割合が大きくなる理由でもある．しかし，研磨作用の複雑さと加工面に要求される品質の高さが障壁となり，加工技術がデジタル化に向かいつつある趨勢の中で，未だに技能の匂いが色濃く残っている数少ない技術分野の１つが，この研磨の世界である．特に加工原価の低減が求められる今日，研磨工程の合理化・機械化，自動化が最大の懸案である．

(1) 研磨工程における砥粒工具の配列

研磨加工は，複数の工程から成るのが一般であり，そこで用いられる工具の選択が研磨工程の設計にとっての第一歩である．砥粒工具は３種類に大別され，それらの工程順序は次のようである（図 6.12）．

　　　① 研削工程（砥石）

　　　② 研磨工程（その 1）：（ホーニング，超仕上げ，砥石ラッピング）

　　　③ 研磨工程（その 2）：（遊離砥粒研磨）

研磨工程の前半には，次のような固定砥粒タイプの磨き工具が配されるケースが多い．

　　　磨き用砥石・・・ステック砥石，油砥石，PVA 砥石，他

　　　研磨シート・・・研磨布紙，研磨フィルム，他

このような固定砥粒工具(bonded abrasive tool)による研磨面では，目視によってその磨き目を判別できることから，その研磨機構の主体が引掻き（マイクロ切削）作用であることが容易に推測できる．引掻き作用の下では，砥粒切れ刃による擦過条痕の集合が仕上げ面粗さを創成している．この条痕の深さは，粒度番号（番手）にほぼ対応すると考えてもよい．言い換えると，その粒度番号に応じて仕上げ面粗さの下限界粗さが定まり，それを越える良好な仕上げ面粗さを得ることは，原則的に不可能であることを意味している．したがって例えば，図 6.13 に示すように，粒度番号と仕上げ程度を対応させて，粒度選択の目安にできる．ここで目標とする仕上げ面粗さを得ようとすれば，その目標粗さ，あるいはそれ以下の限界粗さを有する番手の砥粒工具を用いれば，単一の工程で磨き作業を完了することが理屈上は可能である．しかし，粒度が細かくなるに伴い，研磨能率は加速度的に低下するのが一般である．そのため，作業効率なども考慮して，使用粒度を漸次，粗から細へと配置する磨き工程を設定するのが現実的な対応である．研磨条件も最初は低速度，高圧力で砥石を軟らかく作用させ，能率よく取り代を除去し，最後に高速，低圧力で研磨工具を硬く作用させ，目つぶれを助長させ，より平滑な仕上げ面性状を目指す．

　固定砥粒工具による研磨工程において達成可能な仕上げ面粗さの限界値は，研削と遊離砥粒研磨の中間，0.1〜0.3 $\mu m\ R_z$ 辺りが１つの目安と言える．なお，この値は固定砥粒工具として製造可能な微粒度の上限によるものである．

　研磨後半の遊離砥粒による工程ではまずラッピングから入り，最後は数千

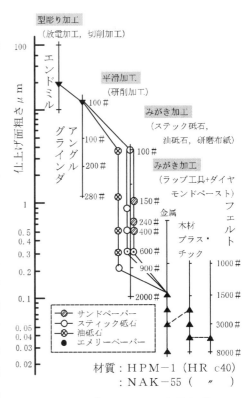

図 6.12　プラスチック成形金型の
仕上げ行程（事例）

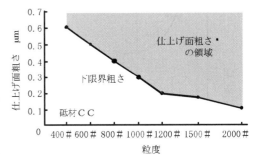

図 6.13　粒度と下限界粗さの例

番の微細粒度によるポリッシングで仕上げ工程が完了する.

(2) 研磨の工程と粒度配列

目標とする最終仕上げ面性状に達するまでには，複数の砥粒工具，多段の粒度配列から成る仕上げ加工工程を経ることになる（前掲図 6.12）. この研磨工程の粒度配列の設計やその標準化は，磨きの作業の合理化にとって重要な技術戦略といえる.

　磨き工程の合理化とは，その簡素化を図ることである. 例えば，隣り合う磨き工程の粒度差は小さい程堅実であるが，作業工程を管理する立場からすれば，省略可能な粒度はできる限り間引いて，総工程数を少なくする方が望ましい. 一般論で言えば，磨き工具により達成可能な下限界粗さは，粒径の 1/5～1/10 程度が一つの目安となるが，硬い工作物材質に対してはこの値を小さめに想定すればよい. 図 6.14 は，研磨布紙の粒度を組み合わせた種々の研磨工程が達成した仕上げ面粗さの実測値を示した 1 例である. 研磨工程数が 5～6 段と多い場合，最終の仕上げ面粗さ R_z : 0.1 μm に到達している. 中間の粒度を間引いて工程数を減少させるに伴い，その最終仕上げ面粗さが増大する傾向を示す. しかし，中にはわずか 3 段研磨工程にもかかわらず，6 段研磨工程に匹敵する仕上げ面粗さを達成できることが認められる.

　磨き工程数の削減は，磨き時間の短縮に必ずしも結びつかない. なぜなら，粒度が細かくなるほど磨きの作業能率は低下するからである. すなわち工程間の面粗さの格差が大きくなるにつれて，磨きに長い時間を要し，全体としての作業能率は低下することになるからである（図 6.15）. そこで，敢えて中間粒度の磨き工程を加えることで，磨きの能率化を図る方策も時には必要になる. 例えば，粒度番号を 2 段スキップで配置するのも 1 つの工程設計モデルである.

　研磨工具により達成可能な下限界粗さを確実に活用する研磨技術に，交差磨きがある. そこでは，前加工のスクラッチに対し直角に磨き方向を取り，この方向と交叉する前加工のスクラッチが完全に消え，その粒度のスクラッチパターンを確保するまで加工面全体を一様に磨き続ける. そして次の粒度工程に切り替え，前の磨き方向と直角に再び交差磨き作業を繰り返し，最終粗さまで逐次追い込むのである（図 6.16）.

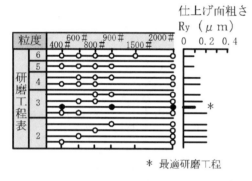

＊ 最適研磨工程

図 6.14　粒度配列と到達仕上げ

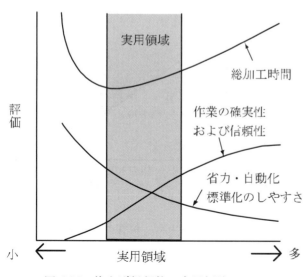

図 6.15　仕上げ行程数の実用領域

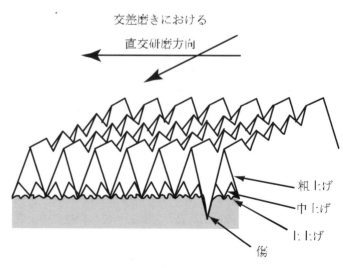

図 6.16　粒度配列と交叉磨

6・3・1　サーフェスインテグリティとその構造　(surface integrity and its structure)

サーフェスインテグリティとは加工表面層の材質的な性状を意味し，図6.17のような概念的図を示すことができよう．まず，加工面の表皮に付着した油脂分などの汚れの層があり，この直下に水蒸気や気体（酸素など）の物理的な吸着分子層（3 nm 以下），さらに化学吸着層や拡散層（バフ研磨面では油脂分の吸収もある），酸化物層など，外部表面層が続く．そしてその下には，加工変質層(affected layer)からなる内部表面層が形成されており，この内部表面層は母材組織とはかなり異質である．この加工変質層は加工面の仕上げ品質を議論する上で，最も大きな評価因子である．

6・3・2　加工変質層の概念　(concept of work damaged layer)

機械加工の本質は工具による材料破壊現象であり，したがって加工面は言葉を換えれば破壊面といえる．研削・研磨加工も砥粒刃先のマイクロ切削（引掻き）機構による切りくず生成作用が主体であることから，切れ刃の作用点近傍は，局所的に極めて大きな応力場に晒され，材料は降伏応力を越えた機械的な力を受けて変形，破壊し，亀裂や残留応力，加工硬化などをも誘発させる．また，高い熱流束密度の加工エネルギーが作用点から工作物へ流入し，そこでの温度は瞬間的には千数百度，平均でも数百度を記録する．この温度は金属の融点，再結晶温度を優に超えることから，酸化膜層の形成はもとより，母材とはかなり変成された材料組織層となるのは避け難い．

　このように研削力や研削熱，時にはそれに伴う化学作用などによって内部素地母材と異なった材料組織的・物理的特性に変質させられた表面層を，加工変質層と総称している．一般研削では，その深さは表面粗さの 10 倍程度を覚悟しなければならない．一方，磨き加工の主体をなすのは，凝着，塑性流動，化学反応などの摩耗機構であり，母材に与える熱的，力学的影響は比較的軽微となるため，加工による表面ダメージ（変質層）は軽減されるものの，その深さはラッピングやポリシング仕上げ面でさえ数 μm にもおよぶ．

　加工変質層は外観から認識されにくく，さらに加工部品の機能に直ちにその影響が現れることは少ないため，とかくその存在を見過ごされがちである．しかし，加工変質層の程度によっては製品の耐磨耗性や疲労強度の低下，応力腐食破壊，経年変化などを誘起するため，枢軸となる部品ではその信頼性を保障する上でこの存在を監視しなければならない．高い安全性が求められる航空機や原子力発電などの部品は材質的に難削材（耐熱合金，高張力・高速度鋼，超硬合金など）の場合が多く，このような材料に限って加工変質層が生成されやすいという，悪循環が重なってしまう．

6・3・3　加工変質層の各論　(itemized discussion of work damaged layer)

母材とは異なる結晶，材料組織的な変化(10〜100 nm)は加工変質層の代表である．先に示した図 6.17 は，加工変質層の典型的な構造模型である．表面下

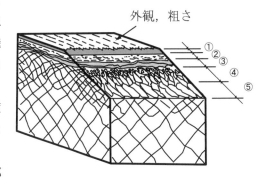

外観，粗さ

外部表面層
① 吸着分子層，酸化物層，
　　加工変質層
② アモルファス層
③ 結晶微粒化層，母材組織
④ 繊維組織尺，塑性・弾性変形層
⑤ 基質層

図 6.17　加工表面層の構造モデル

の材料組織変化は，酸化膜と研削焼け，ベイルビー層，白層，塑性流動層(1～10μm)，塑性変形層(10～100μm)などを経て，母材組織に至る．硬度や残留応力のような物理特性の変化，研削割れ（マイクロクラック），砥粒や異物の埋め込みなどの機械的損傷も加工変質層に分類される．

　加工表面層のこれら欠陥について，代表的な幾つかを以下に紹介する．

(a)　平面研磨面の研削焼け

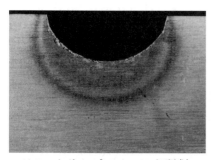

（b）　クリープフィールド研削
　　に見られる内部研削焼け

図 6.18　研削焼け

化合物層と研削焼け(grinding burn)（酸化被膜層）：化合物層(compound layer)の代表は酸化被膜である．大気中の酸素との酸化反応によって生じた酸化被膜層(oxide layer)は，研削焼けとなって表面に現れる（図 6.18）．炭素鋼の場合，酸化被膜は FeO，Fe_2O_3（極めて薄層），Fe_3O_4 から成るが，主成分は Fe_3O_4（ただし 570℃以下では発生しない）である．その影響層の深さは数 μm～数十 μm にも達する．耐食性という観点ではむしろ効果的であり，表面硬化も伴っている．被膜厚さが増加するにつれ，光の干渉によっていろいろな色調（薄黄→わら黄→褐→紫→青→薄青→黒）に変じる．

　ラップ焼けの原因も金属の焼鈍過程と同じであり，その温度によって淡黄色から淡紫色に変化する酸化被膜が現れる．乾式ラッピングにおいて金属同士の摩擦が起こった際に発生しやすく，その防止のためにはラッピング圧力やラッピング速度，ラッピング時間などの調整を要する．

　その他，油脂と金属が反応した金属石鹸の生成や，酸化クロムやアルミナなどの研磨材と金属とが反応したスピネルの生成も化合物層の1種である．

ベイルビー層：研磨された金属などの加工変質層の最上部に生じる非晶質の無定形（アモルファス）な，あるいは微細結晶の流動層（30Å程度）をベイルビー層(beilby layer)と呼ぶ．機械加工においては避けがたい表面特性である．ラップ液の供給不足の場合，また切りくずと工作物との金属同士の摩擦によってこのベイルビー層の成長が助長されやすい．

白層：主に，高切込みの下で鋼の研削加工が行われる場合などに，高い研削温度に晒されて酸化脱炭させられた白色の層（白層(white layer)と呼ばれる）が研削面表皮に形成される．特に，焼入れ鋼がオーステナイトγ相化温度に過熱される厳しい条件の下では，再焼入れマルテンサイト層を主相とする γ相，微細 Fe_2C 相の混相となる．白層は脆弱なことからクラックを誘起し材料の疲労強度の劣化をもたらすこと，加工面に炭化物粒子を析出するためトラブルを生むなど，煩わしい存在である．

硬化層(quench-hardened layer)：砥粒切れ刃の研削作用により金属の表層には転位の集中が生じ，また金属組織的には結晶が変形，微細化し，その結果，加工硬化する．この傾向は軟らかい金属ほど顕著である．硬度変化の分布幅は結晶組織的な変質領域よりはるかに広く，加工面から母地硬度に至るまで数十 μm に及ぶのがこの特徴である．

　研削熱によるこのような加工硬化層は，弊害となるケースが多く，その抑制・防止に務めるのが普通である．しかし時にはこの加工硬化現象を，熱処理に代わって表面硬化に利用しようとするアイディアも提唱されている．

残留応力：残留応力(residual stress)とは研削作用によって工作物内に誘起された内部応力のことである．加工物の反りは，この内部応力により生じる（図6.19）．非晶化や相変態による結晶組織の変化，研削力による塑性変形・流動などが素材の体積変化をもたらすことが，残留応力発生のメカニズムである．応力が残留する影響層の深さは，結晶的な変質層深さの数倍に達している場合もある．図6.20は研削加工面において生じる典型的な残留応力パターンモデルを図解したものである．ここでは加工表面に引張り応力が発生し，内部に向かうにつれて圧縮応力状態に変わる様子が示されている．加工表面での残留応力の方向に関して言うと，粗研削やcBNホイールなどでは研削機構において機械的応力（塑性変形）が支配的であることから圧縮残留応力が，精研削になるほど研削温度に基づく熱的応力（表面層の加熱）によって引張り残留応力がそれぞれ誘起されやすいと考えられているが，実際の研削加工ではこの両者が混在するため，研削条件に応じてその状態は複雑に変化し，その予測は決して容易ではない．

　研削加工部品の疲労寿命に対しては，シェークダウン効果(shakedown effect)により圧縮残留応力を賦与した方が良いと考えられている．また，ブラスト加工にはこの効果を期待している．

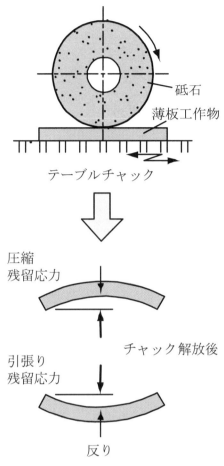

図 6.19　残留応力による
薄板工作物の反り

研削割れ：研削割れ(grinding crack)とは，砥粒あるいは砥石通過直後の急冷却時に発生する材料のマクロな焼き割れ（熱き裂）現象である．研削割れは非鉄金属に比べて，鋼の中でも，特にマルテンサイト組織を持つ場合に多く発生する．金属疲労破壊の起点となるため，チタン合金などの研削加工では特に注意を要する．

　セラミックスなどの研削加工面に生じるクラックも，加工面にとって問題である．ガラスレンズなどでは加工直後には認識されず，時間とともにそのクラックが成長し破壊に至ることもあり，潜傷と呼ばれている．このような無機材料のクラックは，熱的というよりむしろ，力学的な発生メカニズムと考えられている．

砥粒や異物の埋め込みおよび傷：使用された研磨材が脱落し，その粒子が加工面に埋め込まれる現象が，軟質材料（アルミや銅，あるいはその合金など）の研削加工・研磨加工でしばしば見られる．このような部品が摺動部に使われると，異常磨耗の原因となるケースがある．加工物への異物（砥粒の破片や切りくず）の埋め込みを防止する上で，また作業環境にとっても，研削液循環回路でのフィルタが重要性を増して来る．飛散した研磨粉塵，切りくずなども埋め込まれるケースがある．その意味で仕上げ工程間の洗浄は，特に最終工程に近づく程完全を期するように心掛けなければならない．

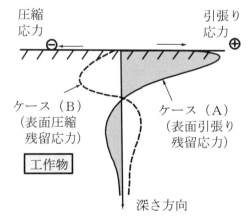

図 6.20　研削加工面の残留応力パターン

「演習問題」

1.　材料組織の観察のための顕微鏡試料を磨く際，サンドペーパ粒度(#)の配列（工程）を設計せよ．また，交差磨きの物理的意味を述べよ．

　　　（ヒント：旋削加工面→鏡面仕上げに至る研磨工程を，全てサンドペー

パで仕上げることを前提に，その粒度の配列を考える．各番手の限界粗さのみならず，研磨能率についても配慮する）

2. Describe the measuring principle and characteristics of a stylus type roughness tester and a probe type microscope (AFM and STM).

   (Hint: Address roughness, waviness, shape and profile characteristics.)

3. 「鏡面仕上げ」と言う表現が用いられるが，鏡面とはどの程度の粗さに磨いた面を指すのか．

   （ヒント：白色光の平均波長と光の干渉より考えよ）

4. Grinding the surface of glass can very easily cause cracks that damage the underlying layers. Explain why and provide techniques for avoiding this damage.

   (Hints: Focus on crack patterns caused when force is concentrated on the glass surface and discuss its fracture mechanics.)

参考文献
（1）遠藤吉郎，表面工学，養賢堂（1976）
（2）Edited by T.R.THOMAS,ROUGH SURFACES,Longman(1982)
（3）型技術協会監修，型技術講座（基礎編）V-PETT 教材，日刊工業新聞社
（4）米谷茂，残留応力の発生と対策，養賢堂（1975）

第7章

工作機械
Machine tools

7・1 工作機械の定義と分類 (Definition and classification of machine tools)

7・1・1 工作機械の定義 (Definition of machine tools)

工作機械は，日本工業規格（Japan Industrial Standard, 略記：JIS）の JISB0105 では，以下のように定義されている．

「工作機械とは，主として金属の工作物を，切削，研削などによって，または，電気，その他のエネルギを利用して不要部分を取り除き，所要の形状に作り上げる機械．ただし，使用中機械を手で保持したり，マグネットスタンドなどによって固定するものを除く．狭義であることを強調するときには，金属工作機械ということもある．」

定義では，金属材料の加工を対象としているが，最近は，プラスチックス，セラミックスなどの各種非金属材料の加工にも使用されている．しかしながら，木材を専門に加工する機械は，木工機械(wood working machine)と呼び，工作機械とは区別している．また，加工法(manufacturing process)としては，機械的，電気的エネルギを利用して不要部分を取り除く方法，つまり除去加工(removal process)を行う機械に限定している．したがって，表 7.1[1]に示すような，付加加工(joining process)や成形加工(forming process)を行う加工機械は，工作機械には含めない．つまり，鍛造や圧延などを行うプレス機械や，付加加工を行う溶接機械は工作機械とは呼ばない．また，除去加工を行う機械であっても，人間が手で保持して加工に用いるハンドドリルなども工作機械には含めない．したがって，まさしく人間の手から離れて，必要な仕事をしてくれる機械化された道具を工作機械(machine tools)と呼んでいることになる．

表 7.1　もの作りに使われる加工法

加工法大分類	加工メカニズム	実　　　例
付加加工 (プラスの加工)	接合	溶接，圧接，ロウ付け，接着，焼きばめ，圧入，カシメ，ラビットプロートタイピング
	被覆	蒸着，めっき，金属溶射，肉盛，ライニング
変形加工 (ゼロの加工)	成形 液体・粉体・粒子	鋳造，焼結，射出成形
	塑性加工	鍛造，圧延，引抜き，押出し，曲げ，絞り，転造
除去加工 (マイナスの加工)	機械的	切削，研削，ラッピング，ポリッシング，超音波加工，噴射加工
	熱的	放電加工，レーザ加工，電子ビーム加工，プラズマ加工
	化学的・ 電気化学的	フォトエッチング，ケミカルエッチング，電解加工
	複合加工	電解研削，電解放電加工，メカニカル・ケミカルポリッシング

7・1・2　工作機械の特質　(characteristics of machine tools)

世の中では，表 7.2 に示すように，多くの産業機械(industrial machinery)，あるいは機器・機械類が活躍している．これらは，工作機械と同様，我々の生活を便利にしてくれる機械化された道具である．しかしながら，工作機械は，これらの機械類とは異なる性質を持った産業機械であると言われている．これら工作機械に特有な性質についてまとめてみると以下のようになる．

表 7.2　工作機械に支えられている産業

産業分野の大分類	産業の種類
一般産業機械産業	プレスなどの金属加工機械，産業用ロボット，農業機械，土木建設機械，食品機械，印刷機械，繊維機械，事務用機械，化学機械など
自動車・輸送機械産業	自動車，航空・宇宙機械，自転車，船舶，鉄道車両，産業車両など
電気機械産業	産業用電気機械，通信機械，家電製品，照明器具，電気電子部品，エレクトロニクス機器・装置，半導体・集積回路など
精密機械産業	計測器，光学機器，時計，精密機械要素など

a. 機械をつくる機械で，すべての産業の基礎である．

工作機械は，前述の定義のごとく，機械類を構成している各種部品をその所要の形状に仕上げる機械であり，機械を生み出すための機械と言え，したがって全ての産業の基礎となっており，工作機械がマザーマシン(mother machine)と呼ばれることも理解できる．逆に，他の機械を見てみればわかるように，機械を作り出せる機械は存在していない．

b. 母性原理(copying principle)が成り立つように作られている．

工作機械により生み出される機械部品は，一般的に高精度である必要があり，工作機械は自分が生み出す部品に自分自身の精度があたかも母子関係のように転写され，その精度の再現性が確保されるように作られている．この転写原理のことを工作機械の「母性原理」と言う．したがって一般的に工作機械は，自分を超える精度の製品（部品）を作ることは困難であり，ある精度の製品（部品）を作るためには，それ以上の精度を持つ工作機械が必要となる．

c. すべての産業技術の結晶である．

工作機械の設計製造には，現存するあらゆる産業分野の技術が駆使されている．例えば，工作機械に革命をもたらした数値制御（numerical control, 略記：NC）装置は，電気機械産業で開発された半導体技術により生み出された LSI のお陰であり，このお陰で NC 装置が高度化し，工作機械技術は飛躍的に発展した．この発展が更に電気機械産業における半導体製造装置類の発展に大いに寄与し，さらに高度な LSI が開発され，それが，NC 装置に搭載されるという，いわゆる「良循環」が繰り返され，発展してきている．このように，工作機械はそこで用いている構造材料，機械要素，計測装置，センサ類など，他の産業で生み出された最先端の技術を駆使して作られている．

d. 剛性設計(stiffness-based design)（変位基準(displacement-base)の設計）を基本としている.

工作機械の加工精度は，各部の変位・変形を最小限にすることにより実現されている．したがって，工作機械では，変位基準の設計が行われ，静的な力がかかった時の変形，動的な力がかかった時の振動変位，熱が加わったときの熱変位が極力小さくなるように各種設計技術が投入されている.

e. 製造過程における経験の占める割合が高い.

工作機械は，特に組立工程において，現場の技能，経験によるところが多く，たとえある工作機械メーカの設計図面をすべて手に入れ，図面通りに作ったとしても，そのメーカと同じ性能の機械とすることは困難と言われている.

7・1・3　工作機械の分類　(classification of machine tools)

JISB0105 では，工作機械を，旋盤(lathe)，ボール盤(drilling machine)，中ぐり盤(boring machine)，フライス盤(milling machine)，研削盤(grinding machine)，表面仕上げ機械，歯切り盤(gear cutting machine)及び歯車仕上げ機械，平削り盤・立て削り盤・形削り盤，ブローチ盤，切断機，多機能工作機械，特殊加工機，その他の工作機械に分類している．これらには，さらにそれぞれに多くの種類が存在しており，工作機械の全貌を理解するのを困難にしていると言える．そこで，ここでは，色々な切り口からこれらの工作機械を分類し，工作機械の全体像を理解する一助としたい.

a. 加工作業(processing operation)による分類

図 7.1[2]は，加工作業を主体として分類した基本的な工作機械の一例を示している．上述の JIS の分類は，この分類方法に従ったものである．図 7.1 は，左端より，工作機械の姿図，加工工程での工具と工作物(workpiece)の干渉状態，使われる代表的工具，形状創成運動の際の工作物と工具の運動形態を示している.

　図 7.1 で①は旋盤であり，この機械で主として行われる加工作業は旋削加工である．図 7.1②はボール盤であり，この機械で行われる加工作業は穴加工である．図 7.1③はフライス盤であり，この機械で行われる加工作業はフライス加工で，平面加工，溝加工，ポケット加工など多くの加工が可能である．図 7.1④は，形削り盤，平削り盤であり，主として平面加工を行う．図 7.1⑤は，研削加工を行うための研削盤であり，平面加工を行う平面研削盤，円筒外面加工を行う円筒研削盤などがある．このように，加工作業による分類は，前述のように非常に多岐にわたっている.

b. 工作物形状(shape of workpiece)による分類

部品形状には，角形棒状，板状，円筒棒状，フランジ付き円筒形状，その他曲面を含む複雑形状の工作物など，多くのものが存在している．これらは，角と丸のどちらかの形状をベースとしており，結局工作機械は，角物用と丸物用に分類され，表 7.3 のように分類される．ボール盤やブローチ盤(broaching machine)のように，両者に対応できる工作機械も存在している．

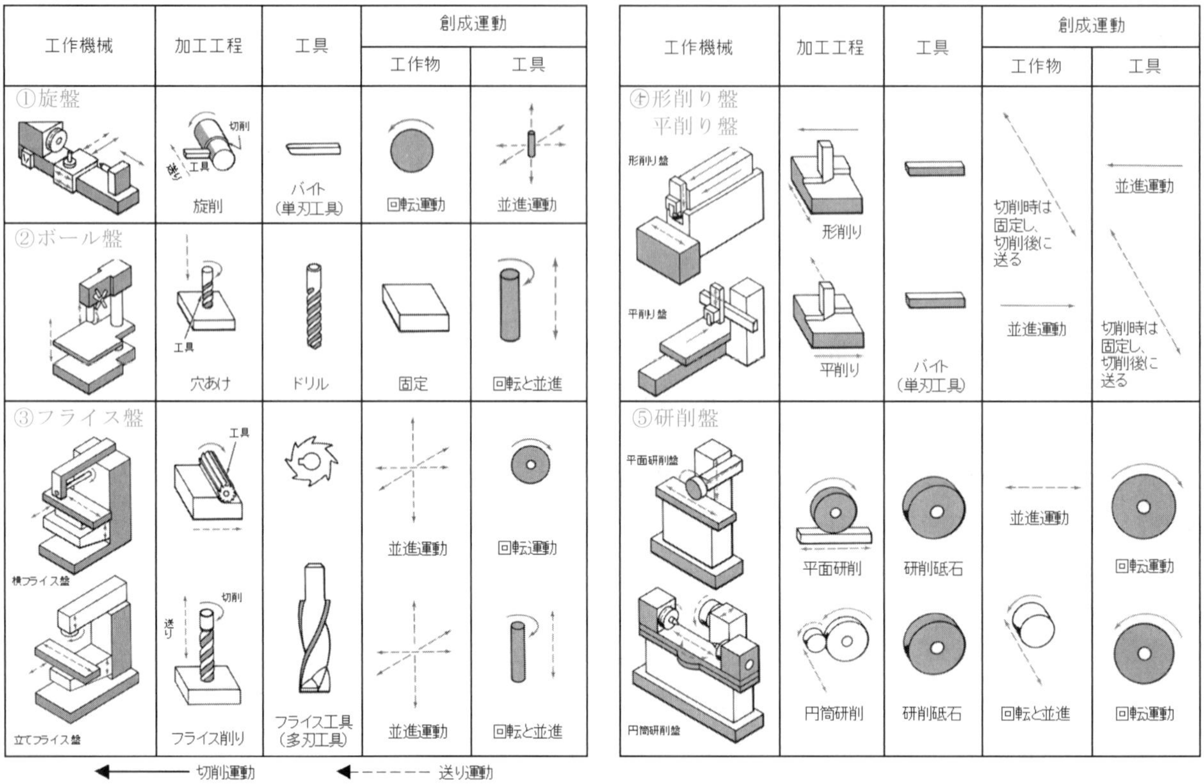

図 7.1　加工作業による工作機械の分類 [2]

表 7.3　対象工作物形状による分類

対象工作物形状		工 作 機 械 の 種 類
角物	角形状，板状，角断面棒状	マシニングセンタ，フライス盤，中ぐり盤，平削り盤，形削り盤，ボール盤，平面研削盤，ブローチ盤，放電加工機など
丸物	円筒形状，フランジ付き円筒形状，円筒棒状	ターニングセンタ，旋盤，円筒研削盤，内面研削盤，心なし研削盤，ボール盤，ブローチ盤，放電加工機など

c. 加工面形状による分類

加工面形状を分類すると，平面，円筒面，曲面に分類される．これらをベースに分類すると表 7.4 のようになる．工作機械は，基本的には，平面加工用，円筒面加工用に分類されており，最近では，工作機械の数値制御(NC)化により，各機械とも曲面加工への対応が可能になっている．かなり複雑な曲面加工が可能な工作機械としては，マシニングセンタ(machining center)やターニングセンタ(turnning center)などが挙げられる．

表 7.4　対象加工面形状による分類

対象加工面形状	工 作 機 械 の 種 類
平面	平削り盤，形削り盤，フライス盤，平面研削盤，マシニングセンタ，ブローチ盤，放電加工機など
曲面	旋盤，ボール盤，中ぐり盤，円筒研削盤，内面研削盤，心なし研削盤(centerless grinder)，ブローチ盤，ターニングセンタ，放電加工機など
円筒面	

d. 加工メカニズムによる分類

加工メカニズムとしては，機械的加工(mechanical process)，熱的加工(thermal process)，化学的加工(chemical process)・電気化学的加工(electrochemical process)などがある．機械的加工法としては，切削加工(cutting process)，研削加工(grinding process)，研摩加工が挙げられる．代表的な工作機械としては，切削加工を行うものと研削加工を行うものを挙げることができる．両者の違いは，図 7.2 に示す通りで，基本的な加工メカニズムとしては，両者同じである．しかしながら，切削では，図 7.2(a)で示すように工具の切れ刃形状が決まっている，定形切れ刃(fixed form cutting edge)工具が使用される．一方，研削では，より大きな結晶インゴットを粉砕して作られる砥粒を焼き固めたものが工具として用いられる．したがって，図 7.2(b)に示すように工具切れ刃の形状は，一定ではなく，不定形であり，図 7.2(b)に示すように負のすくい角となることが多く，一般的には加工エネルギが大きく，加工時に発生する熱量も大きい．このため，研削加工工作機械では，熱に対する対策がより重要となる．

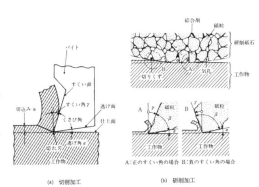

図 7.2　切削加工と研削加工の比較

　以上のほか，研削加工よりさらに形状精度，表面粗さを向上させるために行われる研摩加工，機械的加工よりさらに高密度なエネルギを利用した熱的加工，化学的・電気化学的な作用を利用した加工法などがあり，これらに対応した工作機械も多く存在している．以上のような加工メカニズムにより分類すると表 7.5 のようになる．

表 7.5　加工メカニズムによる分類

加工メカニズム		工 作 機 械
機械的加工	切削	旋盤，フライス盤，ボール盤，中ぐり盤，マシニングセンタ，ターニングセンタ，ブローチ盤，歯切り盤，歯車仕上げ機械など
	研削	円筒研削盤，内面研削盤，心なし研削盤，平面研削盤，歯車研削盤など
	研摩	ホーニング盤，超仕上げ盤，ラップ盤，バフ盤，ポリッシ盤，バレル研磨機，バニッシ盤など
熱的加工 (thermal process)		電子ビーム加工機，レーザ加工機，プラズマ加工機，放電加工機など
化学的加工		化学加工(CHM)機，化学研摩(CHP)機，フォトエッチング(PCM)装置など
電気化学的加工		電解加工(ECM)機，電解研磨(ELP)機など
複合的加工 (complex process)		電解研削加工(ECG)機，電解ホーニング盤(ECH)，電解ラッピング(ECL)盤，電解放電研削加工（ECDG）機，CMP 加工装置など

e. 利用形態による分類

利用のされ方から分類すると，汎用工作機械(universal machine tool)，単能工作機械(single-purpose machine tool)，専用工作機械(special-purpose machine tool)，複合工作機械(multi-task machine tool)に分けられる．汎用工作機械は，多様な部品加工に対応可能なように作られている工作機械である．単能工作機械は，単軸自動盤(automatic lathe)あるいは多軸自動盤のように一度機械がある工作物用にセットされると単能的に，同加工を継続し続ける機械である．専用工作機械とは，機械自体がクランク軸加工用，カム加工用，車輪加工用とその加工対象が限定されている工作機械であり，複合（あるいは多機能）

工作機械は，同一機械上で各種加工が可能で，工程短縮が可能な工作機械である．

f. 制御方式による分類

制御方式としては，手動操作式，機械制御式，油圧制御式，倣い制御式，プログラム制御式，数値制御(NC)式などに分けられる．日本では，工作機械の生産量のうち9割近くが，コンピュータからの指令に基づき数値的に制御されるNC工作機械となっている[3]．機械制御式は，カムやリンク機構で制御するもので，自動盤に多く採用されていたが，最近はほとんどが数値制御されるようになってきた．油圧制御式(hydraulic control type)は，研削盤を中心に多く用いられているが，環境・省エネ，メンテナンス性などの理由から次第に数値制御化されている．

g. 実現可能加工精度(machining accuracy)による分類

一般的には，切削加工工作機械は前加工用で，研削・研摩加工工作機械は仕上げ用と，機種によって期待できる精度のレベルが異なる．その一例を実現可能な表面粗さによって示すと図7.3[4]のようになる．しかしながら図7.3が示すように，同じ加工法でも実現できる精度範囲は大きくばらつくことが分かる．これは，機械の精度ばかりではなく，使う技能者のレベル，使われる環境，工具の良し悪しなどにより，大きな影響を受けるためである．

同じ機種の中で，その精度レベルを分けるため，普通工作機械，精密工作機械，高精密（高精度）工作機械，超精密工作機械などの使い分けをすることがある．現状では，一般的に，

1) 普通工作機械：　0.1〜0.01mm オーダの加工精度
2) 精密工作機械(precision machine tool)：　1μm オーダの加工精度
3) 超精密工作機械(ultra-precision machine tool)：　0.1〜0.01μm オーダ以上の加工精度

のように，分類されているようである[5]．

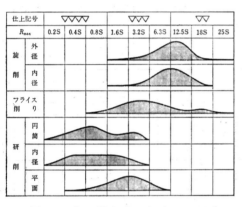

図 7.3　加工法と表面粗さの関係[4]

h. 生産性による分類

生産性で区別するために，重切削工作機械のように，モータのパワー（切削断面積の大きさ）でその仕様を分類する場合と，高速工作機械，超高速工作機械などのように，主軸回転速度や切削・早送り速度の大きさで分類する場合がある．最近は，速度により生産性を高めようとする傾向が強く，その数値範囲は明確ではないが，主軸の回転速度，送り速度により，

1) 普通工作機械：主軸速度1万回転以下，送り40m/min 以下
2) 高速工作機械(high-speed machine tool)：主軸速度1万回転を越え，3万回転以下，送り40m/min を越え，90 m/min 以下
3) 超高速工作機械(ultra high-speed machine tool)：主軸回転3万回転を越えるもの，送り90m/min を越えるもの

のような分類で，呼ばれているようである．これらの数値は，先の加工精度と同様で，その時々の技術レベルにより変化していくことを念頭に置いてお

く必要がある.

i. 基本構造形態による分類

構造形態により表 7.6 に示すような分類がなされ，多くの名称がつけられている．

表 7.6 基本構造形態による分類

構造形態の分類	種　類
機能の複合形態	普通形，万能形，多機能形（複合形）
主軸の向き	垂直下向き・垂直上向き（立て形），水平（横形），任意傾斜形
主軸の数	単軸，2軸，多軸
主軸頭の運動	固定，主軸頭移動形
主軸頭の数	単頭，双頭，多頭
主軸台の向き	対向，並列
コラムの数	シングルコラム，門形コラム
コラムの運動	固定，コラム移動形
ベッドの傾斜	水平ベッド，スラントベッド，垂直ベッド
テーブルの支持構造（フライス盤）	ベッド形，ニー形
刃物台の形式	タレット形，ドラム形，櫛歯形

これら構造形態には，それぞれその目的が存在している．例えば，旋盤のベッドの形式として，図 7.4 に示すようなスラントベッド(slant bed)（傾斜ベッド）形のものが多く作られているが，本構造形態とすることにより，切りくずの排除性を高める，人間の接近性を良くして，作業性を高める，機械の省スペース化を図るなどの目的を実現することができる．

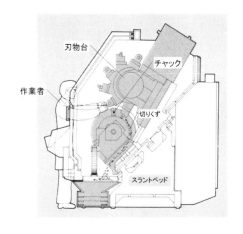

図 7.4　スラントベッド形旋盤（ヤマザキマザック）

j. 機械サイズによる分類

この分類法にも明確な定義は無いが，小形工作機械(compact machine tool)，普通工作機械，大形工作機械(large size machine tool)などの呼び方がなされている．従来から，工作機械は，加工される工作物サイズに比較して大きすぎることが，指摘されてきた．最近では，環境・省エネの観点からも小形工作機械が注目され，工作機械の小形化が急速に進められており，超小形工作機械を核としたマイクロファクトリなども提案されている．

k. 加工時の工具(tool)・工作物(workpiece)の運動形態(motion form)による分類

加工面の形状創成のための工具，工作物の運動としては，回転と直線運動があり，その組み合わせにより，表 7.7 のような機種が存在している．同じ機種（例えば立てフライス盤）でも，図 7.5[6]のように，工具と工作物の運動形態が異なるものが存在している．図 7.5(a)は，工具は回転するのみで，すべての位置決め運動を工作物側で行うタイプであり，図 7.5(b)は，工具は回転するとともに，前後，左右送り運動を行い，工作物側では，上下運動のみを行うタイプである．図 7.5(a)は，常に工具の位置が一定であり，機械への加

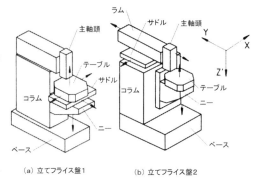

（a）立てフライス盤1　　（b）立てフライス盤2

図 7.5　立てフライス盤の運動形態[6]

工力の作用位置が一定となること，工具交換のために工具を移動しなくても
済むなどのメリットがある．図 7.5(b)は，左右，前後運動のための案内面を
しっかりとしたコラム上に設けることができると共に，これらの案内面が加
工位置より上にあることから，案内面への切りくずの進入などの悪影響を抑
制できるというメリットがある．

表 7.7　加工時の工具・工作物の運動形態

		工　具			
		回転	直線	回転／直線	固定
工作物	回転	——	旋盤，TC	円筒研削盤，内面研削盤，心なし研削盤，TC	——
	直線	フライス盤，中ぐり盤，MC	——	中ぐり盤，フライス盤，MC	平削り盤，ブローチ盤
	回転／直線	円筒研削盤，内面研削盤，	旋盤	TC，MC，ホブ盤	旋盤
	固定	——	形削り盤，立て削り盤ブローチ盤	中ぐり盤（フロア形），フライス盤，ボール盤	——

MC：マシニングセンタ，TC：ターニングセンタ

演習問題
1.他の産業機械と異なると言われている工作機械の特質について述べよ．
2.工作機械をその基本構造形態により分類すると，どんな種類があるか．
3. Classify machine tools according to the form of motion between the tools and
workpieces.

参考文献
(1)中山一雄，上原邦雄，新版 機械加工，2，(1997)，朝倉書店．
(2)JOHN L. FEIRER，MACHINE TOOL METALWORKING，(1973)，137-138，
　McGraw－Hill Book Company.
(3)日本工作機械工業会編，工作機械統計要覧 2001 年，(2001)，32，日本工
　作機械工業会．
(4)藤村善雄，安井武司，工作機械と生産システム，(1993)，18，共立出版．
(5)伊東 誼，森脇俊道，工作機械工学，(1992)，13，コロナ社．
(6)ISO，ISO10791-2, Test conditions for machining centers-Part2，(2001)，4，
　ISO.

7・2　工作機械の構成要素　(Components of machine tools)
7・2・1　NC 工作機械の基本構成要素　(Basic components of NC machine tools)

図 7.6 は，工作機械(machine tools)に共通な仕組みを，横中ぐりフライス盤を
例に示している [7]．工作機械は，図 7.6 が示すように，機械本体としては，
構造本体，主軸系，送り系および結合部から構成されている．構造本体

(structural body)とは，コラム，ベッドなど，機械の骨組みを構成する構造要素である．主軸系(spindle system)とは，工具あるいは工作物（図7.6では工具）を保持して，それらに回転運動を与えるための主軸とその駆動機構部分である．送り系(feed system)とは，工具や工作物を保持して，それらに直線運動を与えるための主軸頭やテーブルなどとそれら駆動機構部分である．また，結合部(joint)とは，機械構成要素に必要な機能を持たせるように,それら構成要素を結合している部分である．例えば，案内結合部，コラムとベッド間のボルト結合部などである．

そして，図7.6には示されていないが，これらに加えて，運動要素の運動を制御する数値制御(NC)装置，工具自動交換装置（Automatic Tool Changer, 略記：ATC），切りくず処理装置などの周辺装置から構成されている．

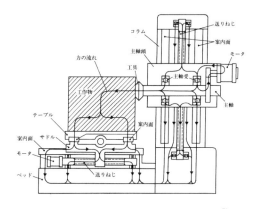

図 7.6　工作機械に共通な仕組み[7]

7・2・2　基本構成要素の基本構造とその役割　(Structure of basic components and their roles)

a. 構造本体(structural body)

構造本体は，機械の骨組みとして各種主要運動要素（テーブル，主軸頭(spindle head)など）をしっかりと保持するとともに，その運動の基準となり，工作機械の母性原理を実現する重要な役割を果たしている．構造本体には，加工に伴う加工力（静的力，振動力）に加えて，運動要素の運動時の慣性力，工作物の重量や構造要素自身の自重，熱変形に伴う熱応力など，多くの力が作用する．これらの力が作用しても変形が最小になるように設計されている．そして，長期にわたって経年変化が起きないように，構造材料の選定にも配慮がなされている．この他，駆動機構の内蔵性，切りくず(chip)の排出性に対する配慮も行われている．また，構造本体には運動要素に高精度な運動を行わせるための案内面が設けられている．

図7.7は，構造本体の一例で，マシニングセンタ用コラムの構造を示している．壁は，リブ(rib)で補強されており，さらに案内面側は，力の伝達部となるため，二重壁構造(double walled structure)として，内部リブとともに，案内面(guide way)をしっかり支える構造となっている．図7.8は，旋盤のベッドであるが，案内面が設けられているベッド上面が傾斜しており，したがって案内面も傾斜しており，一般的にはスラントベッド(slant bed)と呼ばれている．このように案内面を傾斜させることにより,切りくずが容易に落下する，あるいは，加工液により洗い流されやすいなど，切りくずの排出性が向上する．また，作業者の接近性も良くなるとともに，機械の設置面積も小さくできるという特長をもっている．

構造本体の材質としては，一般的には，減衰性が高い鋳鉄が多く採用されている．特にミーハナイト系の鋳鉄は，表面焼入れ（火炎焼入れなど）が可能であり，案内面部などは焼入れ後，研削加工仕上げを行う．鋳鉄製のものは，木型が必要となるので，生産個数が多い場合には，有利となる．

一方，鋼板を用いた溶接構成(welding construction)の工作機械も多く作られている．木型が不要なため個数が少ない場合には，コスト的に有利となる．また，工作機械のサイズが大きく，鋳造が困難な場合にも用いられている．

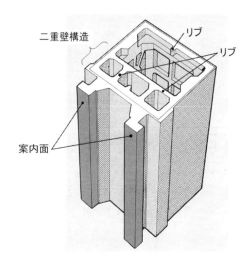

図 7.7　マシニングセンタのコラム構造
(日立精機)

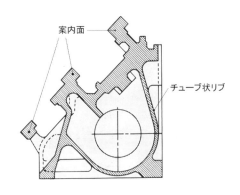

図 7.8　旋盤用スラントベッド
(森精機)

鋳鉄製のものと比較して減衰性が低く不利と言われるが，実際には，材料減衰は，工作機械全体の減衰には大きな貢献はしておらず，むしろ工作機械内に多く存在する結合部の寄与の方が大きいとされている．

以上のほか，ヨーロッパでは，コンクリート(concrete)も多く用いられ，減衰特性と熱特性の向上に寄与していると言われている．

以上に加えて，構造本体の機能で重要なものに案内機能がある．案内の機能としては，運動要素に幾何学的に正確な運動を与えることである．したがって，運動方向のみに運動を許容し，他方向には拘束する機能が必要である．この基本機能に加えて，以下のような項目が要求される．

1) 摩擦係数を出来るだけ小さくする．
2) 摩耗が小さく，生じた摩耗を補正しやすい．
3) 傷がつきにくく，塵埃に強い．
4) 加工組立が容易である．

以上の要件を満足させるため，すべり，転がり，静圧案内など，各種案内方式が存在している．すべり案内(sliding guide)は，摩擦係数が高く，高精度な位置決め，高速送りを行う場合には不向きとされている．これを解決するとともに，組立性，メンテナンス性なども優れているとして，最近では転がり案内(rolling guide)が好んで用いられている．しかしながら，減衰性が低いため，びびり安定性を向上したい場合には，転がりは敬遠されがちで，すべり案内が用いられることが多い．静圧案内(hydrostatic guide)は，摩擦係数，減衰性，精度，寿命などの点で，他の方式より優れていることから，研削盤や超精密工作機械に用いられている．

すべり案内には，その案内面形状とそれらの組合せにより，図 7.9[8]に示すような多くの形式の案内が存在している．

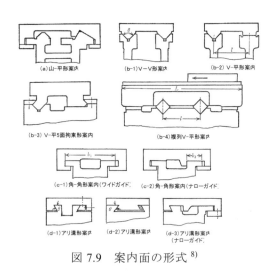

図 7.9　案内面の形式 [8]

b. 主軸系(spindle system)

図 7.10[9]はマシニングセンタの主軸系を示している．主軸系は，基本的には，主軸，変速機構，モータ，検出器から構成されている．変速機構には，DCまたは AC サーボモータ(AC servomotor)による無段変速方式が採用されている．大きな出力が必要である場合は，モータの出力不足を補うため，2 段程度（高速域，低速域の 2 段）の変速機構が採用される．しかしながら，主軸の高速化に伴い，最近は変速機構を無くし，主軸自身をモータのロータとするビルトインモータ駆動(built-in motor drive)方式が一般的になってきている．

主軸(spindle)は，本体構造と並んで工作機械の要の一つであり，工具あるいは工作物を保持して，それらを切削抵抗に抗して所定の精度で回転させる役割を果たしている．このため，高い回転精度と高い剛性が必要で，さらに最近は，高速性能（回転数，起動・停止時間）と低振動・低騒音特性も重要になってきた．

まず主軸本体関係では，軸受も含めた主軸剛性が重要となる．主軸には，曲げ，ねじれ，スラストなど多くの力がかかるので，それらに耐えて，主軸の変形が許容値以内におさまるように設計がなされる．この際，軸径はもとより，軸受の選定，軸受の配置，そして転がり軸受(rolling bearing)の場合に

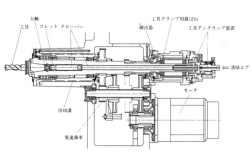

図 7.10　マシニングセンタの主軸系 [9]

は，その予圧調整機構などがキーポイントとなる．軸受には，図 7.11[10]に示すように，軸受隙間における介在要素により，多くの種類が存在しており，主軸に必要とされる機能に応じて使い分けられている．これらには，それぞれ特徴があり，それらをまとめると表 7.8[10]のようになる．最近では，高速でかつ，高精度であることが望まれ，流体軸受(fluid bearing)が注目され，空気や油を用いた軸受が，切削工作機械にも採用され始めている．さらに，転がり軸受での高速化の限界を打破するものとして，磁気軸受(magnetic bearing)が期待されている．

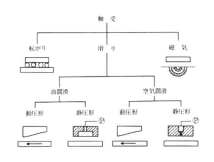

図 7.11　工作機械用主軸受の種類[10]

表 7.8　各種主軸受の特徴

	転がり軸受	油潤滑		気体潤滑		磁気軸受
		動圧軸受	静圧軸受	動圧軸受	静圧軸受	
運動精度	○	○	◎	○	◎	○
負荷容量	◎	○	◎	×	○	×
静剛性	◎	○	◎	×	○	×
減衰性	×	◎	◎	△	△	△
高速回転	△	×	△	○	◎	◎
温度上昇	○	×	△	○	◎	◎
保守性	◎	○	△	○	△	○
寿命	△	△	◎	△	◎	◎
コスト	◎	○	×	△	×	×

◎：とくに優れる　○：優れる　△：普通　×：劣る

　転がり軸受にも多くの種類があり，主軸の仕様（高速性，回転精度，剛性，寿命）などによって，種類とそれらの組合せが異なってくる[11]．また，これらの潤滑法も高速性能と寿命に大きな影響を及ぼすことから重要であり，グリース潤滑(grease lubrication)，オイルエア潤滑(oil air lubrication)，ジェット潤滑(jet lubrication)などの潤滑法が採用されている．最近は，オイルエア方式が主に用いられているが，環境・省エネ，メンテナンス性からグリース潤滑が再び注目を浴びるようになってきている．

　次に，主軸端形状(shape of spindle nose)とテーパ穴(tapered bore)の形式が重要となる．この部分は，工具や工作物を主軸に取付けるためのインタフェースの役割を果たすチャックやツールホルダ(tool holder)といったツーリングシステム(tooling system)を装着する部分であり，ここでの装着精度と剛性が重要となる．

　そして，主軸穴内部には，これらツーリングシステムをクランプするための機構や，クーラントを供給するためのクーラント供給システム，主軸の冷却機構などが組込まれ，非常に複雑な構造となっている．

　そして，モータについては，DC モータはメンテナンス性の悪さから余り用いられなくなり，主として AC サーボモータが用いられるようになってきた．主軸頭は，送り運動することが多く，これを高速化するためには，主軸回転駆動モータは小形化する必要があり，小形高出力で，低振動，低発熱の駆動モータが要求されている．

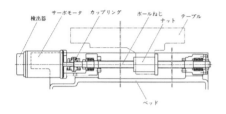

図 7.12　送り運動要素駆動系 [9]

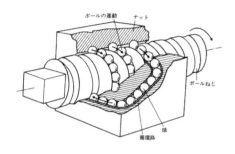

図 7.13　ボールねじの基本構造 [12]

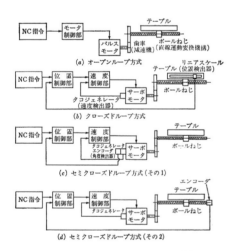

図 7.14　サーボ機構の種類 [13]

c. 送り系(feed system)

送り系も，工作機械の要の一つであり，切削抵抗に打ち勝ち，テーブルや主軸頭などの直線運動要素を正確に，かつ安定した送り速度で運動させるとともに，正確に位置決めすることが，要求される．さらに，最近は，短時間で必要速度まで立ち上げ，立下げることが要求されるとともに，振動・騒音レベルが低いことが強く求められている．

　図 7.12[9]は，送り系の例を示している．基本的には，テーブルや主軸頭(spindle head)などの送り運動要素，送りねじ，送りナット，モータ，検出器などから構成されている．

図 7.13[12]は，ボールねじ(ball screw)の構造を示している．最近の NC 工作機械は，ほとんどボールねじを送りねじとして採用している．ボールねじは，図に示すように，ねじ溝のついたねじ軸とナットとの間に多数の玉を介在させ，転がり軸受と同じように溝内を玉が循環するようになっている．したがって摩擦係数は 0.002 から 0.005 程度と，きわめて小さく，効率はすべりねじと比較して 2 から 4 倍と言われている．ボールねじの精度は，直接機械の位置決め精度に影響を及ぼすので，そのピッチ精度を高めるとともに，数値制御装置内で，その誤差補正も行っている．また，バックラッシ(backlash)を除くとともに剛性を高めるため，ナットを二つ組み合わせることにより予圧を与えている．さらに剛性を高めるために，ボールねじの支持を両端固定（ダブルアンカ）方式(both-end fixed type)としている．これにより，全ストロークで均一の剛性が得られるようになる．また最近の高速化に伴い，発熱量がさらに増大したことから，ボールねじの熱変位が無視できなくなり，ボールねじに引張力を与えたり，ボールねじの軸芯に温度管理された油や空気を流すなどの対策もなされている．

　検出器の取付け位置により，図 7.14[13]に示すような各種のサーボ機構があり，それぞれ特徴を持っており，使い分けられている．この他にセミクローズドループ(semi-closed loop)で動いた結果に誤差があれば，クローズドループ(closed loop)で検出し，補正しようとするハイブリッド方式(hybrid loop system)のものある．本方式は，条件の良くない機械でもゲインを高くでき，高精度で制御できるという特徴がある．モータについては，AC サーボモータが一般的になっている．

　駆動機構としては，ボールねじの他に，静圧ねじ，ラックとピニオン，ウォームとウォームラックなども使われている．また，更なる高速化を目指して，リニアモータ駆動(linear motor driving)の工作機械への適用が進められている．図 7.15 は，ボールねじ駆動方式との構造比較を示している．図 7.15 に示すように，リニアモータ駆動の場合には，ボールねじやナットのような機械要素がほとんど無いため，駆動系の剛性を高くでき，慣性も小さいことから，ゲインを大きく取ることができ，高速・高加減速で高精度，高剛性な駆動系を実現できる．リニアモータ駆動方式は，このような特性を生かし，かなり広範な機種への展開がなされている．

d. 数値制御装置

最近の数値制御(NC)装置は，コンピュータが内蔵され，ほとんどの機能を実行していることから，コンピュータ数値制御（Computerized Numerical Control, 略記：CNC）装置と呼ばれている．JISB0105 では，数値制御(numerical control) とは「工作物に対する工具経路，その他，加工に必要な作業工程などを，それに対応する数値情報で指令する制御のこと」と定義されている．NC 装置は，図 7.16[14]に示すように基本的に，制御機能，操作機能，プログラム作成・編集機能，通信機能などを有している．マイクロプロセッサの進歩に伴い，複雑で高速，高精度な制御が可能になり，工作機械の高速・高精度・高機能化に大きく貢献している．プログラム作成・編集機能も充実し，コンピュータ援用設計(Computer Aided Design，略記：CAD)データから工具経路をはじめとした加工情報を自動的に作り出すコンピュータ援用加工(Computer Aided Manufacturing，略記：CAM)機能も充実してきている．また，イーサネット技術を用いて，社内，社外のネットワークにも接続できるなど，IT 環境に対応できるようになってきた．例えば，ネットワークを通して，工作機械メーカから故障診断サービスや，ソフトウェアのバージョンアップサービスなどを受けることが可能になってきた．また，パソコン機能を持たせたオープンCNC(open system CNC)と呼ばれる NC 装置も登場し，市販のパソコン用ソフトウェアの使用が可能になるなど，CNC のオープン化が進められている．

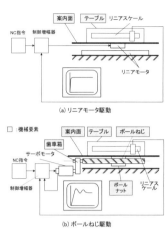

図 7.15 リニアモータ駆動とボールねじ駆動

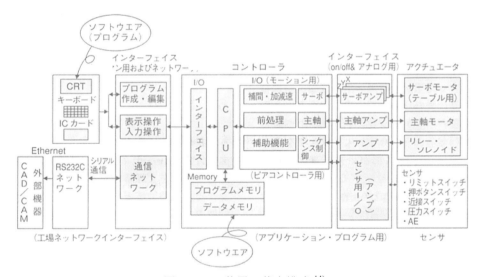

図 7.16 NC 装置の基本構成 [14]

e. 周辺装置(peripherals)および周辺技術(peripheral technology)

以上述べてきたような基本的な構成要素だけでは，工作機械は，それが持っている性能を充分に発揮できない．マシニングセンタやターニングセンタなどの複合工作機械(multi-task machine tool)では，工具や工作物類を必要数ストックし，必要なときに自動交換しながら加工が進むようにするためのツールマガジン(tool magagine)，工具や工作物の自動交換装置と切りくず処理装置が必要となる（図 7.17 参照）．切りくず処理については，環境対応技術としてクーラントを用いないドライ加工(dry process)を可能とする工作機械が進展し始め，クーラントによる切りくず排出は期待できなくなってきており，ド

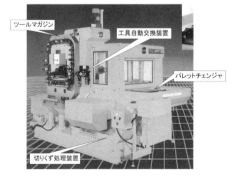

図 7.17 マシニングセンタとその周辺機器（日立精機）

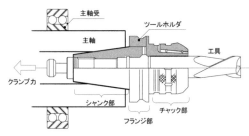

図 7.18　ツールホルダ：
機械と工具のインターフェース

ライ加工対応の切りくず処理技術の開発も強く望まれている．

　最近ツーリング技術の重要性もクローズアップされてきている．ツーリング (tooling)技術とは，「単に切削工具に限らず，加工する際に工作機械 (machine tools)に補助的に必要な機能を付与する，あるいは新しい機能を工作機械に付与するための工具類に関する技術」である．ツーリングシステム (tooling system)の代表例は，ツールホルダ(tool holder)システムであり，図 7.18 に示すように，切削工具と工作機械のインタフェースとして重要な役割を果たしている．このように工作機械がどんなに高度であっても，それに相応しい高度なツーリングシステムが無ければ，工作機械の性能は発揮できない．

　この他，センシング技術(sensing technology)も重要であり，工作機械の中では，多くのセンサや計測機器が，制御状態の監視，加工プロセスの監視，そして加工結果の監視に用いられている．

演習問題

1.What are basic components of machine tools?

2.構造本体の役割について述べよ．

3.Describe the types of guide way systems used in machine tools and their characteristics.

4.工作機械の案内面形状の形式を挙げ，その特徴について考察せよ．

5. Discuss the bearings used for the main bearings and their characteristics.

6.数値制御装置の基本機能について述べよ．

7.Describe the peripheral equipment and technology that strongly influences machine tool performance.

参考文献

（ 7 ）M.Weck, *Handbook of Machine Tools*, Vol.2, 12, (1984), John Wiley & Son.

（ 8 ）藤村善雄，安井武司，工作機械と生産システム，(1993)，92，共立出版．

（ 9 ）日本工作機械工業会，工作機械の設計学（基礎編），(1998)，12，日本工作機械工業会．

（10）日本工作機械工業会，工作機械の設計学（基礎編），(1998)，96，日本工作機械工業会．

（11）日本工作機械工業会，工作機械の設計学（基礎編），(1998)，104，日本工作機械工業会．

（12）日本工作機械工業会，工作機械の設計学（基礎編），(1998)，137，日本工作機械工業会．

（13）伊東誼，森脇俊道，工作機械工学，(1992)，84，コロナ社．

（14）武藤一夫，機械技術，(1997)，41-1，18．

7・3　各種工作機械基本構造とその加工機能　(General structure of various machine tools and their machining functions)

7・1 で述べたように，工作機械には非常に多くの機種が存在している．ここ

では，よく使われる代表的な工作機械の基本構造とその加工機能について述べる．

7・3・1 おもな切削工作機械 (Major machine tools for cutting)

a. 旋盤(lathe)

図 7.19[15]は，普通旋盤の基本構造を示している．旋盤は，基本的には，ベッド(bed)，主軸台(head stock)，心押台(tool stock)，往復台(carriage)，横送り台(cross slide)，刃物台(tool rest)から構成されている．旋盤により可能な加工作業は，図 7.20[16]に示す通りであり，多様な軸対称部品を加工することができる．旋盤には，普通旋盤，正面旋盤，タレット旋盤，自動旋盤，立て旋盤，車輪旋盤，クランク軸旋盤，ロール旋盤など，非常に多くの機種が存在している．普通形の NC 旋盤の多くは，タレット方式または，ドラム方式の刃物台を有しており，構造的には，これまで手動機として多く使われてきたタレット旋盤の仲間と言える．

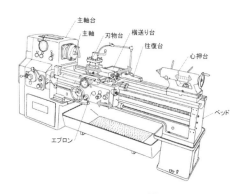

図 7.19 普通旋盤[15]

b. フライス盤(milling machine)

図 7.21[15]は，ひざ形立てフライス盤の基本構造を示している．フライス盤は，基本的に，ベース(base)，コラム(column)，主軸頭(spindle head)，主軸，ニー(knee)またはベッド，サドル(saddle)，テーブル(table)から構成されている．フライス盤で可能な加工作業は，図 7.22[16]に示す通りである．

フライス盤には，横フライス盤，立てフライス盤，万能フライス盤，プラノミラー，スプラインフライス盤，カムフライス盤など，多くのものが存在している．フライス盤は，旋盤と異なり，多刃工具を用いることから，断続切削が主体となるので，常に振動的な加工力がかかるため，振動に対する考慮が必要である．また，テーブルの運動方向により加工状態がアップカットまたはダウンカットになるので，テーブル送り機構には構造的な工夫がなされている．またテーブル上に切りくずがたまりやすい構造形態となっていることから，熱変位への配慮も必要である．

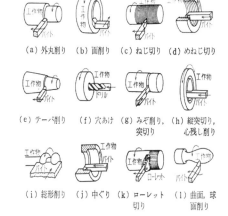

図 7.20 旋盤による加工作業[16]

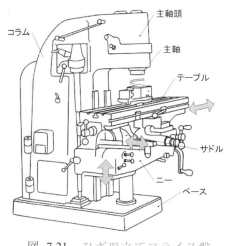

図 7.21 ひざ形立てフライス盤
(knee-type milling machine)の
基本構成[15]

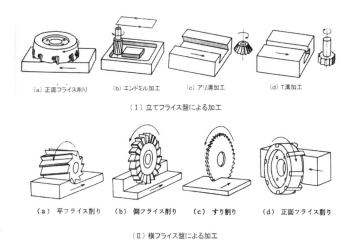

（I）立てフライス盤による加工

（II）横フライス盤による加工

図 7.22 フライス盤による加工作業[16]

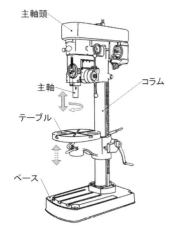

図 7.23　ボール盤の基本構成

c. ボール盤(drilling machine)

図 7.23[15]は，直立ボール盤の基本構造を示している．ボール盤は，基本的に，ベース，コラム，主軸頭，テーブルから構成されており，図 7.24[16]に示すような各種の加工が可能である．ボール盤にも，直立ボール盤，卓上ボール盤，ラジアルボール盤，多軸ボール盤，深穴ボール盤など，各種のボール盤が存在している．

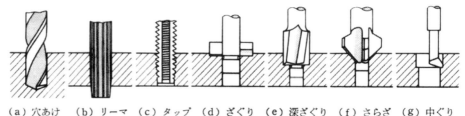

（a）穴あけ　（b）リーマ　（c）タップ　（d）ざぐり　（e）深ざぐり　（f）さらざ　（g）中ぐり
　　　　　　　　仕上げ　　　立て　　　　　　　　　　　　　　　　　　ぐり

図 7.24　ボール盤による加工作業 [16]

d. 中ぐり盤(boring machine)

図 7.25[15]は，テーブル形横中ぐり盤の概観を示している．中ぐり盤は，主として，ベッド，コラム，主軸頭，テーブル，サドル，中ぐり棒ささえ(boring bar support)などから構成されている．主に図 7.26[16]に示すような加工が可能である．特に穴の中ぐりと面削りを同一機械上で行えることから，穴の軸心と端面の直角度を高くできるという特徴がある．

　加工機能としては，後述のマシニングセンタで行えるものが多いことから，多くは，マシニングセンタに置き替えられてきている．中ぐり盤には，横中ぐり盤（テーブル形，床上形，平削り形），立て中ぐり盤，ジグ中ぐり盤，精密中ぐり盤などがある．

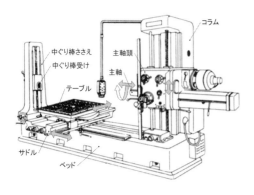

図 7.25　テーブル形横中ぐり盤の
基本構造 [15]

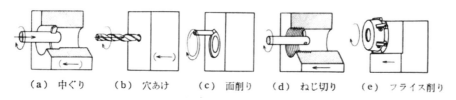

（a）中ぐり　（b）穴あけ　（c）面削り　（d）ねじ切り　（e）フライス削り

図 7.26　中ぐり盤による加工作業 [16]

e. 歯切り盤(gear cutting machine)

歯切り工具を用いて，歯切り加工を行う工作機械で，ホブ盤(gear hobbing machine)，歯車形削り盤，歯車平削り盤，すぐばかさ歯車歯切り盤，まがりばかさ歯車歯切り盤など，加工する歯車の種類に応じて各種のものがある．図 7.27[15]はその中でも最もよく使われている，平歯車，はすば歯車加工用のホブ盤の基本構造を示している．ホブ盤は，ベッド，コラム，ホブサドル(hob saddle)，ホブヘッド(hob head)，テーブルサドル(table saddle)，テーブル(table)，ワークアーバささえ(work-arbor support)，ワークアーバささえスタンド(stand)などから，構成されている．

　ホブ盤における工具と工作物の運動の様子を示したのが，図 7.28[16]である．ホブは，回転しながら，上から下へ送り運動を行い，工作物は，ねじ状に配

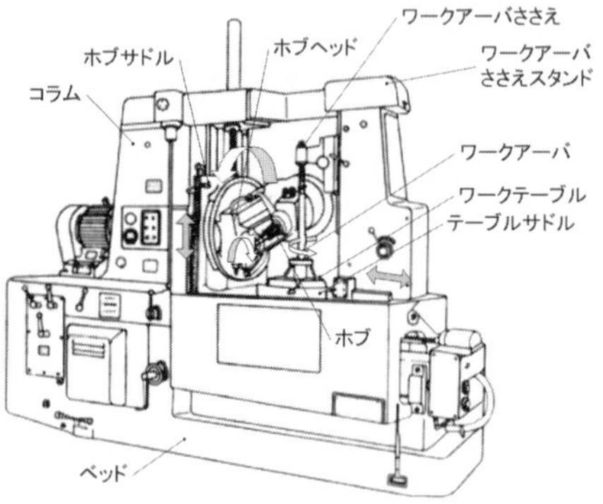

図 7.27　ホブ盤の基本構造 [15]

列されたホブの刃と噛合い運動を行うような回転運動を行うことにより，歯の加工が行われる．このため，工作物とホブの回転の同期精度が重要で，従来は，これを一つの駆動源により歯車伝達機構を介して実現していた．最近は数値制御化され，工作物とホブを独立に駆動しても高精度な同期運転が可能になっている．

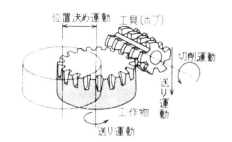

図 7.28　ホブ盤における工具工作物の
運動状態 [16]

f. ターニングセンタ(turnning center)

図 7.29 は，ターニングセンタの基本構造を示している．ターニングセンタは，JISB0105 では，「主として工作物を回転させ，工具の自動交換機能（タレット形を含む）を備え，工作物の取付け替えなしに，旋削加工のほか，多種類の加工を行う数値制御工作機械」と定義されている．基本構成要素は旋盤とほとんど同じであるが，最近では，Y軸機能(Y-axis function)も持ち，殆ど工作物把持部以外は角形状である工作物も加工することができるようになり，次に述べるマシニングセンタとの境界がなくなってきている．

　高機能機としては，刃物台を 4 つ，主軸台を 2 つ有し，複雑形状の工作物を高能率に加工する工程短縮形(process reduction type)のもの，研削機能，焼入れ機能などの異種加工を複合化したものも開発されている．図 7.30 に高度に複合化されたターニングセンタでの加工例を示す．

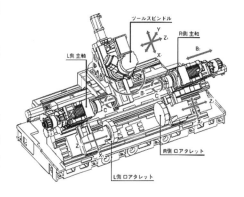

図 7.29　ターニングセンタの基本構造
（中村留）

g. マシニングセンタ(machining center)

図 7.31[15]は，マシニングセンタの基本構造を示している．マシニングセンタは，JISB0105 では，「主として回転工具を使用し，工具の自動交換機能（タレットを含む）を備え，工作物の取付け替えなしに，多種類の加工を行う数値制御工作機械」と定義されている．基本構成要素は，フライス盤と同じであるが，最近では，円筒形状工作物の旋削加工も可能なものもあり，ターニングセンタとの境界がなくなってきている．またマシニングセンタの多軸化も進み，図 7.32 のような複雑形状の工作物も加工可能になってきている．

図 7.30　ターニングセンタによる加工例
（ヤマザキマザック）

7・3・2　研削工作機械(grinding machine)

研削工作機械（研削盤）は，切削工作機械よりは一ランク上の加工精度が要求されるため，砥石軸，主軸，案内面の精度には，十分な配慮がなされている．したがって砥石軸には，静圧軸受，あるいは動圧軸受，案内面には，静圧軸受が採用されることが多い．研削加工では切削加工より一桁大きいエネルギが消費されるため，加工熱が大きく，研削液供給技術も重要であり，この他多くの熱変形対策が行われている．また，工具として用いる砥石の切れ味が低下した場合，あるいは形状精度が低下した場合には，目立て（ドレッシング dressing），形直し（ツルーイング truing）が必要になるが，これらをオンマシンで行うための砥石修正装置(wheel truing device)が標準で装備されている．これは，研削盤の特徴の一つと言える．

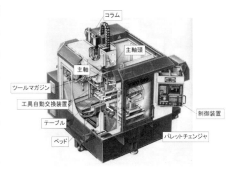

図 7.31　マシニングセンタの基本構造
（EIKON）

a. 円筒研削盤(cylindrical grinding machine)

図 7.33[15]は，円筒研削盤の基本構造を示している．機械は，ベッド，砥石台

カムスライダ　　　傾斜金型　　　エンジンシリンダブロック

航空機部品　　　インペラ　　　タイヤ金型

図 7.32　5 軸マシニングセンタによる加工例
（新日本工機）

(wheel spindle stock)，主軸台，心押台，砥石修正装置などの基本構成要素で構成されている．加工可能な作業は，図 7.34[16]に示す通りである．砥石台が斜めに切り込むアンギュラスライド(angular slide)円筒研削盤では，同図のように工作物のショルダ面と円筒面の同時加工が可能で，両面の直角度精度を出したい時には，有効な研削盤である．また，主軸台，砥石台を水平面内で旋回できるようにした万能円筒研削盤では，さらに多様な加工が可能になる．

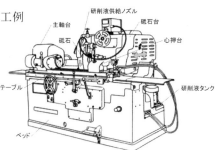

図 7.33　円筒研削盤の基本構造[15]

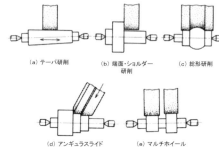

図 7.34　円筒研削盤による加工作業[16]

b. 内面研削盤(internal cylindrical grinding machine)

図 7.35[15]は，内面研削盤の基本構造を示している．機械は，ベッド，主軸台，往復台，砥石台，砥石修正装置などから構成されている．内面研削盤で行える作業の一例を図 7.36[16]に示す．

　内面研削盤は，円筒研削盤と比較して，次のような不利な点がある．1)砥石径を加工穴径より大きくできない．したがって，砥石軸径は制約を受け，太くできないため，剛性(stiffness)に限界がある．2)また，同じ理由で，一般的に砥石径は小さくなる傾向にあり，必要な砥石周速度を実現するためには，砥石軸回転速度を高速化する必要がある．3)さらに加えて，砥石作業面積が大きく取れないため，砥石摩耗が大きい．4)砥石軸長さが，径に比べて長くなる傾向にあり，砥石軸系の剛性が低くなりがちである．5)研削液の供給が比較的困難である．6)工作物の内径測定の自動化が比較的難しい．

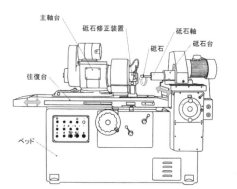

図 7.35　内面研削盤の基本構造[15]

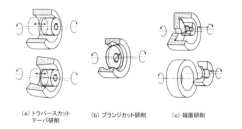

図 7.36　内面研削盤による加工作業[16]

c. 心なし研削盤(centerless grinder)

図 7.37[15]は，心なし研削盤の基本構造を示している．機械は，ベッド，砥石台，調整車台(regulating wheel slide)，受け板（ワークレスト）(work rest)，砥石修正装置，調整車修正装置(regulating wheel truing device)などから構成されている．可能な加工作業は，図 7.38[16]に示す通りで，主として細長い円筒状工作物の外周面を研削する機械である．砥石，調整車，受け板の 3 点で支持して加工するので，工作物には，センタ穴が不要であり，上述の円筒研削盤や内面研削盤のようにチャックやセンタが必要ないことから自動化しやすい．また，センタ穴が不要なため，セラミックスなどのような高硬度材や，工作物径が小さくセンタ穴の加工が困難な場合にも適している．

　構造的には，砥石・調整車の径および幅ともに大きく，両者は比較的重くなる傾向にあり，砥石軸，調整車軸は，これに耐えられるように配慮されている．

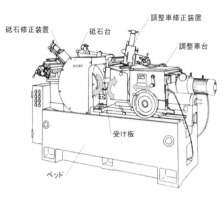

図 7.37　心なし研削盤の基本構造[15]

d. 平面研削盤(surface grinding machine)

図 7.39[15]は，平面研削盤の基本構造を示している．基本的には，ベッド，コラム，砥石頭，テーブル，サドル，砥石修正装置から構成されている．平面研削には，図 7.40[16]に示すように各種の加工法があり，それらに対応した各種の平面研削盤が存在している．中でも，図 7.40(c)の作業を行う，図 7.39で示した横軸角テーブル形平面研削盤が最も汎用的に用いられている．このタイプは，片持ちはり的なコラム形態のため剛性が低くなりがちであり，これを改善するための構造形態が色々と提案されている．

　平面研削盤には，立て軸角テーブル形，横軸円テーブル形，横軸角テーブル形，両頭形の各平面研削盤と，案内面を専門に加工する案内面研削盤などが存在している．

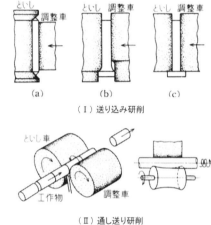

図 7.38　心なし研削盤
による加工作業[16]

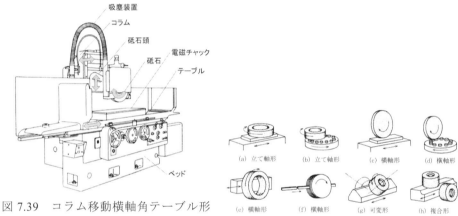

図 7.39　コラム移動横軸角テーブル形
平面研削盤[15]

図 7.40　平面研削盤による加工作業[16]

e. 歯車研削盤(gear grinding machine)

歯車を研削する工作機械で，平歯車・はすば歯車，かさ歯車，まがりばかさ歯車，内歯歯車など，歯車の種類に応じた研削盤がある．図 7.41[15]は，平歯車研削用の研削盤の基本構造を示している．

演習問題

1.工作物を回転させて加工する工作機械を挙げよ．

2.List machine tools whose workpieces move in a linear motion during machining.

3.工具を回転させて加工する工作機械を挙げよ．

4.List machine tools whose tools move in a linear motion during machining.

5.以下の工作物を加工するのに必要と思われる工作機械を挙げよ．

　1)丸物工作物，2)角物工作物

6.工作機械名を 5 つ挙げて，それぞれの機械について，それらの基本構成要素と可能な加工作業について説明せよ．

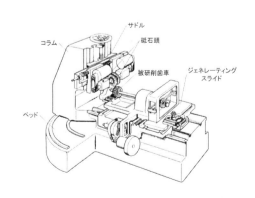

図 7.41　歯車研削盤（マーグ）[15]

参考文献

15)日本規格協会，(2002)，JIS ハンドブック　工作機械，30-43，日本規格協会．

16)福田力也，(1998)，工作機械入門，17，52，53，69，83，106，121，124，127，132，133，理工学社．

7・4　設計原理　(Design principle)

7・4・1　剛性設計(stiffness-based design)

a. 静剛性(static stiffness)

工作機械には，曲げ，ねじり，せん断などの各種力が，静的，動的に作用する．静剛性とは，静的な力に対する抵抗力であり，外力／変形量(N/μm)で表され，単位当たりの変形を起こすのに必要な力の大きさを表しており，この値が大きいほど変形しにくいことを意味している．つまり，静剛性が大きければ，外力による変形を小さく抑えられるということになる．図 7.42 は，工作機械をモデル化したもので，加工点にかかる力が構造内をどのように伝達する（流れる）かを示している．この力の流れ(force flow)を力のループ(force loop)とも言う．

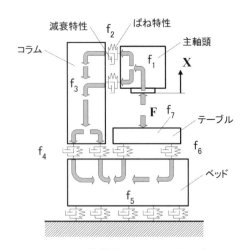

図 7.42　工作機械における力の流れ

　前述のように，工作機械は，必要とされる機能を発揮するように基本構成要素を結合することにより，その基本構造形態を構成している．これら，基本構造要素は弾性体であり，更に重要なことは，各結合部もそれぞれ固有のばね特性と減衰特性を有していることである．そして，それら構造要素は結合部(joint)も含めてほとんどが直列的に結合されていると考えることが出来る．したがって，構造全体のフレキシビリティ(flexibility)（静剛性の逆数）X/F は，式(7.1)のように表すことが出来る．

$$X/F = f_1 + f_2 + \cdots\cdots + f_n \tag{7.1}$$

ここで，f_j は，結合部も含めた各構成要素のフレキシビリティである．

　式(7.1)が示すように，構造全体のフレキシビリティは，力の流れの中にある各構造要素のフレキシビリティの総和であるため，流れの中で最も大きなフレキシビリティを持つ要素のフレキシビリティより必ず大きくなる．つまり，構造全体の剛性(stiffness)は，力の流れの中にある最も剛性の低い構造要素の剛性より，大きくできない．したがって，工作機械を構成している構造要素の中に一つでも剛性の小さな要素があると，全体の剛性はそれ以下になってしまうことに留意する必要がある．

　以上のことから，工作機械の静剛性を考える場合には，先ずは，この力のループ内にある構成要素を対象に，バランス良く高剛性化を図ればよいことになる．そして，次に結合部の剛性向上など，構造全体の剛性を高めるための対策を考えることが必要となる．

(1)構造要素(structural element)の剛性向上法

変形の種類としては，大きくは，曲げとねじれ変形を考えればよい．これを
図 7.43 のような片持ちはりを例に考えると，曲げについては，式(7.2)のよう
になる．

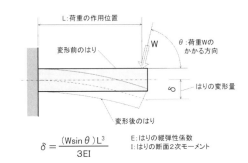

$$\delta = \frac{(W\sin\theta)L^3}{3EI} \tag{7.2}$$

図 7.43　片持ちはりの曲げ変形

ここで，W は外力，θ は力のかかる方向，L は，はりの長さ，E は，縦弾
性係数，I は，はりの断面 2 次モーメント(cross-sectional moment of inertia)で
ある．式(7.2)より，静剛性を高めるためには，L を短くし，I を大きくする
ことである．そして材料的には E の大きなものを採用し，力のかかる方向は，
出来る限り変形のしやすい方向にならないようにすることが重要と言える．
中でも，はりの長さは，3 乗で影響するので，極力はりの長さを短くするこ
とが肝要であることがわかる．また，I は，矩形断面の場合は，式(7.3)のよ
うになる．

$$I = \frac{bh^3}{12} \tag{7.3}$$

ここで，b は，はりの断面幅，h は，はりの断面高さであり，同じ面積であ
るならば，できる限り h が大きくなるようにするのが良いことがわかる．

ねじれについても同様なことが言え，図 7.44 のようなはりモデルを考える
と，ねじり変位は，式(7.4)のようになる．

$$\varphi = \frac{TL}{GI_p} \tag{7.4}$$

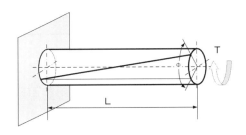

図 7.44　片持ちはりのねじれ変形

ここで，T は，はりにかかるトルク，L は，はりの長さ，G は，はりの材料
の横弾性係数，I_p は断面 2 次極モーメント(polar moment of inertia of area)で
あり，円形断面の場合は，式(7.5)のようになる．

$$I_p = \frac{\pi d^4}{32} \tag{7.5}$$

したがって，ねじれ剛性(torsional stiffness)を高めるためには，はりの長さ
を短く，径を太くし，材料としては横弾性係数の大きなものを採用する必要
がある．また剛性重量比を大きくするためには，中空にして径を大きくする
と良いことがわかる．

曲げにも，ねじれにも強い構造としては，円管状の断面，対角リブ構造な
どが適している．また，構造要素同士を結合する結合部は力の伝達部となる
ため，局部変形が起きないように注意する必要がある．

(2)構造全体の剛性向上法

力のループ長さ(force loop length)は，ばねの長さに相当するので，できる限
りこの長さが小さくなるような構造形態にする必要がある．また，前出の図
7.42 で示したように，ループが開いている構造ではなく，門形工作機械(portal
machine tool)のように力のループが閉じるような構造とすることも高剛性化
につながる．さらには，一般的に，結合部は構造要素より剛性が低いことか
ら，できる限り結合部の数を減らす必要がある．また，結合部での変形量を
小さくするために，結合部にかかるモーメントが小さくなるように，配置を
最適化する必要がある．その上で，更に結合剛性の高い結合部構造とする必
要がある．以上のように，結合部の最適設計は，工作機械の剛性向上にとっ
て重要なポイントである．

　以上のような事項を中心に，静剛性向上のための設計原理をまとめてみる
と，表 7.9 のようになる．

表 7.9　構造本体の静剛性向上のための基本原理

対　象	基　本　原　理
構造要素	断面 2 次モーメント・断面 2 次極モーメントの増大，断面形状の閉鎖化
	V 字形リブ構造，比剛性の増大
	力の伝達部の剛性増大
構造全体	力の流れループ長の短縮化
	力の流れの閉ループ化
	結合部の一体化，結合部数の削減
	結合部配置の最適化
	結合部の高剛性化
	小形化

b.動剛性(dynamic stiffness)

工作機械を図 7.45 のような 1 自由度集中定数系振動モデルに近似して，動剛
性を高める原理について考えてみる．このような振動モデルにおける動剛性
Kd は，式(7.6)のように表せる．

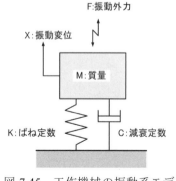

図 7.45　工作機械の振動系モデ

$$Kd \approx C\sqrt{\frac{K}{M}} \tag{7.6}$$

　つまり，動剛性を高めるためには，減衰係数(damping coefficient) C と，静
剛性 K を大きくし，質量 M を軽くすれば良いことになる．これにより共振
点での振動変位を小さくできるばかりでなく，加工中に生じるびびり振動が
発生する加工領域を小さくでき，高能率な加工が可能になることが知られて
いる．

　まず，静剛性を高めるためには，前述の原理に基づき設計を行えばよいこ
とになる．減衰係数を大きくするためには，構造材料として高減衰材料を用
いればよい．そのために良く用いられているのはコンクリートである．最近
は，グラナイトコンクリートの採用が，ヨーロッパを中心に浸透してきてお

り，図 7.46 に示すようにかなり複雑な形状まで製作可能になってきた.

一方，構造全体の減衰能に大きく寄与しているのは結合部と言われており，結合部に高い減衰性を持たせるのも設計のキーポイントと言える. 実例としては，案内などのすべり案内結合部に油静圧案内を採用して減衰能を高めたり，減衰能が低いとされている転がり案内にすべり案内(sliding guide)を複合化させるなどの対策がなされている. 軽量化については，図 7.47[17]に示すようなトラス構造(truss construction)の工作機械やパラレルメカニズム形工作機械(parallel mechanism machine tool)などが注目を浴びている.

以上，動剛性向上のための基本原理をまとめてみると表 7.10 のようになる.

図7.46 グラナイトコンクリート
ベッド（RHENOCAST）

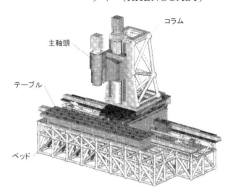

図 7.47 トラス構造工作機械 [17]

表 7.10 構造本体の動剛性向上のための基本原理

対象	基本原理
構造要素	構造要素の静剛性の向上
	小形・軽量化
	高減衰材料の採用
	減衰機構の付与
構造全体	構造全体の静剛性の向上
	案内機構，結合部の高減衰化
	小形・軽量化

c. 熱剛性(thermal stiffness)

図 7.48[18]は工作機械に存在する熱源を示している. 熱源(heat source)は，工作機械の内部で発生するものと，工作機械の外部にあって，熱伝達や輻射によって工作機械に伝えられるものがある. このように非常に多くの熱源が存在しており，これらの影響を最小限に抑える必要がある. これらの熱源により熱変形(thermal deformation)を起こす要素としては，工作機械，工作物，工具，測定装置とスケール，基礎などがあり，工作機械だけではないことに留意する必要がある. また，工作機械や加工される工作物の大きさ，採用する加工法と要求加工精度，加工時間によっても熱変形の及ぼす影響の大きさが異なってくる.

図 7.49[19]は，生じた熱変形が加工精度に及ぼす影響について示している. 平行移動変位や単純なのびの場合には，形状精度への影響も単純で，補正もしやすいが，角度変化を与えるような熱変形は，形状精度への影響も複雑で，補正が困難であることがわかる. したがって，熱変形は，無い方が良いが，最悪でも単純な平行移動変位となるように設計する必要がある.

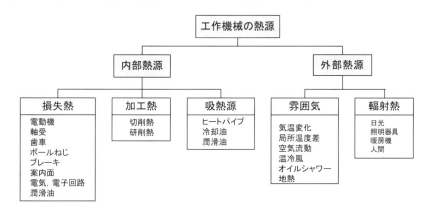

図 7.48 工作機械の熱源 [18]

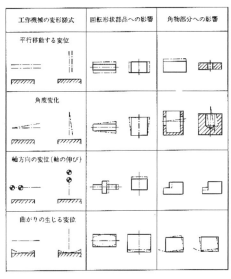

図 7.49 熱変形が加工精度に及ぼす影響 [19]

工作機械の構造要素の熱変形パターンとしては，図 7.50[19]のような 3 つの
パターンを考えればよいと思われる．ここで，図 7.50(a)は，平均温度上昇に
よる単純伸び，図 7.50(b)は，はりの上下面の温度差による片持ちはり的そり，
図 7.50(c)は，はりの上下面温度差による両端支持はり的そりを示している．
各場合の熱変形量は，式(7.7)～(7.9)のようになる．

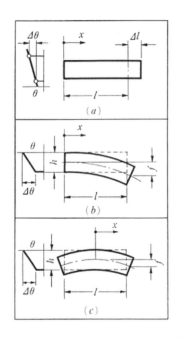

図 7.50　熱変形の基本パターン [19]

$$\text{(a) } \Delta l = \beta l \Delta \theta \tag{7.7}$$

$$\text{(b) } \Delta l = \frac{\beta l^2 \Delta \theta}{2h} \tag{7.8}$$

$$\text{(c) } \Delta l = \frac{\beta l^2 \Delta \theta}{8h} \tag{7.9}$$

ここで，β は，はりの線熱膨張係数である．

したがって，なるべく単純な伸びとするためには，はりの長さを短くし，
はりの厚さを大きくするとともに，材料としては線膨張係数の小さいものを
採用し，はりの表裏の温度差を小さくする必要があることがわかる．

上述した基本原理を含めて，工作機械で行われている熱対策(measures
against thermal problem)をその原理別に整理してみると，表 7.11 のようになる．

表 7.11　工作機械の熱変形対策

基本的な熱変形対策	対策対象	具体的事例
発熱源の排除	要素	油圧レス化（リンクとカムによる駆動），ギヤレス化
熱発生の抑制	要素	高出力・低発熱モータ，アクチュエータの適時運転化，転がり案内化
発熱源の冷却	要素	ボールねじの冷却，オイルシャワー冷却
発熱源の隔離と拡散の抑制	要素，構造	アクチュエータ類の機械本体からの隔離，カバーによる加工液・切りくずの隔離，断熱板による熱バランスの平衡化，スラントベッド，逆立ち旋盤
発熱源の分散，熱の拡散（温度分布の一様化）	構造	発熱源の適性配置，クーラントの構造内循環 機械のウォーミングアップ，オイルシャワー冷却
熱変形の抑制	要素	低熱膨張材料の採用，ボールねじのプリテンション
熱容量の制御	構造	温度制御した流体の循環（機体温度制御）
熱変形の補正	構造	機械的強制変位による補正，ソフト的な位置補正
熱変形フリー構造設計	構造	熱対称構造，熱変位の相殺化，リブ構成，壁厚分布，結合部の有効利用，工具・工作物側の熱変位同調化
機械設置環境の改善	環境	室温管理
作業条件の改善	作業条件	加工条件，加工順序による加工熱の分散

7・4・2　精度設計　(Design based on accuracy)

工作機械は，母性原理が成立するように，高精度に作られている必要がある．
この高精度とは，最終的には，運動精度(motion accuracy)が高いことを意味す
る．運動精度は，基本的には，図 7.51 に示すような回転精度と図 7.52 に示
すような直進運動精度とに分けることができる．運動精度としては，このよ
うな幾何学的なものに加えて，2 軸以上で創成する補間運動と運動の安定性
があり，以下のようにまとめることができる．

(1)幾何学的運動精度(geometric motion accuracy)

　①直進運動：並進運動誤差，位置決め誤差，ピッチ(pitch)，ヨー(yaw)，ロール(roll)

　②2軸間の相対運動：直角度，平行度

　③回転および旋回（スイベル）運動：3つの並進運動誤差と2つの角度運動誤差

(2)2軸以上の運動学的運動精度(kinematic motion accuracy)

　補間運動誤差(interpolational motion error)：2次元・3次元対角補間運動，円弧，球面

(3)直進送り運動の安定性

　普通速度，微速度，高速度・高加減速度の安定性

(4)回転運動の安定性

　普通速度，微速度，高速度・高加減速度の安定性

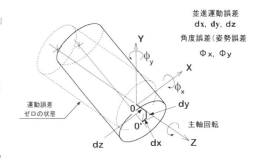

図 7.51　回転精度に影響する運動誤差

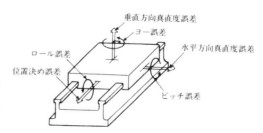

図 7.52　直進運動精度(linear motion accuracy)に影響を及ぼす運動誤差

　上述の運動精度は，まず，工作機械構成要素の個々の精度（案内要素の精度，ボールねじの精度，歯車の精度），組立精度，制御精度などの影響を受けるので，これらを適正なものにする必要がある．また，これまで述べてきた静剛性，動剛性，熱剛性の3特性の影響によっても構造本体の基準が変化することから，運動特精度は，これら3特性によっても大きな影響を受けることに留意する必要がある．これらのことを踏まえて，運動精度向上の原理をまとめると，表7.12のようになる．

表7.12　運動精度向上のための基本原理

運動精度向上のための 基本原理		具体的対策事例
案内機能の独立化		多層案内の分離・単層化
適切な案内形式の選択	摺動抵抗の低減と安定化	転がり案内，静圧案内，ナローガイド，低摩擦係数摺動材の採用，運動要素の軽量化
	運動精度，浮き上がり特性	V－V案内，五面拘束案内（浮き上がり防止）
案内・駆動・スケール・加工力作用位置の最適化		ツインドライブ，駆動位置と加工力の作用位置の一致，スケール取付位置の最適化
自重の影響の最小化		オーバハング量の最小化，自重によるたわみの補正，垂直移動要素のカウンタバランス，運動要素の軽量化
案内面局部変形の防止		案内部とその支持部の高剛性化
駆動方式の適正化		リニアモータ駆動方式の採用
基準構造本体の支持剛性		3点支持構造ベッド，レベリングブロックの適正配置

演習問題

1.Why do improvements in the static stiffness of specific machine tool components not always lead to improvements in the static stiffness of the overall structure?

2.静剛性を効果的に高めるための方法を，事例を挙げて説明せよ．

3.Describe the fundamental strategies for improving dynamic stiffness and give a concrete example.

4.熱変形を小さくするための基本的な考え方について説明し，その具体策を提案せよ.

5.運動精度を高めるための基本的な考え方について説明し，その具体策を提案せよ.

参考文献

17)Inaki San Sebastian, (2000), 第9回国際工作機械技術者会議 プログラム／テキスト, 59, 日本工作機械工業会.

18)伊東　誼, 森脇俊道, (1992), 工作機械工学, 167, コロナ社.

19)佐久間敬三, 他3名, (1992), 工作機械 －要素と制御－, 49, 50, コロナ社.

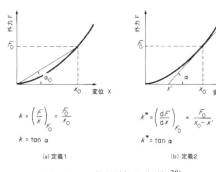

図 7.53　静剛性の定義[20]

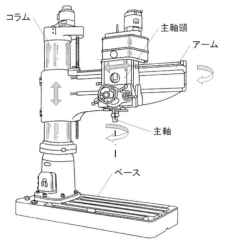

図 7.54　ラジアルボール盤[21]

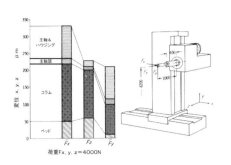

図 7.55　変形勘定図(analysis diagram of deformation)[22]

7・5　工作機械の性能評価　(Performance test of machine tools)

7・5・1　静剛性 (Static stiffness)

工作機械(machine tools)には，前述のように各種の力が作用し，その変形は直接的に工作機械の加工精度に影響を及ぼす．したがって，予想される力により，どの程度の変形が生ずるのかを評価しておく必要がある．日本工業規格(JIS)では，B6201にその試験方法が通則として規定されている．

　工作機械のように多くの結合部を持つ構造物の場合には，外力と変位の関係は，図 7.53[20]のように非線形となることが知られている．前述のように，静剛性は，静的外力(N)／静的変位(μm)で表される．したがって，非線形性(nonlinearity)を示す場合の静剛性の評価法としては，図 7.53 のように 2 つの方法が考えられる．これらは，絶対的な剛性が必要とされるか，予圧がかかった状態での剛性が必要とされるかにより，選択する必要がある．

　また，実際の測定に当たっては，荷重を負荷する位置とその負荷の支持点，測定点とその測定基準の設定を適切に行うとともに，機械の評価状態を明確にしておく必要がある．例えば，図 7.54[21]に示すようなラジアルボール盤(radial drilling machine)の静剛性を評価する場合，アームの上下位置，主軸頭の位置により，静剛性は大きく異なる．

　一方，静剛性試験により，各部の変位を多点で測定することにより変形モードが明らかにできれば，構造のどの部分が弱いかを推定することが可能になる．例えば，コラムの変形成分にその位置に比例するような変位成分が含まれている場合には，コラムとベースの結合剛性の影響が含まれている可能性がある．また，図 7.55[22]に示すような変形勘定図を求め，全体の変位に占める各構成要素の変位の占める割合を明らかにすることにより，機械の構成要素のうちどの構成要素の剛性が低いかも推定が可能になる．

7・5・2　振動(Vibration)・騒音(noise)特性

振動は，加工面粗さや形状にも影響を与え，さらには，機械を構成している機械要素の寿命，使用加工工具の寿命にも大きな影響を与えるため，これら

の振動の大きさや振動源とその要因などを把握しておく必要がある．また最近では，環境面でも，低騒音であることが要求されており，この評価を十分行い，必要であればその対策を立てる必要がある．

JIS では，JISB6003 に振動試験法(vibration test method)が規定され，測定箇所，測定条件および測定方向が決められている．測定項目は，振動の振幅，加速度および振動数となっており，測定条件としては，静止時，無負荷運転時，負荷運転時，テーブル運動時と反転時の測定法が規定されている．

以上のような試験では，機械の振動レベル程度で，機械の性能向上のための動特性の評価としては，十分な情報は得られない．さらに詳細な動特性の評価を行うためには，機械の加振実験を行い，図 7.56[23]に示すような振動モード測定を行う必要がある．このような振動モードが得られれば，機械のどの部分が動的に弱いかが明確に判定できる．また，主軸－テーブル間の力に対する変位の伝達関数（コンプライアンス(compliance)）を図 7.57 に示すようなナイキスト線図(nyquist's diagram)として表すことにより，視覚的に振動特性を評価することができる．例えば，このナイキスト線図の径が小さいほど，機械の動剛性が高いことを意味している．また，同図には，切削過程のコンプライアンスを示してあるが，これと機械のコンプライアンス曲線とが交点を持つとびびりを発生することが理論的に明らかにされている．したがって，この線図の最大負実部が小さいほどびびり安定性が高いことになる．

以上の振動試験結果は，加振試験の際の加振方法，加振信号波形，加振機の取付方法，信号処理法，加振位置，検出器の大きさと性能，検出器の取付方法などの影響を大きく受けることから，その選定には十分な検討が必要である．例えば，加振方法については，図 7.58[24]に示すような各種のものがあり，その目的に応じて使い分ける必要がある．しかしながら，同じ被加振体でも，加振方法により得られる伝達関数が異なることが知られている．また加振信号波形と信号処理方法については，表 7.13[25]に示すような特徴があり，工作機械の場合には，非線形であることを留意してそれらを選択する必要がある．

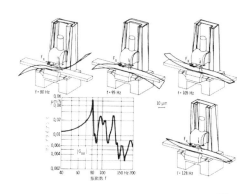

図 7.56　フライス盤の振動モード [23]

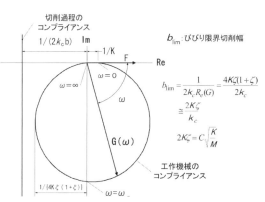

図 7.57　ナイキスト線図によるびびり安定性の評価

試験用信号形状	加振機	f_{max} (Hz)	最大 F_{dyn} (N)	最大 F_{stat} (N)	費用 装置	時間	機械の状態	弱い個所の解析
正弦波	動電式相対および絶対加振機	1000	20	70	小	大	静止	正弦波信号の場合には各位置での変位の測定による
	電気油圧式相対加振機	800	1500	7000				
ランダム波	電磁式相対加振機	1000	500	2000	大 （フーリエ解析機）	小	回転する構成要素	ランダム及び過渡信号の場合はモーダルアナリシスによる
	電気油圧式絶対加振機	300	2000	-			並進運動する構成要素	
過渡波	インパルスハンマ	2500	$5/Hz$	-			並進，回転運動する構成要素	
	インパルス－ステップ発生機	(2500)	$(5/Hz)$	4000			静止	

図 7.58　各種加振方法とその特徴 [24]

表 7.13　加振信号と信号処理法 [25]

加振波形	信号処理	ダイナミック・レンジ	周波数範囲	加振力制御	加振エネルギー	波高率	構造物の減衰が小さい場合	構造物の減衰が大きい場合	構造物に非線形性がある場合	加振準備に要する時間	測定に要する時間	加振装置の費用
正　弦　波	トラッキングフィルタ	○	○	◎	◎	◎	△	○	○	×	×	△
正　弦　波	フーリエ積分	◎	◎	◎	◎	◎	○	○	○	×	×	△
正　弦　波	FFT	○	○	◎	◎	◎	○	○	○	×	×	△
高速掃引正弦波	FFT	○	○	○	○	◎	○	○	△	×	◎	△
多　重　正　弦　波	FFT	○	○	○	○	◎	○	○	△	×	◎	△
擬似ランダム波	FFT	○	○	○	○	○	○	○	△	×	◎	△
周期ランダム波	FFT	○	○	○	○	○	○	○	○	×	○	△
純　ランダム　波	FFT	○	○	△	○	○	×	○	○	×	○	△
バーストランダム波	FFT	○	○	△	○	○	○	○	○	×	○	△
イ　ン　パ　ル　ス　波	FFT	△	×	△	△	○	△	×	×	◎	○	○
ス　テ　ッ　プ　波	ハイパスフィルタ+FFT	○	×	×	◎	○	○	△	×	△	○	○

(良い, 適する, やさしい)←◎○△×→(悪い, 適さない, むずかしい)

この他, 機械の据付状態, 運動要素の位置, 工具や工作物の重量など測定対象の状態も大きな影響を及ぼすので, それらの条件も明確にしておく必要がある.

一方, 騒音特性については, その測定法が JISB6004(ISO230-5)に規定されており, 暗騒音, 運転準備状態, 無負荷運転中, 負荷運転中の4通りの運転条件で測定することが規定されている.

7・5・3　熱変形特性

前述のように工作機械に影響を及ぼす熱的影響因子は非常に多く, それらがどの程度工作機械に影響を及ぼすかを評価しておくことは, 熱変形(thermal deformation)対策を講じる上からも重要である. また使用者側としても, その熱特性を知っておくことにより, その影響を最小限にして加工を行うことも可能になる.

熱変形特性の測定法については, 日本工業規格(JIS), 国際規格(International Standard Organization, 略記：ISO)でも規格化がなされている. 本規格では, 主軸回転を伴う場合とテーブルの直進運動を伴う場合の2条件に分けて, 工具・工作物間の相対熱変位の測定・評価法を規定している.

a. 主軸回転に伴う熱変位

JISB6193(ISO230-3)では, 図 7.59 に示すような測定法を推奨している. 5 本のセンサを用いてラジアル方向(X, Y), 軸方向(Z), 角度方向(θx, θy)の 5 つの熱変位を測定できる. 角度方向の測定は, 軸方向 2 箇所に直交して配置した計 4 本のセンサを用いて測定する. この方式には, 以下のような問題点がある.

1)基準工具が細長いため, 高速回転には不向きである.

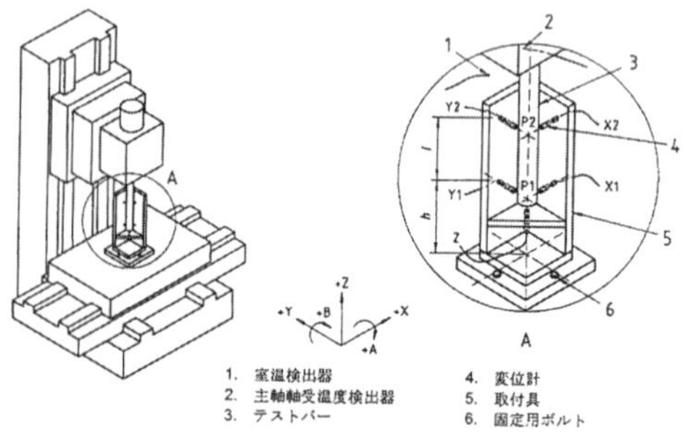

図 7.59　主軸回転に伴う熱変位測定装置
（ISO-230）

1. 室温検出器
2. 主軸軸受温度検出器
3. テストバー
4. 変位計
5. 取付具
6. 固定用ボルト

2)センサホルダが，非対称で軸方向に長く張出していることから，環境の温度変化の影響を受けやすい．

これらの問題を解決した高速工作機械(high-speed machine tool)対応の測定装置が日本より提案され[26]，ISO 規格として採択されている．本装置は，角度方向の熱変位は端面側に配置した 3 本のセンサで測定する方式を採用し，基準工具を短くしている．また測定原理としては 3 点法を採用していることから，高速時に発生する基準工具の遠心膨張と熱膨張成分を測定したい熱変位成分より分離できるという特徴を有している．

図 7.60 は，主軸をある回転速度で定速回転した時の測定例である．ここでは，X，Y，Z の 3 方向の測定結果について示しているが，規格では，これに X，Y 軸回りの回転を含めた 5 方向について，試験開始後 60 分の熱変位と全運転時間内での熱変位の最大値を評価することになっている．しかしながら，これら測定データにはさらに多くの情報が含まれており，表 7.14 に示すような多様な評価を行うことが提案されている[27]．

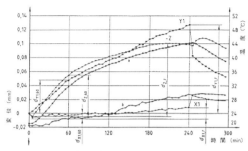

図 7.60 主軸回転に伴う熱変位測定例
（JISB6193, ISO230-3）

表 7.14 主軸回転に伴う熱変位の評価項目案

	運転準備状態	運転状態
評価条件	1．環境温度変化の影響 2．電源投入による熱変位 3．暖機運転パターンの評価	1．コールドスタート運転時 2．主軸定速運転時 3．主軸パターン運転時
評価項目	1．環境温度影響度 2．各部温度と熱変位の相関 3．各部温度と熱変位の関係 4．最大熱変位 5．熱変位と温度の時定数	1．最大熱変位 2．熱変位と温度の時定数 3．各部温度と熱変位の相関 4．各部温度と熱変位の関係 5．回転速度と温度の関係 6．回転速度と時定数の関係

さらに，実稼動状態に近い条件で試験するため，ISO・JIS 規格では図 7.61 に示すような，主軸に適当な回転速度パターンを与えて試験を行う，パターン運転試験(test with patterned spindle speed)も推奨されているが，具体的なパターンの設定法については定められていない．しかしながら，本方法は，測定の高能率化も期待できることから，そのパターンのあり方についても検討が進められている[28]．

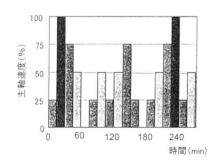

図 7.61 主軸回転に伴う熱変位測定用
主軸速度パターン（ISO230-3）

b. 直進運動に伴う熱変位

図 7.62 は，JISB6193(ISO230-3)で規定している直進運動に伴う熱変位測定法を示している．熱変位といっても，ここでは，位置決め精度の変化を測定しているのみである．図 7.62(a), (b)はダイヤルゲージを用いる方法，図 7.62(c)はレーザ測長器(laser interferometer)を用いる方法を示している．測定は，各軸について規定速度で直進運動をさせて，1 方向について，2 つの測定目標位置で実際の位置を検出することにより行う．これを両方向について反転を繰り返しながら規定時間行い，その間の位置変化を記録する．この測定例を図

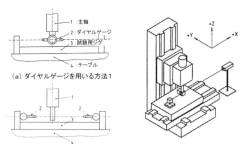

(a) ダイヤルゲージを用いる方法1

(b) ダイヤルゲージを用いる方法2　　(c) レーザ測長器を用いる方法

図 7.62　直進運動に伴う熱変位測定法
（JISB6193, ISO230-3）

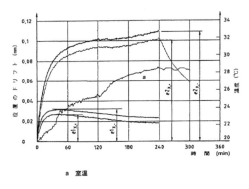

a 室温

図 7.63　直進運動に伴う位置決め位置
の変化測定例（ISO230-3）

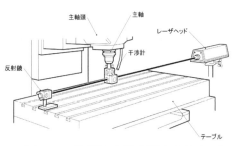

図 7.64　位置決め精度測定方法（HP）

7.63 に示す．これにより，プラス方向とマイナス方向について，各位置の最大変位 e1 と e2 を求めて，評価値としている．

　しかしながら，位置決めだけでは，熱変位評価は不十分であることが指摘され，他の 5 方向の熱変位成分も含めて，6 方向の熱変位同時測定法も検討が進められている [29]．

7・5・4　運動特性(Motional characteristic)

運動特性は，工作機械において母性原理を実現するために重要な特性である．運動特性には，回転運動精度と直進運動精度があるが，最近は，これらに加えて，2 軸運動による円弧補間運動精度，3 次元的な空間位置決め精度，さらには 5 軸加工機などの 3 次元的な補間運動精度の評価も必要となってきている．

a. 主軸回転精度(rotational accuracy of spindle)

主軸(spindle)の回転精度に影響を及ぼすものとしては，既に 7・4・2 で述べたように，軸に直角な 2 方向（X, Y 方向）の運動誤差，つまり 2 つの半径方向の振れと軸方向の運度誤差の，3 つの並進誤差と，X, Y 軸回りの 2 つの角度誤差，合計 5 つの運動誤差がある．これらの試験法については，JISB6191(ISO230-1)では，準静的な方法として，軸の半径方向・軸方向の振れと面の振れについて規定している．しかしながら，最近の工作機械の高速化に伴い，実用回転数域での評価が必要となってきており，米国では既にその規格化がなされており，ISO でも，現在，規格化が進められている．

b. 位置決め精度(positioning accuracy)

位置決め精度は，一般的には，図 7.64 に示すように，レーザ測長器を用いて測定が行われる．レーザ干渉計を運動しないベッドなどに固定し，テーブル上に反射鏡を取付けて，移動範囲の全長にわたって，設定された目標位置（5点以上）に位置決めしながら測定を行う．これを，正の向きと負の向きにそれぞれ，5 回測定し，偏差を求める．得られた測定結果を図 7.65 に示す．この偏差には，ボールねじのピッチ誤差やリニアまたはロータリエンコーダの誤差によって生じる，系統誤差とその他の偶然に起こる偶然誤差が含まれる．

c. 直進運動精度(linear motion accuracy)

直進運動精度としては，上述の位置決め誤差に加えて，7・4・2 で述べたように，2 つの真直度誤差と 3 つの角度誤差を評価する必要がある．これらの評価は，現状では，個別に，かつ準静的に行われており，例えば，図 7.66 [30] のようにレーザ光と 2 次元位置センサを用いて測定を行っている．しかしながら，運動要素の運動誤差の再現性が保証できないことから，このような個別に測定された誤差の組合せでは，運動要素の運動精度を一元的に評価できないことは明らかである．また，最近の運動速度の高速化にあたり，高速時の運動挙動を正確に測定する必要も出てきている．位置決め精度の測定のように，設定位置にテーブルを位置決め停止させながら準静的に測定したので

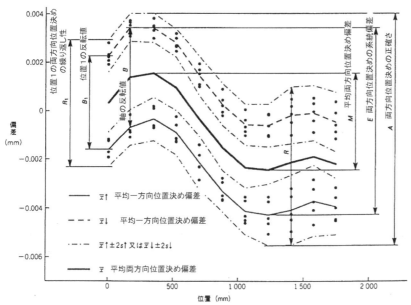

図 7.65 位置決め精度測定例 (ISO230-2)

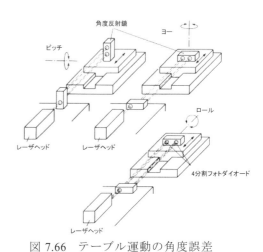

図 7.66 テーブル運動の角度誤差
の測定方法 [30]

は，稼動時の運動要素のダイナミックな運動精度を評価することは不可能である．このような背景から，6 自由度方向のすべての運動誤差をダイナミックに同時に測定することが望まれ，そのための研究も多く行われている [31]．

d. 円弧補間精度(circuar interpolation accuracy)

最近の工作機械は，3 軸またはそれ以上の軸を同時に制御することにより運動するものが増えているが，この特性を 2 軸を対象に試験しようとするのが，図 7.67[32]に示すような円運動精度試験(test of circular motion accuracy)である．これによれば，表 7.15[32]のような項目の診断が可能になる．

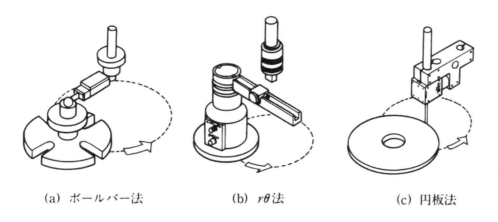

(a) ボールバー法   (b) rθ法   (c) 円板法

図 7.6 円運動精度試験方法 [32]

表 7.15　円運動精度試験による評価可能項目 [32]

案内面の幾何学的誤差	真直度，直角度
位置決め誤差	エンコーダの誤差
	ピッチ誤差補正の不適正
ボールねじ駆動機構の誤差	ボールねじの伸び
	ボールねじの振れ回り
	バックラッシュ
	スティックモーション（象限切替時の突起）
サーボ系の誤差	位置ループゲインの不適正
	速度ループゲインの不適正
	位置および速度検出器のノイズ

e. 空間位置決め精度(volumetric positioning accuracy)

空間位置決め精度については，図 7.68 に示すように，直方体各面の対角方向と直方体の空間的対角方向の位置決め精度を評価する方法が，ISO で規定されている．実際には，図 7.69 に示すような，レーザ測長システムを用いた測定システム により測定が行われている．

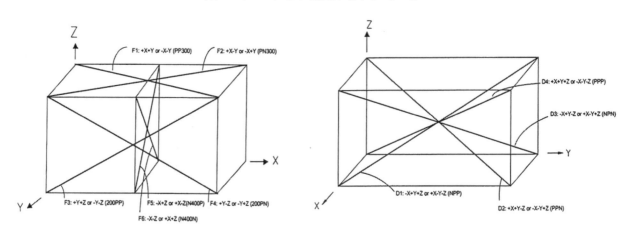

（a）面内対角位置決め精度　　　　　　　（b）空間体躯位置決め精度

図 7.68　空間位置決め精度の測定方法（ISO230-6）

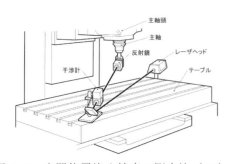

図 7.69　空間位置決め精度の測定法（HP）

演習問題

1.Describe the purpose of a machine tool performance evaluation.

2.図 7.55 の変形勘定図から何が読み取れるか，考察せよ．

3.What are found from the Nyquist plots of the transfer function of compliance?

4.熱変位評価法における課題は何か，考察せよ．

5.What kind of techniques can be used to compensate for errors in machine tools using results obtained from performance tests?

参考文献

（20）M.Weck, *Hand book of Machine Tools*, Vol2, 10, (1980), John Wiley & Son.

（21）日本規格協会，JIS ハンドブック　工作機械, (2002), 33, 日本規格協会.

（22）M.Weck, *Hand book of Machine Tools*, Vol2, 13, (1980), John Wiley & Son.

（23）M.Weck, K.Teipel,（稲崎一郎　監訳）, (1979), 121, マシニスト出版.

（24）M.Weck, K.Teipel,（稲崎一郎　監訳）, (1979), 129, マシニスト出版.

（25）白井正明，応用機械工学, 26-7, (1985), 76.

（26）斎尭勇・ほか 2 名，精密工学会誌, 65-3, (1999), 396.

（27）Edited by Ichiro Inasaki, *INITIATIVES OF PRECISION ENGINEERING AT THE BEGINNING OF A MILLENNIUM*, (2001), 640, Kluwer Academic Publishers.

（28）清水伸二・ほか 2 名，2001 年度精密工学会春季大会学術講演会論文集, (2002), 8.

（29）清水伸二，今井登，2001 年度精密工学会春季大会学術講演会論文集, (2001), 27.

（30）M.Weck, *Hand book of Machine Tools*, Vol4, (1980), 32, John Wiley & Son.

（31）例えば，今井登，清水伸二，精密工学会誌, 67-1, (2001), 126.

（32）日本工作機械工業会，工作機械の設計学（基礎編）, (1998), 191, 日本工作機械工業会.

Subject Index

索引

JSME テキストシリーズ
加工学 I
－除去加工－

JSME Textbook Series
Manufacturing Processes I
－Material Removal Processes－

2006年 9 月11日　初　版　発　行	著作兼発行者　一般社団法人　日本機械学会
2018年 9 月 7 日　初版第 5 刷発行	（代表理事会長　伊藤　宏幸）
2023年 7 月18日　第 2 版第 1 刷発行	印刷者　柳　瀬　充　孝
	昭和情報プロセス株式会社
	東 京 都 港 区 三 田 5-14-3

発行所　東京都新宿区新小川町 4 番 1 号
　　　　KDX 飯田橋スクエア 2 階
　　　　郵便振替口座　00130-1-19018番
　　　　電話（03）4335-7610　FAX（03）4335-7618　https://www.jsme.or.jp

一般社団法人　日本機械学会

発売所　東京都千代田区神田神保町2-17
　　　　神田神保町ビル
　　　　電話（03）3512-3256　FAX（03）3512-3270

丸善出版株式会社

ISBN 978-4-88898-339-6　C 3353

本書の内容でお気づきの点は　textseries@jsme.or.jp　へお知らせください。出版後に判明した誤植等は
http://shop.jsme.or.jp/html/page5.html　に掲載いたします。